高等职业教育“十二五”规划教材

蔬菜生产技术

汤伟华　主编

科学出版社

北　京

内 容 简 介

本书是根据蔬菜产业实际生产的需要，针对高等职业教育“培养一线岗位与岗位群能力为中心，理论教学与实践训练并重”的基本原则来组织和编排教材内容体系。本书共8个单元，包括瓜类蔬菜生产、茄果类蔬菜生产、豆类蔬菜生产、白菜类蔬菜生产、根菜类蔬菜生产、绿叶类蔬菜生产、葱蒜类蔬菜生产、薯蓣类蔬菜生产。根据教学课时数和条件，内容可有所增减，顺序也可适当变动，以方便老师组织教学。

本书每个单元力求做到贴近生产实际，内容丰富，资料新，每个单元内有复习思考题 、拓展知识和实训，帮助学生自学和提高学习效果。

本书可作为高职高专院校蔬菜、园艺及其他种植类专业的教材，也可作为蔬菜生产技术自学考试、生产岗位培训用书，还可供生产技术人员、管理人员与蔬菜种植专业户参考。

图书在版编目(CIP)数据

蔬菜生产技术/汤伟华主编. —北京：科学出版社，2012
(高等职业教育“十二五”规划教材)
ISBN 978-7-03-034045-0

Ⅰ.①蔬… Ⅱ.①汤… Ⅲ.①蔬菜园艺-高等职业教育-教材 Ⅳ.①S63

中国版本图书馆CIP数据核字（2012）第070287号

责任编辑：何舒民 杜 晓/责任校对：耿 耘
责任印制：吕春珉/封面设计：耕者设计工作室

科学出版社出版
北京东黄城根北街16号
邮政编码：100717
http://www.sciencep.com
中国科学院印刷厂 印刷
科学出版社发行 各地新华书店经销
*
2012年5月第 一 版 开本：787×1092 1/16
2021年1月第三次印刷 印张：18 3/4
字数：428 000

定价：53.00元

（如有印装质量问题，我社负责调换〈中科〉）
销售部电话 010-62134988 编辑部电话 010-62132124

《蔬菜生产技术》编写人员名单

主　　编　汤伟华　（丽水职业技术学院）

编写人员　潘芝梅　（丽水职业技术学院）

　　　　　佘德松　（丽水职业技术学院）

　　　　　柴红玲　（丽水职业技术学院）

　　　　　李晓峰　（上海农业科学研究院园艺研究所）

　　　　　颜志明　（江苏农林职业技术学院）

前　　言

我国蔬菜作物资源丰富，栽培历史悠久。近年来，随着蔬菜作物品种结构的调整、栽培技术的更新，产品品质大有改观，出口量和人均消费量增加，农民的收入也随之提高。

本书从我国蔬菜生产实际出发，本着高职教育“培养一线岗位与岗位群能力为中心，理论教学与实践训练并重”的基本原则，以蔬菜生产过程为导向，以蔬菜生产典型工作任务为载体，采用“教学做”一体的教学方法，组织和编排教材内容体系。本教材共编写了8个单元，每单元有专业知识和实训，力求让学生在学习过程中提高分析问题和解决问题的能力。

本书的参编人员及分工如下：汤伟华（丽水职业技术学院）负责编写瓜类蔬菜生产、茄果类蔬菜生产、豆类蔬菜生产，李晓峰（上海市农业科学研究院园艺研究所）负责编写白菜类蔬菜生产，潘芝梅（丽水职业技术学院）负责编写根菜类蔬菜生产，佘德松（丽水职业技术学院）负责编写绿叶类蔬菜生产，柴红玲（丽水职业技术学院）负责编写葱蒜类蔬菜生产，颜志明（江苏农林职业技术学院）负责编写薯芋类蔬菜生产，全书由汤伟华统稿。

本书在编写过程中得到了丽水职业技术学院、浙江省高职农林牧渔专业指导委员会和科学出版社的支持与指导，参考了有关文献、资料，在此一并致谢。

由于编者水平有限，疏漏和不足之处在所难免，敬请各位专家、学者和读者朋友提出宝贵意见。

编　者

2011年11月

目　录

绪 论

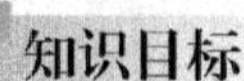

知识目标

掌握蔬菜的定义与特点，掌握蔬菜的分类，了解蔬菜生产及其特点，了解我国蔬菜的发展现状与目标，了解蔬菜生产技术课的学习任务和方法。

技能要求

能够说出常见的蔬菜名称，能分别利用植物学分类法、食用器官分类法和农业生物学分类法三种分类方法，熟练说出当地主要蔬菜所属类别，掌握蔬菜生产技术课的学习方法。

0.1　蔬菜的定义与特点

广义的蔬菜是指一切可供佐餐的植物总称，包括一、二年生及多年生草本植物、少数木本植物、食用菌类、藻类、蕨类和某些调味品等。狭义的蔬菜是指具有多汁的食用器官，可以用来作为副食品的一、二年生草本植物。

蔬菜种类品种繁多，资源丰富。据统计，现今我国栽培的蔬菜包括 32 科 210 种以上，普遍栽培的蔬菜有 60 多种，每一种蔬菜又因驯化、育种、栽培等因素以及气候条件的不同等原因具有不同的变种，亚种以及数量众多的不同栽培种。大部分蔬菜属于草本植物，还有一些属于木本植物、真菌植物、藻类植物和调味植物。目前绝大多数属于半栽培种和野生种，可供开发利用的资源比较丰富，开发潜力很大。

有些蔬菜既可作蔬菜，又可作为粮食作物，如豌豆、蚕豆、菜豆、豇豆、马铃薯等，或可作为饲料，如南瓜、胡萝卜、芜菁等，或可作为水果，如西瓜、甜瓜、草莓等。

蔬菜营养丰富，是人们日常生活中不可缺少的副食品。它含有人体必需的多种维生素、矿物质、碳水化合物、微量元素、食用纤维以及有机酸等营养物质，不可被其他事物所代替；还含有胡萝卜素、叶绿素、花青素等色素以及特有的香辛成分和风味，是制作和调制精致菜肴的必需副食品。有的蔬菜还含有蛋白质、氨基酸、酶等具有医疗保健作用的成分，具有生理调节机能，有利于调节血液循环、消化系统及神经系统，并能够治疗和预防某些疾病。

蔬菜是高产高效的经济作物，是当前我国农村农业产业结构调整中的重要发展对象，特产蔬菜是我国出口创汇的重要农产品。

蔬菜含水量高，易萎蔫和腐烂变质，贮藏运输受到一定限制，蔬菜产品除以鲜菜供应市场外，还可进行保险贮藏、加工，鲜菜结合贮藏加工，不仅外运远销增加蔬菜产后值，而且可以延长蔬菜供应期，解决工序矛盾，扩大流通领域。

0.2　蔬菜的分类

蔬菜资料丰富，种类繁多。蔬菜的分类方法也比较多，栽培上最常用的是植物学分类法、食用器官分类法和农业生物学分类法三种。

0.2.1　植物学分类法

该分类法依照植物的自然进化系统，按科、属、种和变种将蔬菜进行分类。我国常见栽培蔬菜具体分类如下。

1. 真菌门

(1) 伞菌科 Agaricaceae

① 香菇 *Lentinus edodes* Sing.

② 蘑菇 *Agaricus bisporus* Sing.
③ 平菇 *Pleurotus ostreatus* Quel.
(2) 木耳科 Auriculariaceae
黑木耳 *Auricularia auricula* Underw.
(3) 银耳科 Tremellaceae
银耳 *Tremella fuciformis* Berk

2. 种子植物门

Ⅰ. 单子叶植物
(1) 禾本科 Cramineae
① 茭白（茭笋）*Zizania caduciflora* Hand M.
② 甜玉米 *Zea mays* L. var. *rugosa Bana f*.
③ 毛竹笋（毛竹）*Phyllostachys pubescens* Mazel.
(2) 百合科 Liliaceae
① 金针菜（黄花菜）*Hemerocallis flava* L.
② 石刁柏（芦笋）*Asparagus officinalis* L.
③ 洋葱（圆葱）*Allium cepa* L.
④ 韭菜 *A. tuberosum* Rottler ex Prengel.
⑤ 大蒜 *A. sativum* L.
⑥ 大葱 *A. fistulosum* L.
⑦ 细香葱 *A. schoenoprasun* L.
⑧ 薤 *A. chinense* G. Don.
(3) 天南星科 Araceae
芋 Colocasia esculenta Schott.
(4) 薯蓣科 Dioscoreaceae
山药 *Dioscorea batata* Decne
(5) 姜科 Zingiberaceae
姜 *Zingiber officinale* Roscoe
Ⅱ. 双子叶植物
(1) 藜科 Chenopodiaceae
菠菜 *Spinacia oleracea* L.
(2) 苋科 Amaranthaceae
苋菜 *Amaranthus tricolor* Linn.
(3) 睡莲科 Nymphaeacea
莲藕 *Nelumbium nelumbo* Druce
(4) 十字花科 Cruciferae
① 萝卜 *Raphanus sativus* L.
② 芥蓝 *Brassica alboglabra* Bailey

③ 甘蓝类 *B. oleracea* ssp. L.

结球甘蓝 var. *capitata* L.

花椰菜 var. *botrytis* L.

青花菜（木立花椰菜）var. *italica* Plan

球茎甘蓝（苤蓝）var. *caulorapa* D. C.

④ 小白菜（不结球白菜）*B. chinensis* L.

⑤ 大白菜（结球白菜）*B. pekinensis* Rupreht

⑥ 芥菜 *B. juncea* Coss

雪里蕻 var. *multiceps* Tsen et Lee.

大头菜（根用芥菜）var. *megarrhiza* Tsen et Lee.

榨菜（茎用芥菜）var. *tsatsai* Mao

⑦ 辣根 *Armoracia rusticana* Gaertn.

⑧ 豆瓣菜（西洋菜）*Nasturtium officinale* A. Br.

⑨ 荠菜 *Capsella bursa-pastoris*（L.）Medic

（5）豆科 Laguminosae

① 菜豆 *Phaseolus vulgaris* L.

矮菜豆 P. *vulgaris* var. *humilis* Alef

② 豌豆 *Pisum sativum* L.

③ 豇豆（长豇豆、带豆）*Vigna sesquipedalis* Wight

④ 矮豇豆 V. *igna sinensis* Endb.

⑤ 蚕豆 *Vicia faba* L.

⑥ 扁豆 *Dolichos lablab* L.

⑦ 刀豆（高刀豆）*Canavalia gladiate* D. C.

（6）楝科 Meliaceae

香椿 *Cedrela sinensis* Juss

（7）伞形科 Umbelliferae

① 芹菜 *Apium graveolens* L.

② 芫荽（香菜）*Coriandrum sativum* L.

③ 胡萝卜 *Daucus carota* L.

④ 茴香 *Foeniculum vulgare* Mill.

（8）茄科 Solanaceae

① 马铃薯 *Solanum tuberosum* L.

② 茄子 *S. melongena* L.

③ 番茄 *Lycopersicon esculentum* Mill.

④ 辣椒 *Capsicum annuum* L.

⑤ 酸浆 *Physalia pubesoens* L.

（9）葫芦科 Cucurbitaceae

① 黄瓜 *Cucumis sativus* L.

② 甜瓜 *C. melo* L.
③ 南瓜（中国南瓜）*Cucurbita moschata* Duch. ex Poir.
④ 笋瓜（印度南瓜）*C. maxima* Duch.
⑤ 西葫芦（美国南瓜）*C. pepo* L.
⑥ 西瓜 *Citrullus lanatus* Mansfeld
⑦ 冬瓜 *Benincasa hispida* Cogn
⑧ 丝瓜 *Luffa cylindrical* Roem.
⑨ 苦瓜 *Momordica charantia* L.
⑩ 蛇瓜 *Trichosanthes anguina* L.
(10) 菊科 Compositae
① 莴苣 *Lactuca sativa* L.
② 茼蒿 *Chrysanthemum coronarium* var. *spatisum* Bailey
③ 牛蒡 *Arctium lappa* L.
④ 紫背天葵 *Gynura bicolor* DC.
⑤ 朝鲜蓟 *Cynara scolymus* L.
⑥ 菊花脑 *Chrysanthemum nankingensis* H. M.
(11) 旋花科 Convolvulaaceae
① 蕹菜 *Ipomoea aquatic* Forsk.
② 甘薯 *I. batatas* Lam.
(12) 锦葵科 Malvaceae
① 黄秋葵 *Hibiscus esculentus* L.
② 冬寒菜 *Malva crispa* L.

植物学分类法可以明确蔬菜科、属、种之间在形态、生理上的关系，以及自然进化系统上的亲缘关系，对蔬菜病虫害防治、杂交育种、种子繁殖以及制订科学的管理措施等有较好的指导作用。其缺点是，有些同科不同种的蔬菜，如同属茄科的番茄和马铃薯，在栽培技术上差异很大。

0.2.2 食用器官分类法

该分类法依据蔬菜的食用器官类型，将蔬菜按根、茎、叶、花、果进行分类（不包括食用菌等特殊种类）。具体分类如下。

1. 根菜类

以肥大的肉质根或块根为产品的蔬菜。分为肉质根类和块根类蔬菜。

1）肉质根类，如萝卜、胡萝卜、大头菜、辣根、防风等。

2）块根类，如豆薯、甘薯、葛等。

2. 茎菜类

以肥大的茎部为产品的蔬菜。分为地下茎类和地上茎类蔬菜。

（1）地下茎类

① 块茎类，如马铃薯、菊芋等

② 根茎类，如姜、莲藕等

③ 球茎类，如荸荠、慈姑、芋等

④ 鳞茎类，如大蒜、洋葱、百合等

（2）地上茎类

① 肉质茎类，如莴苣、茭白、茎用芥菜等

② 嫩茎类，如芦笋、香椿等

3. 叶菜类

以叶片或叶球、叶丛、变态叶、叶柄为产品的蔬菜。分为普通叶菜类、结球叶菜类、香辛叶菜类蔬菜。

1）普通叶菜类，如小白菜、乌塌菜、菠菜、苋菜、叶用芥菜等。

2）结球叶菜类，如结球甘蓝、大白菜、结球莴苣、抱子甘蓝等。

3）香辛叶菜类，如花椰菜、青花菜等。

4. 花菜类

以花、肥大的花茎或花球为产品的蔬菜，分为花器类、花枝类、花球类蔬菜。

1）花器类，如金针菜、朝鲜蓟等。

2）花枝类，如菜心、菜薹、芥蓝等。

3）花球类，如花椰菜、青花菜等。

5. 果菜类

以果实或种子为产品的蔬菜。分为瓠果类、浆果类、荚果类、杂果类蔬菜。

1）瓠果类，如黄瓜、西瓜、甜瓜、冬瓜、南瓜、丝瓜、苦瓜等。

2）浆果类，如茄子、番茄、辣椒等。

3）荚果类，如菜豆、豇豆、豌豆、刀豆、蚕豆、扁豆等。

4）杂果类，如甜玉米、菱角等。

按食用器官分类，在根据食用和加工的需要安排蔬菜生产方面有重要意义。多数食用器官相同的蔬菜，其生物学特性及栽培方法大体相同，如根菜类中的萝卜和胡萝卜分别属于十字花科和伞形科，但对环境条件的要求和栽培技术却非常相似。按食用器官分类也有一定的局限性，既不能全面的反映同类蔬菜在系统发生上的亲缘关系，部分同类的蔬菜如根状茎类的莲藕和姜，不论在亲缘关系上还是生物学特性及栽培技术上均有较大的差异。

0.2.3 农业生物学分类法

该分类法依据蔬菜的农业生物学特性，将生物特性和栽培技术基本相似的蔬菜归为一类，比较适合农业生产要求。具体分类如下。

1. 根菜类

根菜类主要包括萝卜、胡萝卜、牛蒡、辣根、芜菁甘蓝、根用芥菜等蔬菜。以肥大的肉质直根为食用产品。一般适合生长于凉爽的气候和疏松、深厚的土壤。除辣根用根部不定根繁殖外，其他都用种子繁殖。生长的当年形成肉质直根，秋冬低温通过春化阶段。第二年长日照通过关照阶段，开花结实。

2. 白菜类

白菜类主要包括白菜、芥菜、甘蓝、花椰菜等十字花科蔬菜。多数为二年生植物，第一年形成产品器官，低温下通过春化阶段，长日照通过光照阶段，到第二年开花结实。食用柔嫩的叶丛、叶球、花球或肉质茎。生长期喜冷凉、湿润的气候和肥沃、湿润的土壤。种子繁殖，适于移栽。

3. 茄果类

茄果类主要包括茄子、辣椒、番茄等茄科蔬菜。食用成熟或幼嫩的果实，要求温暖的气候、充足的阳光、深厚与肥沃的土壤。种子繁殖。早熟栽培多育苗移栽。

4. 瓜类

瓜类主要包括黄瓜、西瓜、甜瓜、冬瓜、南瓜、丝瓜、苦瓜、蛇瓜等葫芦科蔬菜。食用成熟或幼嫩果实。要求温暖的气候和充足的光照，尤其是西瓜和甜瓜。除黄瓜、瓠瓜外，其他需要较干燥的空气和肥沃、疏松的土壤。种子直播或育苗移栽。栽培上宜用摘心、整蔓等措施调节营养生长和生殖生长。

5. 豆类

豆类主要包括菜豆、豇豆、豌豆、扁豆、蚕豆等豆科蔬菜。食用嫩荚或嫩豆粒。除豌豆、蚕豆喜冷凉外，其余为喜温或耐热蔬菜。种子繁殖。根系发达，长有根瘤。

6. 葱蒜类

葱蒜类主要包括洋葱、大葱、分葱、大蒜、韭菜等百合科蔬菜。食用叶、假茎及鳞茎等。比较耐寒耐旱，适应性较广，在长日照下形成鳞茎，而要求低温通过春化。可用种子（如洋葱、大葱等）或营养器官繁殖（如大蒜、分葱及韭菜）。

7. 薯芋类

薯芋类主要包括马铃薯、山药、姜、芋等蔬菜，除马铃薯外，生长期均较长，耐热。无性繁殖。要求深厚、疏松、肥沃、排水良好的土壤。

8. 绿叶菜类

绿叶菜类主要包括芹菜、莴苣、菠菜、茼蒿、菠菜、苋菜等蔬菜。除蕹菜、落葵、苋菜等耐炎热外，多数蔬菜好冷凉。以种子繁殖为主。

9. 水生蔬菜

水生蔬菜主要包括莲藕、茭白、芡实、水芹、豆瓣菜等蔬菜。除水芹和豆瓣菜要求凉爽气候外，生长期都要求温暖的气候及肥沃的土壤。

10. 多年生蔬菜

多年生蔬菜主要包括金针菜、芦笋、香椿、百合等蔬菜。该类蔬菜一次播种后，可连续栽培多年。

11. 食用菌类

食用菌类主要包括金针菜、芦笋、香椿、百合等蔬菜。该类蔬菜一次播种后，可连续栽培多年。

12. 芽苗类

芽苗类是一类新开发的蔬菜，它是用植物种子或其他营养贮藏器官，在黑暗、弱光（或不遮光）条件下直接生长出可供食用的芽苗、芽球、嫩芽、幼芽或幼梢的一类蔬菜。芽苗类蔬菜根据其所利用的营养来源，又可分为籽（种）芽菜和体芽两类。前者如豌豆芽、荞麦芽、花生芽、萝卜芽等，后者如菊苣（芽球）。

13. 野生蔬菜

我国地域辽阔，野生蔬菜资源丰富。据报道，我国栽培蔬菜仅160余种，而可食用野生蔬菜达600余种。野生蔬菜以野生采集为主，但现在有不少种类品种进行了人工驯化栽培并取得成功，如马齿苋、菊花脑、马兰、富贵菜、紫背天葵、人参菜、荠菜等。

0.3 蔬菜生产及其特点

蔬菜生产是根据蔬菜作物的生长发育规律和对环境条件的要求，确定合理的栽培制度和采取各种管理措施，创造适宜蔬菜作物生长发育的环境，以获得高产优质、品种多样的蔬菜产品并能均衡供应市场的过程。

蔬菜生产是农业生产的重要组成部分。在我国蔬菜是仅于粮食的重要副食品。

蔬菜生产的季节性强。特别是露地蔬菜栽培，产量和质量易受各种不同环境条件的影响，容易形成淡旺季现象，利用多种保护地设施进行各种蔬菜的反季节栽培，可以有效地解决供需之间的矛盾，达到周年均衡供应。

蔬菜生产的技术性较强，需精耕细作。由于蔬菜生长快、产量高，又要求产品鲜嫩，这就要求肥沃、疏松透气、保水保肥性能好的菜园土壤，还需要精耕细作和较高的栽培管理技术水平。

蔬菜栽培的方式多种多样。蔬菜的栽培方式概括起来分为露地栽培和保护地栽培两大类。露地栽培是选择适宜的生长季节进行露地直播或育苗移栽，成本较低；保护地栽培是在不适宜蔬菜生长的季节，利用设施进行蔬菜栽培的方式，主要解决淡季蔬菜供应，保护地蔬菜栽培又有促成栽培、早熟栽培、延后栽培、越夏栽培、软化栽培和无土栽培等形式。各种栽培方式相结合可解决蔬菜的周年均衡供应。

蔬菜栽培的方式多种多样。蔬菜的栽培方式概括起来分为露地栽培和保护地栽培两大类。露地栽培时须选择适宜的生长季节进行露地直播或育苗移栽，成本较低；保护地栽培是在不适宜蔬菜生长的季节，利用设施进行蔬菜栽培的方式，主要解决淡季蔬菜供应，保护地蔬菜栽培又有促成栽培、早熟栽培、延后栽培、越夏栽培、软化栽培和无土栽培等形式。各种栽培方式相结合可解决蔬菜的周年均衡供应。

蔬菜生产的技术性较强，需精耕细作。由于蔬菜生长快，产量高，又要求产品细嫩，这就要求肥沃、疏松透气、保水保肥性能好的菜园土壤，还需要精耕细作和较高的栽培管理技术水平。

蔬菜生产的集约化程度比较高。除个别蔬菜外，绝大多数蔬菜需要育苗，集中育苗是蔬菜集约化栽培的特点之一；另外是蔬菜可以实行复种，复种是蔬菜集约化栽培的又一特点，能显著提高土地和光能利用率，是实现高产、种类多样、周年均衡供应的有效途径。

0.4　我国蔬菜的发展现状与目标

0.4.1　蔬菜生产取得的成绩

1. 蔬菜播种面积和总产量持续增长

1980 年，全国蔬菜播种面积约 316 万 hm^2，总产量 8300 万 t，年人均占有量 84.1kg。此后，随着人民生活水平的提高和社会经济的发展，蔬菜播种面积和总产量持续增长。到 2000 年，全国蔬菜播种面积已达 1728.12hm^2，总产量增至 42 399.68 万 t。设施蔬菜栽培更是发展迅速，1981～1982 年，全国不足 0.73 万 hm^2，到 1999 年已达 130 万 hm^2，约占蔬菜栽培总面积的 10%。其中北方进行越冬生产的节能型日光温室 32.5 万 hm^2，南方还有 6 万 hm^2 的塑料遮阳网覆盖栽培。设施栽培的发展对促进蔬菜周年均衡供应起到了十分重要的作用。

2. 周年均衡供应水平明显提高，无公害蔬菜生产开始步入正轨

蔬菜生产的发展使计划经济年代长期困扰各级政府的蔬菜供应困难问题得到解决，并且初步做到了淡季不淡，季节性差价进一步缩小。目前城乡蔬菜市场供应数量充足，花色品种丰富、质量提高、价格基本稳定。各种名特蔬菜、时令蔬菜、“西洋蔬菜”、加工制品基本满足了不同消费习惯、消费水平的需要。

随着周年均衡供应水平的提高，无公害蔬菜生产也开始步入正轨。自 1992 年中国

绿色食品发展中心成立以来，我国先后制定了绿色食品标准以及其他相应的规定。与此同时，各地也相继颁布了“无公害蔬菜质量标准”、“无公害蔬菜产地环境质量标准”、“无公害蔬菜生产技术规程”等。目前，在全国范围内提倡无公害蔬菜生产，已有部分地区露地蔬菜在按照绿色食品标准进行生产，设施蔬菜生产也开始迈入无公害生产的轨道。

3. 蔬菜生产的区域布局基本形成

我国蔬菜区域布局的发展大体经历了3个阶段：第一个阶段是1984年以前，蔬菜生产主要分布在大中城市郊区，农区只有少数的自食性、季节性菜地；第二阶段是20世纪80年代中期到90年代初随着蔬菜购销体制的改革，初步形成了五大片农区商品蔬菜调运基地：冀鲁豫秋菜基地、南菜北运基地、黄淮早春菜基地、晋北夏秋淡季菜基地、河西走廊西菜东运蔬菜基地等，这些基地每年约向全国提供200多亿kg商品蔬菜，为城市消费量的30%左右；第三阶段是20世纪90年代以来，由于城市建设用地需要和近郊劳动地成本上升以及广大农区种植结构调整，全国蔬菜生产从农区为辅变为农区为主，农业蔬菜的播种面积占全国总播种的80%。全国蔬菜产区更加集中，具有特色的蔬菜产区不断增加，全国范围内蔬菜大市场、大流通的格局正在逐渐形成。

4. 出口贸易稳定增加

近几年，随着我国蔬菜产量和质量的不断提高，蔬菜出口贸易稳定增长。据海关统计，出口额从1990年的3.64亿美元稳定增长到2000年的20.3亿美元，平均每年以45.77%的速度增长。出口品种也由1990年以罐装蔬菜为主发展到保鲜、干制、速冻、腌制等多品种。

0.4.2 我国蔬菜生长中存在的问题

目前，我国社会经济正处于转型的关键时期。蔬菜产业必须适应国内、国际消费的需求和大市场地要求变化，才能取得持续稳定健康的发展。蔬菜产业经过近20年的迅速发展，供大于求的态势已经显露，产品质量及单位产量不高，产业链产前、产中、产后各环节比例不协调，贮藏加工落后，经营效益下滑等是当前蔬菜产业最突出的问题所在。

1. 蔬菜产品的总体质量不高

当前，蔬菜产品农药残留严重是影响我国蔬菜产品质量的首要因素。2000年底，农业部组织有关检测机构对11个省会城市的6种水果、30种蔬菜的农药残留进行抽查，共抽查451个样品，经过17种农药残留项目进行检测，农药残留检出率为32.2%，其中农药残留的超标率为25.7%。其次外观性状如大小、形状、色泽、整齐度等和内在品质如糖度、矿物质、维生素、风味物质等营养成分含量，也与国外发达国家有较大差距，这不仅关系到广大消费者的健康和种植者本身的经济效益，也影响了我国蔬菜产品整体的出口创汇能力。

2. 产业化、专业化水平低

我国现行的土地分户经营制度既难以满足农业产业化对农产品进行规模化生产的要求，同时也是专业化的一个障碍。目前大部分菜农还是一家一户小片土地生产，分散经营。菜农的文化、科技素质不高，生产效率低，生产设施抵御自然灾害的能力差，产、销信息不灵，难以参与市场竞争。近年来，许多地方在农业生产体制改革的过程中，在蔬菜产、销一体化方面探索出一条“区域分工、连片经营”的规模化经营模式，较好地解决了上述矛盾。但从专业化、规模化的深度和广度上来看，仅是真正达到产业化经营前的一种初级形式。与此相关，我国蔬菜市场体系尚不健全，宏观调控、引导不利，发展中带有一定的盲目性，生产经营活动不规范，蔬菜产业尚未进入规范化生产、标准化监控、品牌化销售的发展轨迹。

3. 采后贮藏加工落后

随着我国经济的发展，南菜北运，西菜东调，蔬菜贮运对大中城市在蔬菜淡季期间的补充作用越来越显得重要。由于长期以来蔬菜的贮运加工技术一直未受到足够的重视，从适合的专用品种到定向生产管理、采后预处理措施、运输工具、贮藏加工技术及设备诸方面均存在明显的不足，致使产品保质期短，在运输、贮藏过程中损伤和变质现象较重。据估算，其损耗一般在30%左右，极大地限制了市场的开拓和占领。蔬菜加工企业数量少、规模小，再加上设备不足、技术落后，限制了蔬菜加工业的发展。全国年蔬菜加工量仅占蔬菜总产量的2%～4%，蔬菜产品现代化链条尚未形成。

4. 蔬菜经营效益普遍下滑

在蔬菜短缺局面结束后，蔬菜产品已由卖方市场转为买方市场，出现了结构性、季节性、地区性的过剩，但各地仍然在按照数量规模型的发展模式惯性增长，蔬菜供大于求的矛盾日益突出，近几年全国蔬菜价格一再下降，其中山东作为最大的蔬菜基地菜价每年下降20%左右，其他地区的蔬菜价格也有类似情况，蔬菜经营效益普遍下滑。

0.4.3 我国蔬菜的发展目标

1. 注重提高蔬菜产品的质量

要提高蔬菜产品质量，必须建立蔬菜生产标准化体系，实施精品名牌战略。制定和实行我国具有权威性的质量检验标准体系，并逐步与国际通行标准接轨，树立蔬菜生产“绿色意识”，大力发展无公害蔬菜。根据市场需要选用优质蔬菜新品种；实施测土施肥，增施有机肥，控制氮素化肥的用量；在病虫害防治上要“以防为主、综合防治”，采用生态控制、生物防治和高效低毒低残留的化学防治相结合的综合防治措施；对蔬菜产品应在适期采收，按标准加工、分级包装和运输，提高加工和贮运标准及其他相关标准所构成的完整的质量控制标准体系，以确保生产出安全、优质、营养的蔬菜名牌产品，提高市场竞争力。

2. 发展专业化生产，推进产业化经营

发展专业化生产，要实现资源优化配置。任何一个地区的自然条件都不可能满足所有蔬菜的生长发育，各地应根据当地的气候优势、交通优势、技术优势及独特的品种资源优势，发展专业化生产才能实现资源的优化配置，减少重复和浪费提高产品的质量和效益，同时也便于蔬菜的交易和集散。产业化经营是蔬菜业的发展方向，推动蔬菜产业化经营的关键是要形成具有带动能力的龙头企业，通过对农户种植技术上的指导、经营和加工上的组织、信息上的服务，将蔬菜的生产、加工和销售各环节有机结合起来，推进蔬菜的产业化经营。

3. 依靠科技进步，提高蔬菜产业的整体素质

蔬菜生产是一个科技含量高、技术密集型的行业，在市场竞争中立于不败之地，必须不断进行技术改革和创新。要从改进栽培设施、加强优质品种开发、引进先进的栽培管理技术、重现采后技术等几方面提高蔬菜产业的整体素质。根据目前蔬菜栽培设施比较简陋的情况，在有条件的地区应引进或研制现代化程度比较高的设施，以适应现代化生产的需要。根据市场需求，开发适销对路的优质、抗病新品种，引进和大力推广蔬菜栽培的新方法、新技术，建立技术先进、成本较低的蔬菜采后处理技术体系，推广分级包装上市，并研究开发蔬菜深加工技术，提高我国蔬菜生产的整体竞争力。

0.5 蔬菜生产技术课的学习任务和方法

蔬菜生产技术课是园艺专业和种植专业的重要课程之一。学习本课程的主要任务是掌握蔬菜栽培的基本理论和技能，并掌握目前蔬菜生产上推广的高新技术和高效栽培模式，为从事蔬菜生产和科学研究奠定基础。既能够根据各类蔬菜的生长发育特点，对生长环境条件加以调节、利用，满足栽培蔬菜的需要，同时采取一些栽培技术措施，最终达到以优质、高产、多样化的产品周年均衡供应市场，从而获得最佳经济和社会效益。

蔬菜生产技术课是一门实践性比较强的应用课程。学习中必须以有关学科的理论和技能为基础，理论联系实际，既要学习蔬菜生产技术的基本理论知识，更要联系当地的生产实际，掌握基本技能操作。

单元 1

瓜类蔬菜生产

知识目标

了解瓜类蔬菜的栽培通性，掌握黄瓜、西瓜、网纹甜瓜、冬瓜、西葫芦的生物学特性、类型品种及栽培季节，掌握这些蔬菜的大棚早熟栽培技术。

技能要求

掌握黄瓜、西瓜、网纹甜瓜、冬瓜、西葫芦浸种催芽、播种育苗、整地、地膜覆盖、定植、植株调整、肥水管理、人工授粉和留瓜、病虫害防治等任务环节。

瓜类蔬菜在我国园艺产业中占有十分重要的地位，瓜类种类繁多，是人们生活中不可缺少的成分。它不仅是我们重要的蔬菜来源，也是许多地区农民增收、农业增效的首选蔬菜种类。

1.1 概　述

1.1.1 瓜类的种类

瓜类是葫芦科中以果实供食用栽培植物的总称（图 1-1）。在我国栽培的种类很多，其中有瓠瓜、南瓜、冬瓜、丝瓜、甜瓜、西瓜、葫芦、苦瓜、佛手瓜和蛇瓜等。主要

图 1-1　不同瓜类蔬菜

包括南瓜属、丝瓜属、冬瓜属、葫芦属、西瓜属、甜瓜属、佛手瓜属、栝楼属、苦瓜属共九个属。

瓜类蔬菜大多为一年生的草本植物，佛手瓜为多年生，它们在生物学和栽培上有很多的共同点。

1.1.2　瓜类的生物学共性

瓜类为蔓性植物，茎长可达数丈，中空，其上具有粗刚毛或生有棱角，节上生有卷须，为枝条或叶的变态，供攀缘之用。叶片大，单叶互生，叶柄较长，叶略成心脏形或掌状分裂。在主蔓的每一个叶腋里都能抽生侧蔓（子蔓），侧蔓又能发生侧蔓（孙蔓）。瓜蔓和土壤接触时，节上容易发生不定根。

瓜类是雌雄同株异花的植物，有的种类品种易出现两性花、雄株和雌株。一般雄花数目较多，而出现较早，雌花数目少，单生。雌雄花均有蜜腺，属虫媒花，为天然异花授粉植物。花冠多数为黄色，葫芦的花为白色，在晚上开放。开花期若遇多雨，低温，昆虫活动受到限制，需要人工授粉，才能保证结果。

佛手瓜每个果实具有一粒种子，其他瓜类每个果实都含有很多粒种子。

瓜类性喜温暖，不耐寒冷。它们生长适宜的温度一般在 20～30℃，15℃以下生长不良，10℃以下生长停止。5℃以下开始受害，因此在浙江地区栽培，需在无霜期进行。瓜类苗期，适当的低温能促进雌花的形成。

瓜类的结果习性一般分为三类：第一类以主蔓结果为主，如早熟黄瓜、西葫芦等，侧蔓结果为辅；第二类以侧蔓结果为主，如甜瓜、瓠瓜等，一般利用侧蔓结果；第三类主蔓和侧蔓都能结果，如冬瓜、南瓜、丝瓜、西瓜、苦瓜等，利用主蔓和侧蔓均能结果。

1.1.3　瓜类的栽培学通性

瓜类蔬菜除黄瓜外，其他种类均具有发达的根系，但根的再生力弱。幼苗经移栽后，缓苗期长，因此适于直播、小苗移栽或采取护根育苗措施。

瓜类蔬菜在栽培上，一般采取整枝、压蔓或设立支架等技术措施。

瓜类种子大，储藏营养成分多，子叶在真叶展开前能进行光合作用，对子叶要很好的保护。瓜类蔬菜在发芽过程中通常遇到问题是种皮不易脱落，子叶夹在种皮内成为畸形，影响光合作用的进行。为了使种皮容易脱落，播种时种子宜平放，覆土不可过薄，在幼苗出土时要维持较高的温度和充足的土壤湿度。

瓜类蔬菜同属葫芦科的植物，有许多共同的病害，如枯萎病、疫病、霜霉病、炭疽病、白粉病等，因此各种瓜类不应彼此互相连作，应与其他蔬菜或农作物轮作。

1.2　黄瓜生产

黄瓜别名胡瓜，以嫩果供食，生食、熟食或腌渍，各具风格，深受广大群众爱好。我国南北各地普遍栽培，种质资源丰富，露地和保护地均可栽培，基本上可以周年生产，周年供应。

1.2.1 生物学特性

1. 植物学特征

根 属浅根系，根系分布在20cm左右的耕层土层中，根入土浅而细弱，是吸收力弱的特征。

茎 主蔓长2～3m，一般分枝力较弱。苗期茎短缩，几乎直立，4～5片真叶以后节间伸长，呈蔓性，叶腋着生花和卷须（图1-2）。

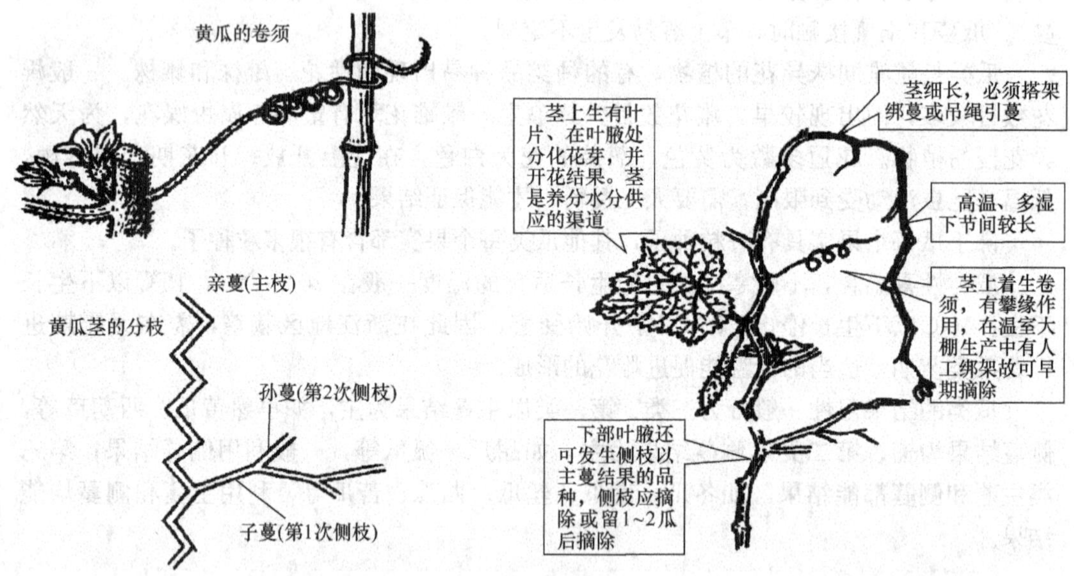

图1-2 黄瓜的茎蔓

叶 子叶对生，真叶互生，叶柄长，叶片呈掌状浅裂，大而薄，是蒸腾力强的特征。叶缘细锯齿，均具茸毛。叶腋有腋芽或花芽原基，抽蔓后出现卷须。

花 花腋生，雌雄异花同株；偶有雌性两性花，为雄花与两性花同株；也有全雌株。一般雄花发生先于雌花，雌雄交替发生，雌花雄花均具蜜腺，虫媒花。品种间自然杂交率高达53%～76%。

影响黄瓜性型分化的主要因素有：

- 温度和日照长度：昼夜温差大和短日照有利于雌花的分化。
- 不同矿质营养：氮素有利于雌花的形成，钾素营养有利于雄花的形成。
- 空气湿度和二氧化碳浓度：空气湿度高和二氧化碳浓度高有利于雌花的形成。
- 乙烯利叶面喷施，增加雌花数，赤霉素喷洒，会明显增加雄花数。

果实 果实为假果，由子房和花托共同发育而成。呈绿色或白色，外被蜡质，果面平滑或有棱、瘤、刺。果形、果色、棱、瘤、刺等特征，是鉴别品种的重要依据。一般开花后7～15d便可采收嫩果。开花至果实成熟一般需35～45d。

种子 种子披针形，扁平，黄白色，千粒重22～42g。发芽年限4～5年。

2. 对环境条件的要求

温度 黄瓜是喜温作物，生长适温为25～30℃，不耐寒，光合作用适温25～32℃。种子发芽的适温27～29℃；幼苗期昼温22～28℃，夜温17～18℃或在13～14℃以上；开花结果期昼温25～29℃，夜温18～22℃；采收盛期以后温度应稍低，以防止植株衰老，能维持较长的采收时期。黄瓜根系生长的适宜地温20～23℃，10～12℃时停止生长，必须在15℃以上。

光照 黄瓜需较强的光照，也能适应较弱的光照，故适于冬春保护地栽培，但光照不足，对产量和品质有不利影响。较短的日照有利于雌花的形成，但品种间对短日照反应不同。

水分 黄瓜的叶面积大，蒸腾量大，而根系较浅，分布范围小，吸收能力弱，因此需要较高的土壤湿度和空气湿度。黄瓜是需土壤水分充足、空气湿润、不耐干旱的作物。

气体 黄瓜光合作用的二氧化碳饱和浓度为0.1%，在光照充足、高温、高湿环境中，二氧化碳的饱和浓度可达1%左右。空气中二氧化碳仅含0.03%。在栽培上，可采取增施有机肥料、加强通风、补充二氧化碳等方法，提高空气中二氧化碳含量。

土壤 黄瓜生长迅速，高产，需肥沃结构良好的壤土，以克服黄瓜喜湿而不耐涝、喜肥而不耐肥的特性。黄瓜对氮、磷、钾三要素的吸收，以钾最多，氮次之，磷最少。三者比例约为2.5∶1∶4.0。土壤酸度以中性或弱酸性（pH5.5～7.2）时生育良好。土壤溶液浓度不能过高，最宜选择保水保肥力强的并富含有机质而肥沃的壤土或砂质壤土种植。

1.2.2 类型和品种

华南型黄瓜（图1-3） 茎叶较繁茂，耐湿、热，为短日性植物，果实较小，瘤稀，多黑刺。嫩果绿、绿白、黄白色，味淡；成熟果黄褐色，有网纹。分布在中国长江以南及日本各地。代表品种有昆明早黄瓜、广州二青、上海杨行。

华北型黄瓜（图1-4） 植株生长势中等，喜土壤湿润、天气晴朗的自然条件，对日照长短的反应不敏感。嫩果棍棒状，色，瘤密，多白刺。成熟果黄白色，无网纹。分布在中国黄河流域以北及朝鲜、日本等地。代表品种有：山东新泰密刺，以及杂交种中农1101，津杂1号、2号等。

南亚型黄瓜 茎叶粗大，易分枝，果实大，单果重1～5kg，果呈短圆筒或长圆筒形。皮色浅，瘤稀，刺黑或白色。皮厚，味淡。喜湿热，严格要求短日照。分布于南亚各地。地方品种群很多，如锡金黄瓜、中国版纳黄瓜及昭通大黄瓜等。

欧美型露地黄瓜 茎叶繁茂，果实呈圆筒形，中等大小，瘤稀，白刺，味淡，成熟果浅黄或黄褐色。有东欧、北欧、北美等品种群。分布于欧洲及北美洲各地。近年来我国有部分引进栽培。

北欧型温室黄瓜 茎叶繁茂，耐低温弱光，果面光滑，浅绿色，果长达50cm以上。分布于英国、荷兰。代表品种有英国温室黄瓜、荷兰温室黄瓜等。

小型黄瓜 植株较矮小，分枝性强，多花多果。分布于亚洲及欧美各地，代表品种有扬州乳黄瓜。

图 1-3 华南型黄瓜

图 1-4 华北型黄瓜

1.2.3 栽培季节与方式

我国长江流域及其以南地区无霜期长，一年四季均可栽培黄瓜。夏秋季以露地栽培为主，早春季节多利用塑料大、中棚等设施进行保护栽培（表 1-1）。

表 1-1 长江流域黄瓜栽培季节与茬口安排

季节茬口	播种期（月/旬）	定植期（月/旬）	收获期（月/旬）
春茬	2/下～3/上	4/上～4/下	4/下～6/下
夏茬	5/下～6/中	直播	7/上～8/下
秋茬	7/下～8/上	直播	9/上～10/下

1.2.4 塑料大棚春茬黄瓜早熟栽培技术

1. 品种选择

塑料大棚黄瓜早熟栽培，应选用早熟品种。早熟品种的特点是：主蔓结瓜，根瓜结瓜部位低，节间短，耐一定的弱光，适应大温差的环境，并应具有抗多种病害的特点，根据当地条件和食用习惯，目前生产中选用较多的主要品种为长春密刺、新泰密刺、津优 2 号、津优 3 号、津绿 3 号、津春 3 号、中农 12 等早熟品种。

2. 培养壮苗

黄瓜的嫁接育苗是黄瓜栽培特别是保护地栽培的增产措施之一。

壮苗标准：株高度15～20cm，真叶4～5叶，生长健壮，子叶健全，叶较大、较厚，色浓绿，茎粗节短，根系发达，无病虫害，苗龄40～50d。由于育苗天数长、苗大，为使定植时少伤根，快缓苗，应有护根措施，定植前要锻炼好秧苗。

苗期温度管理：出苗前白天土温25～30℃，夜间15～18℃，出苗后，白天气温25～30℃，夜间13～17℃，土温控制在15℃以上。幼苗在定植前7～10d进行低温锻炼。

水分管理：应保持土壤湿润，在不影响幼苗正常生长前提下，宁可干些，不宜过湿，以提高苗的素质。

3. 定植前的准备

为提高地温提早定植，最好在定植前20d扣棚，做畦面宽1m，沟深30～40cm的深沟高畦，每亩①施腐熟禽畜栏肥5000kg，复合肥25kg，在畦中心开沟施用或全层施用。定植前覆膜，地膜幅宽140～150cm，将垄背和垄沟全部盖住。

4. 定植

定植时期 当大棚内气温稳定在10℃以上，最低温度在0℃以上，10cm深土壤温度稳定在10～12℃为安全植期。早春大棚定植，必须掌握天气变化规律。在定植安全期内，根据早春“三寒四暖”的特点抓住冷峰尾，暖峰头。在回暖期的前提定植，争取在下一次寒流到来以前缓过苗来。

定植密度 破膜定植，黄瓜每亩保留株数为4000株左右。可按60cm×30cm，或加大行距缩小株距的方法，即（100～120）cm×18cm，有利于间套作。也有采用主副行栽培，畦宽100～120cm，一畦双行。主行株18cm，副行株距30～35cm，副行长到12～14片时摘心，结2～4个瓜后拔秧，以副行提高前期产量，以主行栽培为主。也可按50cm和80cm大小垄距起垄。小垄沟宽20cm左右，深10～15cm，主要用于低温季节浇水和冲施肥；大垄沟宽35～40，深20cm左右，主要用于田间进出及高温期浇水。

大棚黄瓜提早定植的措施 早春大棚黄瓜栽培，要提高经济效益，关键在于抢早。但是，由于早春气候寒冷，要提早定植必须有较为完善的抗寒保暖设施，否则将会遭到巨大经济损失。较理想的防寒保暖设施有多层覆盖。如大棚内扣小棚、大棚加小棚加微棚，以及用“不织布”或塑料薄膜夜间拉上二层幕与大棚膜之外，在寒流到来之前可采用热风炉和炉子临时加温。可使棚温提高2.4～3.6℃，防止寒流的侵袭。

5. 田间管理

（1）肥水管理

黄瓜施足底肥后，结瓜前不追肥，也可追施一次提苗肥，开始收瓜后，结合浇水进行追肥，一般5d追肥一次，交替施用化肥（复合肥）和有机肥（饼肥、鸡粪、人粪

① 1亩=666.7m²，全书同。

尿沤制液）。结瓜盛期可结合喷药进行根外追肥，如0.2%尿素、0.1%磷酸二氢钾、0.1%～0.2%硫酸镁、0.2%硼砂溶液等。

（2）植株调整

除了正常的搭架、绑蔓、打杈、去卷须外，大棚早熟栽培还有几项新措施（图1-5）。

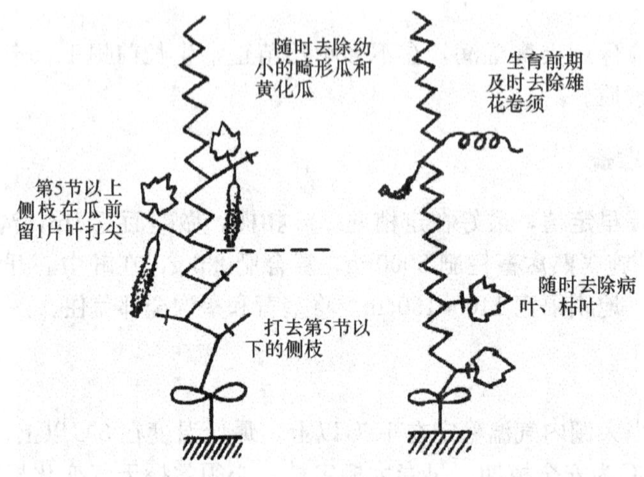

图1-5　黄瓜的整枝

引蔓　为了减少遮荫，节省架材及充分利用空间，可用白色塑料绳“吊蔓法”代替竹架“绑蔓法”。及在大棚骨架沿栽植行向各拉一根铁丝，按穴距由上至下系一根吊绳连接在黄瓜根茎部。引蔓是，按一个方向转动藤蔓，用塑料绳缠绕拉伸即可。

摘心　主蔓摘心，当主蔓长到快要接触棚膜时进行摘心，既可以防治茎尖接触棚膜烫伤，又可以打破顶端优势，控藤促瓜，多结“回头瓜”。侧蔓摘心，侧蔓留一瓜与一叶后进行摘心，可以显著增加产量。

摘叶　及时摘除植株下部的老黄叶和病残叶，可以减少营养消耗，改善通风透光条件。

落蔓　当瓜蔓爬到绳顶后开始落蔓，落蔓前先将瓜蔓基部的老叶和瓜采摘下来，然后将瓜蔓顶部的绳松开，将瓜蔓轻轻下放，在地膜上左右盘绕，每次下放的高度以功能叶不落地为宜。系住顶部的绳，拉住瓜蔓，定期落蔓。黄瓜植株调整低温期在晴暖天上午10时后，下午3时前，利用该段时间的高温促进伤口愈合，避免染病高温期应在下午瓜蔓失水变软时进行缠蔓，上午缠蔓容易伤害茎叶（图1-6）。

（3）植物生长调节剂的应用

在黄瓜幼苗第1真叶至第3真叶展开时，喷洒100～200μL/L乙烯利，可显著地增加雌花。增加雌花后必须增加施肥量，否则容易产生大量化瓜。国外报道，用赤霉素、2,4-D等生长调节剂处理不同发育程度的雌花子房，都有促进果实发育作用。

6. 病虫害防治

黄瓜的病害多，几乎瓜类中主要病害，如枯萎病、疫病、霜霉病、炭疽病、白粉

病都有，尤以前四种病害为严重，细菌性角斑病以及病毒等对它都发生危害，极大地影响产量。因此对各种病害，除了及时地用药剂防治外，尤应注意选用抗病品种，实行轮作，应用营养钵或营养块培育壮苗，移植时不伤根，采用高畦栽培、排水顺畅，使根系发育好，促进植株生长健壮，提高抗病力，可以大大减轻或防止病害的发生和蔓延。

黄瓜应用大苗嫁接，砧木为南瓜或扁蒲。经嫁接的植株抗病力及抗逆性较强，根系发育健壮，对防止由根部引起的病害有积极的意义。

虫害方面有瓜守、蚜虫、温室白粉虱、美洲斑潜蝇。在防治上应本着治小治早的原则进行，以免叶片受害和传染病毒。

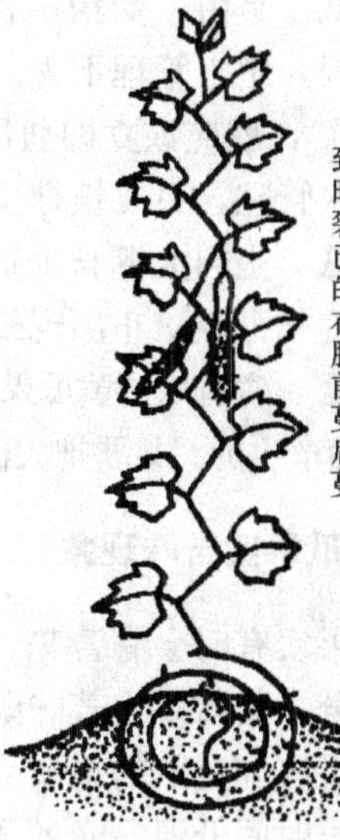

当瓜秧长到棚膜附近时，解开撕裂绳使下部已失掉叶片的瓜蔓盘落在地面的地膜上。温室前部植株落蔓约3次，后部植株落蔓1~2次

图 1-6　黄瓜的落蔓

7. 适时采收

黄瓜必须适时采收嫩果，特别是根瓜要适时提早采收，一般开花后 8～10d 即可采收。采收标准是顶花带刺、瓜条显棱时即可收获。采收后要分级装箱，防止相互摩擦影响商品质量。

1.2.5　栽培种常见问题及防治对策

1. 春黄瓜早期化瓜现象

黄瓜的雌花不继续生长发育，逐渐变黄而萎缩干枯，就叫化瓜。主要原因：品种单性结实差；栽培密度过大；温度过低或过高；连续阴雨天，昼夜温差小；水分、肥料供应不足等。防治措施：一是选择单性结实好的优良品种，如长春密刺，新泰密刺等；二是保持白天温度 20～35℃，夜间温度 10～20℃；三是加强水肥管理，及时整枝引蔓，改善通风透光条件。

2. 黄瓜畸形瓜现象

弯曲瓜　弯曲瓜形状如月牙。这是在育苗过程中，特别是花芽分化到开花这一阶段，温度，水分和营养不足，而形成弯曲的小子房，长大后就发育成弯曲瓜。在黄瓜果实肥大期，肥料供应不足、土壤干旱，也容易产生弯曲瓜。所以在育苗期要为花芽分化创造良好条件。在果实肥大期要加强管理，不缺肥，缺水，就能防止弯曲瓜的产生。

大肚瓜　由于黄瓜受精不完全，只是中部到尖端受精。受精的部分肥大的快，未受精部分生长缓慢而形成大肚瓜。后期放松田间管理，使植株生长衰弱，也容易形成大肚瓜。土壤中缺钾，也是形成大肚瓜的原因。因此，对于单性结实差需要授粉的黄瓜品种，要防止受精不完全，可采用人工授粉和棚内养蜂等办法。在结瓜盛期到后期，应加强水、肥管理。并结合用 0.2%的磷酸二氢钾根外追肥，就可以防止产生大肚瓜。

尖嘴瓜 是由于受精不良产生。大棚内连续高温，土壤干旱缺水，是产生尖嘴瓜的重要原因。肥水管理不善。植株生长衰弱也容易产生尖嘴瓜。所以，保护地栽培如果超过 30℃，就应该立即通风，防止温度过高。进入结瓜期后，要始终保持土壤湿润，并加强肥水管理，只要植株生长健壮，尖嘴瓜是可以防止的。

蜂腰瓜 是因大棚长期高温干燥，植株生长势弱，土壤缺钾产生。只要注意加强水，肥管理就可以防止出现蜂。

瘦肩瓜 瘦肩瓜是黄瓜果实梗短，肩部瘦长的瓜。这是由于夜间温度长时间过低，或营养过剩而产生的。只要把大棚内温度保持 10℃以上，并加强水肥管理，很快就恢复正常。

3. 黄瓜果实苦味现象

黄瓜果实有时会有苦味，这种苦味物质称为葫芦素，果实中一般出现在果梗靠近果肩的部分，黄瓜发生苦味既与遗传有关，也与生理、环境条件有关，如较老的植株上生长的果实和过熟的果实会带有苦味，根系损伤，植株生长不良所结的果实也多带有苦味。长时间低温、光照不足、高温干旱、偏施氮肥、缺肥也容易发生苦味果实，有时在早期低温下所结的果实也多带有苦味。克服苦味的方法，淘汰有苦味的植株，在栽培上加强管理，促进植株正常生长和结果。

4. 黄瓜花打顶现象

花打顶的主要表现为生长点不舒展，顶梢几节短缩，聚成一个疙瘩，雄花、雌花一直开到瓜秧顶梢。在生产中可能是夜温偏低，昼夜温差过大，雌花形成过多，对营养生长产生抑制；地温偏低、土壤过干或过湿、施肥过多造成黄瓜根系发育差，吸收能力弱等因素造成。在生产上可以通过提高叶温；加强水肥管理，及时中耕松土，促进根系发育等措施来防止；对已出现花打顶的植株，要及时采收商品瓜，并疏除一部分雌花。一般健壮植株每株留 1～2 个瓜，弱株上的瓜全部摘掉。

小结

黄瓜是吸肥能力比较弱的蔬菜，施肥上主张少施勤施，采收也要及时，水分要充足。

拓展知识

黄瓜的食疗作用

抗肿瘤：黄瓜中含有的葫芦素 C 具有提高人体免疫功能的作用，达到抗肿瘤目的。

抗衰老：黄瓜中含有丰富的维生素 E 和黄瓜酶，可起到延年益寿，抗衰老的作用。

防酒精中毒：黄瓜中所含的丙氨酸、精氨酸和谷胺酰胺对酒精性肝硬化患者有一定辅助治疗作用，可防治酒精中毒。

降血糖：糖尿病人以黄瓜代淀粉类食

物充饥，血糖非但不会升高，甚至会降低。

减肥强体：黄瓜中所含的丙醇二酸，可抑制糖类物质转变为脂肪。

健脑安神：黄瓜含有维生素B_1，对改善大脑和神经系统功能有利，能辅助治疗失眠症。

1.3 西瓜生产

西瓜起源于非洲热带草原，瓜瓤脆嫩多汁，营养丰富，是夏季重要的消暑果品，在我国栽培已有一千多年的历史，除西藏外均有栽培，其栽培面积及总产量均居世界首位，占全世界的45%以上，西瓜果实脆嫩多汁，味甜而营养丰富，具有清热利尿作用，为夏季消暑的主要水果型蔬菜。

1.3.1 生物学特性

1. 植物学形态特征

根 根深而广，主根深1m以上，在砂质壤土直播时，侧根分布直径可达3m，根群主要分布在20～30cm的耕层内。根纤细易断，再生力弱，不耐移植。吸收水肥能力强，耐旱但不耐涝。

茎 茎在幼苗时直立，节间短缩，4～5节后节间伸长，5～6片叶时开始匍匐生长，分枝性强，可形成3～4级侧枝。也有节间短的丛生类型。

叶 单叶互生，有深裂、浅裂和全缘叶等品种，2/5叶序。叶面有茸毛和蜡粉，蒸腾量小而耐旱。

花 单性腋生，雌、雄异花同株，主茎3～5节现雄花，5～7节形成雌花，此后与雄花相间形成。开花盛期可出现两性花。花、花瓣5片（枚），花冠黄色，基部联合；花药联合成3枚，花丝短，子房下位，柱头3裂，3室，侧膜胎座。雌雄花均具蜜腺，虫媒花，清晨开放，午后闭合。

果实 有圆形、卵形、椭圆、圆筒形等，单瓜重10～15kg，小的1～2kg。果面平滑，表皮绿白、绿、深绿、墨绿、黑色等，间有细网纹或条带。果肉有乳白、淡黄、深黄、淡红、大红等色，肉质分紧肉和沙瓤两种。果肉可溶性固形物一般可达10%～12%。果皮上茸毛消失，果皮变硬而厚，粉皮类型果实布满白粉，颜色由青绿色逐渐变成黄绿色，青皮类型皮色暗绿。采收时要留果柄，并防止碰撞和挤压，以利于贮藏。

种子 扁平，卵圆或长卵圆形，平滑或具裂纹，种皮褐、褐黑或棕色，单色或杂色。种子千粒重大籽类型100～150g，中籽类型40～60g，小籽类型仅20～25g，籽用瓜可达150～200g。

2. 对环境条件的要求

温度 西瓜喜高温干燥，耐热性较强，生育适温为25～30℃，30℃时同化作用最强，在昼夜温差较大（8～14℃）时利于果实膨大和糖分积累。极不耐寒，0～5℃

时植株受冻，10℃时停止生长。种子发芽适温 25～30℃，15℃以下及 40℃以上极少发芽。开花结果期适温为 25～32℃，低于 18℃时发育不良，果实膨大和成熟期以 30℃最好。

光照 西瓜喜光怕阴，在 10～12h 以上的长日照下才能生育良好，但苗期短日照有利于雌花的形成。对光照强度要求也高，光饱合点为 80klx，补偿点 4klx。

水分 由于西瓜生长快，果实大，产量高，因此耗水量大。但根系吸收能力强，可吸收深层水分，且具耐旱型叶片，所以为较耐旱的作物。西瓜极不耐涝，一旦水淹，就会全株窒息死亡。西瓜还要求空气干燥，以空气相对湿度 50％～60％为宜。

土壤和营养 西瓜的根系有明显的好气性，以结构疏松的砂壤土为好，对土壤酸碱度适应性较广，pH 在 5～7 范围内生育正常。茎叶生长需较多的氮肥和钾肥，而果实特别需要钾肥，增施磷、钾肥有利于提高果实含糖量。

西瓜吸收钾最多，氮次之，磷最少；氮、磷、钾的比例约为 3.28∶1∶4.33。另外，嫁接西瓜对镁的需求量也比较大，供应不足时，容易发生叶枯病。

1.3.2 类型和品种

栽培的西瓜分为籽用西瓜和果用西瓜 2 类，其中果用西瓜为主要栽培类型。籽用西瓜称为打瓜。果用西瓜的分类方法很多，如按果实大小分为小型（2.5kg 以下）、中型（2.5～5.0kg）、大型（5.5～10kg）和特大型（10kg 以上）四类；以成熟期的早晚分为早熟品种、中熟品种和晚熟品种 3 种。按种子的有无又分为普通西瓜和无籽西瓜。还可根据果形、瓤色等进行分类。

目前生产上栽培的主要品种有：

红肉有籽 寿山、浙蜜 3 号、浙蜜 4 号、青峰、黑珍珠、寿星、宝龙、宝冠、黑美人、金美人、早春红玉、红小玉、拿比特。

橙肉有籽 新兰、天凤、橙兰、橙凤。

黄肉有籽 嘉华、和平、宝凤、新金兰、特小凤、小兰、黄小玉等。

无籽西瓜 瑞兰、农友新一号、兴辉、丽晶、金凤、金山、海王等。

1.3.3 栽培季节与方式

西瓜要求热量多，在长江流域一般在 4 月下旬至 8 月为生长最适宜的季节。一般霜前播种，终霜期后出苗，定植要求在终霜后进行（表 1-2）。

表 1-2 长江流域西瓜栽培季节与茬口安排

季节茬口	播种期	定植期	收获期
春茬	12 月～2 月	1 月/下～3 月/中	4 月/下～6 月/中
夏茬	5 月	6 月	7 月/下～9 月/上
秋茬	7 月/下～8 月/上	8 月	9 月/上～10 月/下

西瓜忌连作，应与其他科蔬菜实行 7～8 年轮作。设施内重、迎茬时，应采用嫁接

育苗措施，防治枯萎病的发生。

1.3.4 栽培技术

1. 品种选择

以当地销售为主时，选早熟品种；以外销为主时，应选择中熟品种，晚熟品种结瓜晚、效益差，不适合大棚春茬栽培。

2. 嫁接育苗

西瓜嫁接栽培的主要目的是防止土壤传播病害（主要是枯萎病）侵染西瓜，具有明显的抗病、增产效果，可以缩短西瓜的轮作期限。以云南黑籽南瓜、瓠瓜和冬瓜为砧木，冬瓜砧的耐低温能力比较差，主要用于夏秋季西瓜嫁接栽培。南瓜砧嫁接西瓜虽然耐低温能力较冬瓜好，但容易引起瓜秧旺长，推迟结瓜，并且瓜的外观和品质也不良。目前，我国已培育了一批西瓜专用砧木，如超丰 F_1、南杂 8 号、西砧 1 号可供选用。嫁接方法与黄瓜接近，靠接、插接皆可。嫁接后应注意保湿，保温和遮荫。

3. 整地与作畦

选择地势高、排水良好土地，土层深厚的疏松的砂壤土地栽培。西瓜喜排灌方便、喜光耐旱怕涝。一般实行 3 年轮作。但近年采用抗病品种应用重茬剂等措施，也可在秋耕的基础上实行一定的重茬栽培。高畦栽培，畦宽 4～4.5m 或 2～2.5m，中等肥力土壤每 1000m^2 施腐熟厩肥 2000～2700kg，微生物复合肥 50～100kg，饼肥 67～130kg。早熟栽培基肥量应增加 60%～70%，有机肥充足时采用全层施肥法。

4. 定植

当 10cm 深土温稳定在 14℃以上，棚内气温稳定通过 10℃以上，为安全定植期。根据早春三寒四暖的气候特点，在寒流通过，暖流来临之时，选晴天上午进行定植。适宜的定植密度为：

地爬栽培，早熟品种可按 1.6～1.8m 等行距或 2.8～3.2m 的大行距，40cm 株距定苗，栽苗数 1000 株/亩左右；中熟品种可 1.8～2m 等距或 3.4～3.8m 大行距、株距 50cm 栽苗，栽苗数 800 株/亩左右。

支架或吊蔓栽培可按行距 1～1.2m，早熟品种 40cm；中熟品种 50cm 株距栽苗，栽苗数 1350～1500 株/亩。

嫁接苗栽苗要浅，定植深度要求和土坨齐平，接口处在封埯时一定要留在地面上，以防止发生不定根影响嫁接效果。大小苗要分区栽植，大苗栽棚的两侧，小苗栽棚的中央，便于秧苗管理，栽苗后要将定植沟灌满水，使水渗透土坨和周围的土壤，要求定植水要足，两水封埯。

5. 田间管理

(1) 肥水管理

追肥以轻施苗肥，巧施出藤肥，重施结果肥为原则。有充足的基肥条件下，坐瓜前可不施追肥。于瓜坐稳后施第一次，一星期后再施一次。应以氮、钾肥为主，追施磷肥。对于分批结瓜，结瓜时间延长，需增加追肥用量，以满足蔓叶继续生长和继续结果的营养需要。

对于水分管理，除结果后施追肥浇水外，一般出现土旱时才灌水，收瓜前 7～10d 停止浇水。

(2) 中耕、除草、培土

中耕宜浅培土应在植株抽蔓前，结合中耕进行，培土可防止植株被风吹动，保证顺利生长，又可排水良好，保持土面干燥，以防止病虫害的发生。

(3) 植株调整

整蔓主要有以下三种方式。

单蔓式 每株只留主蔓，所有子蔓都摘除。

双蔓式 除主蔓外，在植株下部 3～4 节间选留 1 条生长旺盛的子蔓，其他侧蔓都摘除。

三蔓式 除主蔓外，于植株下部 3～5 节间选留两条生长旺盛的子蔓，其他侧蔓都摘除。整蔓不宜过早，一般应在蔓着地匍匐生长和发生侧蔓后进行，同时将主蔓和应留的子蔓引向同一方向，并保持相当的距离，向前生长，使各蔓互相重叠，以利通风透光，使蔓叶生长强健，加强抗逆和抗病能力，并提高光合作用。

嫁接西瓜应明压瓜蔓，严禁暗压，否则西瓜茎蔓入土生根后，将使嫁接失去意义。瓜蔓长到 50cm 左右长时，选晴暖天下午，将瓜蔓跨越沟面引到相邻高畦上，并用细枝条卡住，使瓜秧按要求的方向伸长。主蔓和侧蔓可同向引蔓，也可反向引蔓。瓜蔓分布要均匀。

(4) 人工授粉与留瓜

开花结果期，每天上午 6 时至 10 时花的柱头轻轻摩擦几下，使花粉均匀抹到柱头上即可，一朵雄花一般可给 3 朵雌花授粉。授粉后，在该花的着生节上挂一纸牌，上面写明授粉的日期，以备收瓜时参考。为保证坐瓜率，一般每株瓜秧主蔓上的第 1～3 朵雌花和保留侧蔓上的第 1 朵雌花都要进行授粉。

当瓜长到鸡蛋大小时开始留瓜。留瓜的先后顺序是：主蔓上第 2、3 个瓜中选留 1 个瓜，主蔓上的瓜没坐住或质量较差而不适合留瓜时，再从侧蔓上留瓜，每株留 1 个瓜。选瓜形端正并且符合该品种特征、瓜皮色泽鲜艳、膨大比较快的瓜留下，其余的瓜用剪刀连柄剪下。

留二茬瓜的瓜秧，一般在头茬瓜长到定个大小后，开始授粉。授粉太早，二茬瓜与头茬瓜争夺营养激烈，不利于头茬瓜的正常膨大和及时成熟。授粉过晚，二茬瓜上市晚，栽培效益差。二茬瓜留瓜要早，一般不考虑瓜所在的位置，哪个瓜先坐住就留下哪一个，其余的瓜全部摘掉。

(5) 瓜的管理

垫瓜 当幼瓜褪毛后，用干净的麦秸或稻草等做成草圈垫在瓜的下面，使瓜离开地面，保持瓜下良好的透气性，并防止地面的病菌和地下害虫为害果实。

翻瓜 翻瓜的主要作用是使整个瓜面见光，达到均匀着色的目的。翻瓜一般于选定瓜后开始，于晴暖天午后，用双手轻轻托起瓜，将瓜向一个方向慢慢转动，使下面的背光部分约半数离开地面。整个背光面分2～3次转到向阳的位置。翻瓜时要将瓜向同一个方向转动，不要这次向前转瓜，下次向后转瓜。

竖瓜 竖瓜的主要作用是调整瓜的大小，使瓜的上下两端粗细匀称。具体做法是在膨瓜期，将两端粗细差异比较大的瓜细端朝下、粗端向上竖起，下部垫在草圈上。

托瓜或落瓜 支架栽培的西瓜当瓜长到500g左右时（即留瓜后），用网袋或草圈从下面托住或挂起瓜。

(6) 病虫害防治

病害 主要有猝倒病、炭疽病、角斑病、枯萎病、蔓枯病等。猝倒病是育苗期主要病害，低温（15℃左右）、高湿、通风透光不良是其发病原因。在防治上，首先注意选择无病源物的土壤作为营养土，进行苗床消毒，加强苗床管理，注意通风透气以降低床内湿度，同时结合喷施800倍50%硫菌灵溶液或500倍液敌磺钠溶液。

炭疽病、角斑病是西瓜两种危险病害，不但危害茎叶，还危害果实，全生育期都可发病。防治办法是，采取高畦栽培，基肥应充分腐熟，注意清沟排水，降低田间湿度。在发病初期可摘除病叶，减少病源，同时结合喷施2000型氢氧化铜（可杀得）1000倍液或代森锌800倍液，每隔7d喷杀一次，两种药剂交替使用。

枯萎病、蔓枯病主要在老瓜产区发病严重，造成整株大片死亡。目前国内外无有效药剂防治，最有效办法是实行轮作，嫁接换根栽培。

虫害 虫害主要有蚜虫、小地老虎、蝼蛄、黄守瓜等。有条件的地方可在大棚四周围防虫网，采取预防为主、综合防治的措施。

6. 采收

(1) 成熟瓜的标准

判断果实是否成熟，可以从以下几个方面进行考虑：

1) 形态变化。

卷须变化 一般情况下，留瓜节位及其前后1～2节上的卷须变黄或枯萎，表明该节的瓜已成熟。但是目前栽培的优质小型早熟西瓜成熟时其留瓜节位及其后的1～2节上的卷须一般不变黄或枯萎，一旦变黄或枯萎表明该瓜已成熟过头。

果实变化 成熟瓜的瓜皮明显变亮、变硬、瓜皮的底色和花纹色泽对比明显，花纹清晰，边缘明显，呈现出老化状；有条棱的瓜，条棱凹凸明显；瓜的划痕处和蒂部向内凹陷明显；瓜梗扭曲老化，基部的茸毛脱净。

2) 日期判断。该法比较准确，误差少，最适合于设施栽培西瓜，该法的判断依据为；大棚早春栽培西瓜，从雌花开放到果实成熟，早中熟品种一般需要28～35d时间，中晚熟品种需要40d左右时间。同一个品种，头茬瓜较二茬瓜需多3～5d时间。

当果实长到要求的天数后，在同一批瓜中挑选出具有代表性的瓜，切开检查，如果实际成熟度与判断的成熟度一致，即可将日期相同的瓜采收上市。

3）声音变化。手敲瓜面，发出“嘭嘭”低沉声音的为成熟瓜，发出“哆哆”清脆声音为不成熟瓜。果皮薄的成熟西瓜易裂果，应小心轻敲。

（2）采收瓜时间和方法

上午收瓜，瓜的温度低，易于保存，同时瓜中的含水量较高，汁多，味好，也有利于保鲜和提高产量。收瓜时，用剪刀将留瓜节前后1～2节的瓜蔓剪断，使瓜带一段茎蔓和1～2片叶。

7. 栽培时常见问题及防治对策

西瓜春早熟栽培时，通常在育苗过程中出现带壳出土、出苗不齐、瓜苗无生长点、产生徒长苗、僵化苗等现象。其中带壳出土是底水不足、覆土太薄造成的，可通过浇足底水、覆土1.5cm、发现后在早晨苗床潮湿时用手轻轻拨去瓜壳加以防止。出苗不齐主要是由于苗床地温、湿度不均造成的。瓜苗无生长点是用陈种子或是肥害、药害造成的。一般存储3年以上的西瓜种子无生长点的瓜苗多；刚出土的瓜苗，生长点较幼嫩，耐肥、耐药能力较弱，如果叶面喷药或追肥浓度偏高、喷洒量大极易破坏生长点。苗床湿度、温度偏高（特别是夜温偏高）、速效氮肥用量偏大、光照不足或瓜苗间距小等是造成徒长苗的主要原因，需按要求配制营养土，加强苗床的温、湿度管理，出苗后夜温不高于15℃，合理浇水，加强通风，减少湿度，增强苗床的光照，加大苗距。僵化苗表现为苗叶小、色深、茎细、节短，生长缓慢、根系少等，主要是苗床温长期偏低、苗床长期偏干燥、施肥不足、缺少氮肥、施肥过多等引起。防止僵化苗要用营养土育苗，避免营养不足和烧根，保持苗床适宜的温湿度，根据苗情和天气情况适度炼苗。

小结

西瓜在生产上应先选择优良的品种，西瓜极不耐涝，生产上西瓜地不能积水，以免引起烂藤和烂瓜，采收完一批瓜后应及时追肥一次。另外采收瓜应选择在上午露水干后进行，因早晨水分充足，敲瓜容易引起炸瓜。

拓展知识

无籽西瓜的由来

普通西瓜为二倍体植物，即体内有2组染色体（$2N=22$），用秋水仙素处理其幼苗，令二倍体西瓜植株细胞染色体成为四倍体（$4N=44$），这种四倍体西瓜能正常开花结果，种子能正常萌发成长。然后用四倍体西瓜植株做母本（开花时去雄）、二倍体西瓜植株做父本（取其花粉授四倍体雌蕊上）进行杂交，这样在四倍体西瓜的植株上就能结出三倍体的种子，三倍体植株在开花时，其雌蕊要

用正常二倍体西瓜的花粉授粉，以刺激其子房发育成果实。由于胚珠不能发育为种子，而果实则正常发育，所以这种西瓜无籽。

1.4 网纹甜瓜生产

甜瓜在我国栽培历史悠久，因香甜可口而受到人们的喜爱，尤其是高度进化的网纹甜瓜更是以高档水果的身份进入现代消费社会，作为四季常鲜的水果，受到各界人士的青睐，售价居高不下，产品畅销国内外。我国长江以南地区利用大棚栽培网纹甜瓜，具有较高的经济效益和社会效益。

1.4.1 生物学特性

1. 植物学特征

根 根系发达，入土深，主要根群分布在30cm以内的土层内。易木栓化，根再生能力差，故宜直播或进行保护措施进行育苗。

茎 茎中空、有刚毛，每节均可以发生侧枝。主蔓上生的侧枝为子蔓，子蔓上生长的侧枝为孙蔓，厚皮甜瓜以子蔓结瓜为主。

叶 子叶2片，长椭圆形。真叶近圆形或肾形，全缘或5裂，绿色或深绿色，单叶互生，具茸毛。

花 单性花，雌雄同株。雄花较小，簇生。雌花子房下位，单生，无单性结实能力。主蔓上雌花出现较晚，侧蔓上一般1～2节处就有雌花。虫媒花，异花授粉。上午5：00～6：00开花，午后谢花，花期短。

果实 瓠果，果实的形状、大小、色泽、果皮的网纹等因品种而具有较大的差异，是品种鉴定的主要依据之一。果肉质地软或脆，具有香味。

种子 种子比黄瓜种子小，种子大小差异较大。寿命为3年。

2. 对环境条件要求

甜瓜对环境条件的要求大致与西瓜相同，也是喜温、喜光、既耐旱又怕涝，膨瓜期需要肥水较多的作物。

温度 喜温怕寒。发芽期的适宜温度为25～35℃，生长的适宜温度为22～32℃，低于12℃时，生长不良。耐热能力比较强，能忍耐35℃以上的高温。

光照 喜光怕阴。光补偿点为4klx，饱和点70～80klx。结瓜期要求日照时数10～12h以上，短于8h结瓜不良。

水分 耐干燥和干旱的能力强。适宜的空气湿度为50%～60%，开花坐瓜期要求80%左右的空气相对湿度。土壤湿度过高，容易发生烂根。

土壤和营养 对土壤的要求不严格，适应性强，以土层深厚、疏松通气的砂壤土为最好。适宜的土壤pH为6.0～6.8。较喜磷、钾肥，对钙、镁、硼的需求量也比较大，耐盐能力中等。

1.4.2 品种

新疆、甘肃等地是我国厚皮甜瓜的主要栽培区，自20世纪90年代以来，我国其他地区采用温室、大棚栽培，也取得了较好的效果，栽培规模扩展较快。代表品种光皮类品种有伊丽莎白、郑甜1号、状元、蜜世界、蜜露、天蜜、玉露。网纹类甜瓜有：大庆蜜瓜、天蜜、华冠等。

1.4.3 栽培季节与方式

网纹甜瓜在北方主要进行设施栽培，栽培茬口主要有节能日光温室和大棚春、秋两茬栽培（表1-3）。

表1-3 长江流域网纹甜瓜栽培季节与茬口安排

季节茬口	播种期	定植期	收获期
春茬	2月/上～2月/中	3月/上～3月/中	梅雨之前
秋茬	7月/下	8月/上	初霜冻前

甜瓜忌连作，应与非葫芦科蔬菜进行4～5年以上轮作，否则要进行嫁接育苗。

1.4.4 栽培技术

1. 品种选择

应选择耐低温性好、成熟期较集中、早熟、抗病的优良品种。如伊丽莎白、状元、华冠等品种。

2. 育苗

网纹甜瓜育苗期比较短，用温室育苗，适宜苗龄为30～35d，3～4片真叶时定植，用营养钵护根育苗。甜瓜种子容易携带病毒，播种前要对种子进行消毒处理，浸种催芽后播种。发芽期保持高温，一般播种后3d出苗。育苗期间控制浇水，防止瓜苗徒长。

嫁接育苗栽培一般用野生甜瓜和黑籽南瓜做砧木，用插接法嫁接育苗，具体做法参照实训1中嫁接育苗。

3. 施肥做畦

进行配方施肥，用优质有机肥3000～5000kg/亩、复合肥50kg/亩、钙镁磷肥50kg/亩左右、硫酸钾（禁用氯化钾）20kg/亩左右、硼肥1kg/亩等。小型甜瓜的种植密度大，可均匀施肥，施肥后深翻地。大型甜瓜的种植密度小，应开沟集中施肥。

用高畦和垄畦栽培，高畦的畦面宽90～100cm，高15～20cm，每畦栽2行苗；垄畦面宽40～50cm，高15～20cm，每畦栽苗1行。

4. 定植与地膜覆盖

棚内的最低温度稳定在5℃以上后开始定植，大型果栽苗1500株/亩，平均行距80cm、株距50cm；中型果品种栽苗1800株/亩左右，平均行距80cm、株距45cm；小型果品种栽苗2100株/亩，平均行距80cm、株距40cm。进行地膜覆盖。

5. 田间管理

(1) 温度管理

定植初期外界气温较低，为促进缓苗，可设立小拱棚和二层幕，白天温度保持在25～30℃，夜间不低于15℃。网纹甜瓜品种在网纹形成期对低温反应敏感，温度低于18℃时，果皮硬化迟缓，网纹稀少并粗劣。瓜苗成活后，适当降低温度，白天25℃左右，夜间12～15℃。进入结瓜期，白天应保持25～30℃，以促进光合作用，夜间逐渐减少覆盖，逐渐加大通风量，增大昼夜温差，促进养分积累，提高含糖量，增进品质。

(2) 肥水管理

浇足定植水，并覆盖地膜后坐瓜前一般不浇水，特别是开花期，坐瓜期，要严格控制浇水量，防止瓜秧徒长，引起落花。坐瓜后开始浇水，始终保持地面湿润，避免土壤忽干忽湿，引起裂果。结果期加大通风，避免空气湿度过高。网纹甜瓜的网纹形成期，如果空气湿度过高，不仅影响网纹的质量，也容易导致果面裂果处发病。

(3) 植株调整

整枝 温室、大棚厚皮甜瓜栽培，一般采用混蔓整枝法。其体做法是：选留瓜节前后2～3个基部有雌花的子蔓作为预备结果蔓，在第1雌花前留1～2片叶摘心，其他的侧蔓一律摘掉。

吊蔓 当瓜蔓伸长后，每株甜瓜准备一条细尼龙绳或长布条，不要用塑料捆扎绳，防止断绳后跌伤瓜。绳的上端系在横线上，下端系松动活扣，拴到瓜秧基部，随着瓜蔓伸长，定期将瓜蔓缠绕到吊绳上。

(4) 人工授粉与留瓜

大棚、温室栽培甜瓜缺乏昆虫传粉，需要进行人工授粉。具体做法是：雌花开放当日上午10时前，从植株上摘取刚开放的雄花，去掉雄花的花瓣，露出花蕊，将花蕊上的花药对准雌花的柱头轻轻摩擦几下，使花粉均匀涂抹到柱头表面。人工授粉时授粉量要足，并且要均匀授粉，避免形成偏头瓜。

当瓜长到鸡蛋大小时选留瓜。小果型品种每株留2个瓜，适宜的留瓜节位为12～15节；大型果品种每株留1个瓜，适宜的留瓜节位为15～18节。

(5) 其他管理

吊瓜与转瓜 小型品种当瓜长到250g时，可用塑料网袋吊瓜，水平放置，防止坠秧和瓜坠地摔伤，另外当瓜吊定后，在午后1～2时定期转瓜2～3次，使瓜均匀见光着色。

摘叶与摘心 瓜身下部的老叶、病叶、黄叶要及早摘除，减少发病，有利于植株通风透光。

小果型品种主蔓展开20～25片叶、大果型品种展开25～30片叶时摘心，促进网纹甜瓜提早成熟。

6. 病虫害防治

甜瓜整个生长期的主要病虫害有立枯病、霜霉病、炭疽病、白粉病、疫病、白粉病、枯萎病等，以及蚜虫、蓟马、线虫、瓜蝇、红蜘蛛等，应采取预防为主，综合防治的措施。

7. 采收与后熟

果实成熟特征为结果枝节位上的叶片产生褐色斑点，果面出现品种特有的色泽、香味和网纹，甜瓜表面网纹清晰、干燥、色深，果皮坚硬，瓜柄发黄或自行脱落，靠近瓜节部位卷须干枯。用手掌拍瓜，成熟瓜声音浑浊。但在采收时，最好是要根据每果实的坐果日期和品种熟性来确定正确的采收期。上午收瓜，此时瓜含水量高，品质好，收瓜时，用剪刀将瓜带一小段果柄剪下，呈“T”形。采收后的甜瓜须经一定时间后熟，经后熟后果皮变薄，果实硬度下降，风味会明显地上升，特别网纹甜瓜后熟更为重要，一般需要后熟 3～7d。

小结

网纹甜瓜是高档甜瓜的一种，价格贵、品质好，在栽培过程中要重视肥水管理和植株调整，同时也要做好病虫害的综合防治。

拓展知识

网纹甜瓜分级标准

一级标准：果形标准，网路清晰有规则，无疤点，带“T”形果柄。

二级标准：果形标准，网路清晰较有规则，可有1～2处疤点，带“T”形果柄。

三级标准：网路不清晰，允许有畸形、疤点，允许果柄不完全。

1.5 冬瓜生产

冬瓜，又名白瓜、水芝、枕瓜等，起源于中国和东印度，我国南北各地普遍栽培，而以南方的栽培面积较大。喜温耐热，夏秋收获，产量高，耐贮藏，在蔬菜周年均衡供应中占有重要地位。冬瓜以果实供食，嫩梢也可菜用。新鲜果实主要含多种维生素和矿物质。在中医学上具有消暑解热、利尿消肿的功效，成为盛夏季节广大城乡人民喜爱的蔬菜。冬瓜果肉还可加工成蜜饯冬瓜、冬瓜干、冬瓜汁和脱水冬瓜等。瓜皮和种子在中药材上，具有清凉、滋润、降温、解热的药效。冬瓜果实大，单位面积产量高，经济效益高。

1.5.1 生物学特性

1. 植物学形态特征

冬瓜为一年生攀缘草本。

根 主根和侧根发达，根系深0.5～1m，横向分布1.5～2m，容易发生不定根。

茎 茎蔓生，分枝能力强。中空，5棱，绿色，被银白色茸毛。冬瓜的茎蔓生长旺盛，主蔓从第6～7节开始，抽出卷须，单叶互生。

叶 单叶，互生，掌状，5～7浅裂，绿色。叶面、叶背和叶柄均密被银白色茸毛。

花 雌雄异花同株，个别品种有两性花。雌花和两性花单生，雄花多数单生，也有簇生。雄花和雌花的花萼钟形，华冠黄色，5裂。雌花花枝短，浅黄色，子房和花柄均密被茸毛。

果实 瓠果，果实的形状因品种而不同，有圆、扁圆、椭圆、长椭圆和棒形等，果皮颜色有浓绿、绿和浅绿，被白色蜡粉或无。不同品种的果实大小有很大差别。

种子 种子近椭圆形，扁平，种脐一端稍尖，淡黄色。种子分为边缘有突起和无突起两种，有边缘的种子稍轻，种皮厚，发芽慢，千粒重50～100g。

2. 对环境条件要求

温度 喜温暖，且耐热，怕寒。种子发芽快慢主要受温度影响。适当浸种后在30～33℃下催芽，约36h便陆续发芽，25℃下发芽缓慢，发芽率降低。温度在15℃以下，不但茎蔓和叶片生长不良，而且开花和授粉不正常，降低坐果率。果实发育适于25～35℃。

光照 冬瓜较喜光，有一定的耐荫能力，属短日照植物。短日照有利于形成雌花。但多数品种对日照长短不敏感。抽蔓期和开花结果期适于较高温度和较强光照。

水分 耐旱能力强，适宜的空气相对湿度为80%。空气湿度过高，不利于授粉，坐瓜困难。结瓜前土壤湿度偏大，容易引起旺长。结瓜期需水量大，应经常保持土壤湿润。

土壤 对土壤的适应能力比较强，而以土层深厚、保水保肥能力强的肥沃壤土或砂壤土的栽培效果较好。冬瓜对养分三要素的吸收，以钾最多，氮次之，磷最少。对钙的吸收比钾和氮少而比磷和镁多，镁的吸收比氮、磷、钾和钙都少。吸收量随着生育过程逐渐增加。

1.5.2 品种与品种

冬瓜品种的分类，按果实大小可分3类：小果型：早熟或较早熟，第1雌花节位低，果实细小，单株结果多；中果类型：较早熟或中熟，主蔓第10节左右发生第1雌花，单果重5～10kg；大果类型：中晚熟或晚熟，主蔓一般在第10节以上发生第1雌花，果大。

按果皮颜色和白蜡粉有无可分3类：白皮或粉皮类型：果实被白蜡粉，果实越成熟，白蜡越厚，较耐日灼病，如湖南粉皮、粉杂1号、南京笨冬瓜、武汉枕头冬瓜、安徽躁冬瓜、广东灰皮冬瓜、台湾圆冬瓜等。青皮类型：果皮青绿，表面无蜡粉，如广东青皮、广西玉林大石冬瓜、湖南龙泉冬瓜、福建沙县冬瓜等。黑皮类型：果皮墨绿，表面无白蜡粉，如广东黑皮冬瓜，果肉厚，耐病，耐贮，品质佳。

按品种的熟性也可分为3类：早熟类型，主蔓第1雌、雄花发生早，着生节位较低，果实较小，每株采收数果，如南京狮子头、江西早冬瓜、广东盒冬瓜；中熟类型，主蔓第10节左右着生第一雌花，果实较大，如上海小青皮、成都大冬瓜。晚熟类型，主蔓第10节以上着生第一次画，果实大，如湖南粉皮、南昌扬子洲、广东青皮、广东黑皮等。

1.5.3 栽培季节与方式

冬瓜的栽培方式可分地冬瓜、棚冬瓜和架冬瓜3种。

地冬瓜 植株爬地生长，单位面积株数较少，管理粗放，可节省棚架材料，单位面积产量较低。

棚冬瓜 用竹木搭棚，有高棚与矮棚之分。高棚如湖南的平棚和广东的鼓架平棚，棚高1.7～2.0m，可在棚下管理操作，瓜蔓上棚前摘除侧蔓，上棚以后任意生长。矮棚在厦门和广东潮汕等沿海地区广泛采用，棚高70～100cm，果实长大后接触地面，既有利于防止风害，又减少日晒灼伤。棚冬瓜的坐果和单果重都比地冬瓜好，单位面积产量比地冬瓜高，但基本上利用平面面积，不利于密植和间套种，且搭棚材料多，成本高。

架冬瓜 支架的形式有湖南长沙郊区的“一条龙”，每株一桩，在1.3m左右高处用竹竿连贯固定；广东的“三星鼓架龙根”或“四星鼓架龙根”，即用3～4根竹竿搭成鼓架。鼓架上用横竹连贯固定，一株一个鼓架；上海郊区有“人字架”等，形式多种多样，但都结合植株调整，较好地利用空间，有利于密植，并使坐果整齐，果重均匀，成熟一致，高产稳产。这也有利于间作套作，充分利用土地，增加复种指数，又比棚冬瓜节省材料，降低成本。架冬瓜是3种栽培方式中较合理和科学的一种方式。

小知识

冬瓜一般都在气温较高的季节栽培。长江中、下游地区，一般在2月上旬至3月中旬温床或冷床育苗，4月定植，露地播种可在4月上、中旬，6～9月收获；晚熟冬瓜可在6月上旬播种，9月收获。华南地区可分春、夏、秋三茬。春冬瓜在上年12月或当年1月保护地育苗，2月中旬至3月上旬定植。露地直播宜在2月中、下旬至3月上旬，早冬瓜可在4月开始上市，一般在6～7月收获。夏冬瓜在4～5月露地直播或育苗，7～8月收获。秋冬瓜宜在6～7月露地直播或育苗，9～10月收获。

冬瓜多与稻、麦等轮作，以减少病虫危害。因为冬瓜生长期较长，生长前期生长慢，如采用棚架栽培，有利于与其他蔬菜间套作。

1.5.4 栽培技术

1. 土壤选择与整地作畦施基肥

选择以排水良好，疏松透气，有机质较多的壤土，沙壤或黏壤土为宜。避免与瓜

类连作。播种和定植前深翻晒白，多施有机肥。长江流域及其以南各地，冬瓜的生长季节雨量多，冬瓜根系不耐涝，应采用高畦深沟栽培，畦面宽1.6～2m，呈龟背状。

冬瓜生长期长，产量高，需肥量大，基肥要充足。一般每亩田块施猪羊栏肥5000kg，微生物复合肥50kg，结合整地施入土中。

2. 育苗

直播和育苗均可。苗期掌握在35～45d。用温汤浸种处理种子，促进种子吸水，浸种时间6～12h，在28～30℃条件下催芽，经4～5d，种子萌发后及时播种。播种量150～250g/亩，播种密度80～90g/m^2。子叶期进行分苗，密度为150～160株/m^2。3～4片真叶时可定植大田栽培。

由于冬瓜种皮厚，吸水和发芽较困难，所以在催芽时要保持一定的湿度并经常翻动种子。

3. 定植

露地栽培于4月上旬定植，早熟品种采用小棚覆盖可提前到3月上中旬定植，晚熟种则可延至4月中旬定植。早熟冬瓜每亩植1000～1200株，搭直立式棚架；中晚熟不搭架栽培，每亩植500～600株，间作冬瓜300～400株/亩。

4. 田间管理

田间管理主要有追肥、灌溉、压蔓、整藤、垫瓜、盖草、防病除虫等工作。

肥水管理 冬瓜施肥应氮、磷、钾齐全，氮、磷钾的比例较高，且钾稍高于氮；以基肥为主，坐果后重施追肥；有机肥为主，无机肥为辅。必须注意避免偏施氮肥，特别是避免在结果中、后期偏施速效氮肥，避免在大雨前后施速效肥。否则，会导致疫病、枯萎病和果实绵腐病的发生和发展。冬瓜需水量大，适于空气和突然湿润，但不耐涝。幼苗期和抽蔓期根系尚不发达，如天气干燥，土壤温度低，可酌情灌溉。抽蔓期以后，根系强大，吸收能力较强，一般靠根系自身吸水能力，也能满足植株的水分需要。如采用深沟高畦栽培，可在畦沟贮水，但应保持畦面20cm以下的水位，降雨前后注意排水，避免受涝。结果后期避免水分多，防止果实绵腐病发生。

植株调整 小果型品种的果实较小，为提高产量宜多结果。中果型和大果型品种为提高产量，应在适当密植的基础上争取结大果。为了获得大果，坐果节位是关键。研究表明，广东青皮品种以主蔓29～35节坐果的果实最大，23～28节坐果的果实其次，17～21节坐果的果实再次，36～44节坐果的果实最小。主蔓打顶，提高叶的光合效能。在主蔓23～35节坐果，坐果后15～20节摘心，就可以在强健的营养生长基础上座果。冬瓜坐果期间，正值炎热季节，果实裸露在阳光下，容易灼伤，应注意护果。如选择适当的节位坐果；当果实长至4～5kg时及时套（或吊）瓜，避免果实断落；可用稻草、麦秆、蕉叶等遮盖，防止日烧。冬瓜果实大，棚架上的果实达到一定重量时容易断落；沿海地区常有台风雨侵袭，也会损伤果实，应注意吊住瓜。

坐果与护果 地冬瓜一般利用主蔓和侧蔓结果，可以在主蔓基部选留一两枚强壮的侧蔓，摘除其他侧蔓，坐果后侧蔓任其生长；也可以主蔓坐果前摘除全部侧蔓，坐果后让侧蔓任其生长。棚架冬瓜一般利用主蔓坐果1个，在主蔓坐果前后摘除全部侧蔓，或者坐果前摘除侧蔓，坐果后选留若干枚侧蔓。主蔓摘心或不摘心均可。

垫瓜、盖草 高温季节，要用稻草垫在果实下面，使果实不与土面接触，以免瓜腐烂。在瓜的上面也要适当盖草，防止烈日暴晒，以免瓜面灼伤。

5. 病虫害防治

冬瓜的病害有枯萎病、疫病、炭疽病、病毒病、白粉病及果实绵腐病等。枯萎病是危害冬瓜生产的主要病害，可从苗期开始发生，开花后盛发。开花以后的植株发病多在茎部发生。防治方法是：选用抗病性较强的品种；注意轮作；控制土壤湿度，特别是开花结果以前要避免水分过多，坐果以后保持湿润；增施有机质肥，避免雨后施肥，偏施氮肥；在开花前后，应用80%敌磺钠800～1000倍液、70%甲基硫菌灵1000倍液、50%多菌灵800～1000倍液、75%百菌清500～800倍液，喷雾或灌根，对防治枯萎病有一定的效果。

6. 采收

一般早熟冬瓜以采嫩瓜早上市为主，中晚熟冬瓜则要根据商品成熟度及市场需要，及时采摘或延后采摘，或采摘后贮藏以延长供应。采收时带一段茎蔓，防病并增加美观。

1.5.5 栽培种常见问题及防治对策

栽培中常见问题是贮藏性能差，贮藏期短。为提高冬瓜的贮藏性，延长贮藏期，在果实发育期间避免偏施氮肥，在采收前15～20d停止追肥和减少灌溉。贮藏在阴凉、通风、干爽的地方。

小结

冬瓜小型品种近年来很多地方采用吊蔓栽培，可提高产量和品质。冬瓜栽培过程中应注重肥水管理、温度管理、植株调整和病虫害防治工作。

拓展知识

冬瓜的食疗作用

中国医学认为，冬瓜味甘而性寒，有利尿消肿、清热解毒、清胃降火及消炎之功效，对于动脉硬化、冠心病、高血压、水肿腹胀等疾病，有良好的治疗作用。冬瓜还有解鱼毒、酒毒之功能。经常食用冬瓜，能去掉人体内过剩的脂肪，由于冬瓜含糖量较低，也适宜于糖尿病人“充饥”，在炎热的夏季，如中暑烦渴，食用冬瓜能收到显著疗效。

复习思考题

一、解释术语

黄瓜化瓜现象 “戴帽”现象 黄瓜单性结实

二、填空题

1. 瓜类蔬菜常用嫁接方法有________、________和劈接法。

2. 黄瓜嫁接常用的砧木有________；其作用为________________。

3. 甜瓜以________结果为主，早熟黄瓜以________结果为主。西葫芦以________为主。

4. 西瓜嫁接常用的砧木有________。

5. 西瓜根系再生力________，耐________不耐________。

6. 黄瓜应及时采收嫩瓜，特别是________瓜宜早采。

7. 西瓜人工授粉宜在________时进行。

8. 常见的以主蔓结果的瓜类蔬菜有________、________等；主侧蔓都能结果的瓜类蔬菜有________、________等；以侧蔓结果为主的瓜类蔬菜有________等。

9. 西瓜生产上常见的病害有________、________、________、________等。虫害主要有________、________等。

10. 西瓜压蔓可以促进________发生，________植株。

三、选择题

1. （　　）和（　　）促进黄瓜雌花分化。

A. 低夜温、短日照　　B. 低夜温、长日照
C. 高夜温、短日照　　D. 高夜温、短日照

2. 下列哪个时期是西瓜吸水吸肥量最大的时期（　　）。

A. 坐果期　B. 膨果期　C. 发芽期　D. 变瓤期

3. 下列蔬菜杂交制种去雄时，直接摘出雄花的是（　　）。

A. 黄瓜　B. 番茄　C. 菜豆　D. 白菜

4. 黄瓜霜霉病是一种（　　）。

A. 真菌性病毒　B. 细菌性病菌　C. 病毒性病害　D. 生理性病害

5. 瓜类蔬菜中抗逆性最弱的一种是（　　）。

A. 南瓜　B. 葫芦　C. 黄瓜　D. 冬瓜

6. 西瓜人工授粉时间一般在（　　）。

A. 早晨6～9时　B. 中午12时左右　C. 下午　D. 傍晚5～6时

7. 西瓜、甜瓜需充足灌水的时期是（　　）。

A. 开花期　B. 膨瓜期　C. 定个后　D. 采收期

8. 黄瓜花的性型受激素控制，（　　）多增加雌花。

A. 赤霉素　B. 矮壮素　C. 乙烯利　D. 脱落酸

9. 下列四种作物中那个不适合做嫁接西瓜砧木（　　）。

A. 野生西瓜　B. 黄瓜　C. 菜用葫芦　D. 黑子南瓜

10. 瓜类蔬菜中抗逆性最弱的一种是（　　）。

A. 南瓜　　B. 葫芦　　C. 黄瓜　　D. 冬瓜

11. 嫁接西瓜采用（　　）方式好。

A. 明压　　B. 暗压　　C. 随意压　　D. 不压

四、简答题

1. 黄瓜栽培中畸形瓜如大肚、蜂腰、尖嘴瓜形成的原因是什么？
2. 如何鉴定西瓜的成熟度？
3. 影响黄瓜性型分化的因素有哪些？
4. 嫁接育苗有哪些优越性？

实训1　瓜类蔬菜生产

工作任务		黄瓜/西瓜/甜瓜/冬瓜栽培	
序号	计划实施步骤	计划实施时间	步骤实施物资准备

制定计划说明						
计划评价	班级		组号		组长	
	教师签字		日期			
	评语：					

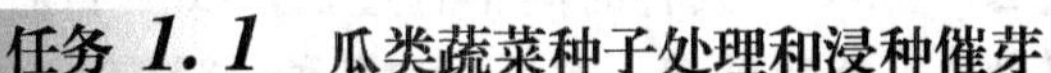

任务 1.1　瓜类蔬菜种子处理和浸种催芽

实施目的： 了解瓜类种子播前处理的作用，掌握瓜类蔬菜种子浸种、催芽的方法。

材料和用具： 各种瓜类种子、培养皿、滤纸、纱布、镊子、烧杯、玻璃棒、温度计、电炉、恒温箱等。

各组按下列要求进行操作。

1. 种子选择

要选择合适的瓜类品种，同时要检查种子的成熟度、饱满度、色泽、清洁度、病虫害和机械损伤程度、发芽势及发芽率等各项指标。

2. 种子处理

（1）药剂处理

有药粉拌种和药水浸种两种方法。

药粉拌种　清水浸种后，用种子量0.3%的杀虫剂或杀菌剂与种子充分拌匀即可，也可与干种子直接混合拌匀。常用的杀菌剂有瑞毒霉、多菌灵、福美双、退菌特等，杀虫剂有敌百虫粉等。

药水浸种　种子先在清水中浸泡，然后浸入药水中，按规定时间消毒。一般可用40%福尔马林100倍液浸种30min，防真菌性病害用50%多菌灵500倍液浸种1h，或用72.2%普力克水剂800倍液浸种0.5h；用50%代森铵500倍溶液浸种1h用咪唑盐酸500倍液浸种1～2h。防黄瓜枯萎病，可将种子放在2%～3%漂白粉溶液中浸泡30～60min。防细菌性病害也可用100万单位的硫酸链霉素500倍液浸种2h。防病毒病可用10%磷酸三钠浸种20min。药剂浸种后均需用清水洗净再催芽或播种。

（2）热水处理

有温汤浸种和热水烫种两种方法。

温汤浸种　将种子放入瓦盆内，缓缓倒入50～55℃温水（2份开水对1份凉水），边倒边搅拌，加水量为种子量的5～6倍，持续10～15min，水温降到30℃时停止搅拌，继续浸种。这种方法有一定的消毒作用，瓜类、茄果类都可应用。

热水烫种　先用凉水刚好浸没种子，再用80～90℃热水边倒边搅动，水温到55℃时停止搅拌并保持这样的水温7～8min，而后进行浸种。热水量不可超过种子量的5倍。此法对种皮厚的冬瓜、茄子、黄瓜等种子适用。热水烫种有杀菌作用，可缩短浸种时间，但应注意防止烫伤种子。种子要充分干燥，因种子含水量越少，越能忍受高温刺激。

（3）浸种催芽

浸种　可用干净的塑料盆浸种，不要用金属或带油污的容器。对于种皮易发黏或未经发酵洗净的种子，如黄瓜、瓠瓜、南瓜等种子可先用0.2%～0.4%的碱液清洗，并用温水冲洗干净，温水浸种时水温 28～30℃，浸种时间不宜过长，以种子充分吸水为原则。浸种结束，捞出装包，甩掉水分，然后催芽。黄瓜、甜瓜种子浸泡 4～6h，西葫芦、南瓜种子浸泡 6h，西瓜、冬瓜、苦瓜、丝瓜种子浸泡 12～24h。浸泡完毕，瓜类种子用细沙搓掉种皮上的黏液，用清水把种子分离出来，再淘洗干净即可催芽。

催芽 将毛巾用清水浸湿，拧到不流水的程度，将欲催芽的种子摊到毛巾上，厚度不超过 1.7cm，再用同样的湿毛巾盖在种子上，以保持湿度，放在催芽箱内。对催芽温度的掌握，开始要稍低，以后逐渐升高，当胚根将要突破种皮时再降低，促使胚根粗壮。种子每 4～5h 翻动 1 次，以便换气，并使种子换位，温度均匀。对发芽期长的种子，每天需用温水淘洗 1 次，洗掉黏液，以免发霉。75%左右的种子破嘴或露根时，停止催芽，等待播种。

有些蔬菜种子如无籽西瓜、丝瓜、苦瓜等因种壳厚硬，不易发芽，在浸种前夹破种壳，能提高种子的发芽率和使种子发芽整齐。

任务记录单

任务名称：		指导教师：	
组号：		组长：	
时间	记录内容		
教师签名		时间	

考核评价单

<table>
<tr><td>任务名称</td><td colspan="4">瓜类蔬菜种子处理和浸种催芽</td><td colspan="2">小组组号</td><td colspan="2"></td></tr>
<tr><td>实施日期</td><td colspan="8">瓜类蔬菜种子处理和浸种催芽过程记录共______页</td></tr>
<tr><td>评价项目</td><td colspan="2">评价内容</td><td>分值</td><td>教师评价</td><td>学生评价</td><td>得分</td><td>总分</td></tr>
<tr><td rowspan="15">过程评价</td><td rowspan="4">工作态度</td><td>到岗情况</td><td>2%</td><td>1%</td><td>1%</td><td></td><td rowspan="19"></td></tr>
<tr><td>认真负责</td><td>3%</td><td>2%</td><td>1%</td><td></td></tr>
<tr><td>与人沟通</td><td>2%</td><td>1%</td><td>1%</td><td></td></tr>
<tr><td>团队协作</td><td>3%</td><td>2%</td><td>1%</td><td></td></tr>
<tr><td rowspan="3">工作方法</td><td>学习能力</td><td>3%</td><td>1%</td><td>2%</td><td></td></tr>
<tr><td>计划能力</td><td>3%</td><td>2%</td><td>1%</td><td></td></tr>
<tr><td>解决问题能力</td><td>4%</td><td>3%</td><td>1%</td><td></td></tr>
<tr><td rowspan="8">实践操作</td><td>种子是否消毒</td><td>5%</td><td>4%</td><td>1%</td><td></td></tr>
<tr><td>精选种子的质量</td><td>3%</td><td>2%</td><td>1%</td><td></td></tr>
<tr><td>浸种容器和水量的选择</td><td>5%</td><td>4%</td><td>1%</td><td></td></tr>
<tr><td>投洗种子的次数和方法</td><td>5%</td><td>4%</td><td>1%</td><td></td></tr>
<tr><td>浸种程度和时间的控制</td><td>5%</td><td>3%</td><td>2%</td><td></td></tr>
<tr><td>催芽温度设定是否合理</td><td>5%</td><td>4%</td><td>1%</td><td></td></tr>
<tr><td>催芽是否投洗和翻动</td><td>7%</td><td>5%</td><td>2%</td><td></td></tr>
<tr><td>停止催芽的时间掌握</td><td>5%</td><td>4%</td><td>1%</td><td></td></tr>
<tr><td rowspan="3">成果评价</td><td rowspan="2">浸种催芽结果</td><td>浸种催芽效果</td><td>10%</td><td>8%</td><td>2%</td><td></td></tr>
<tr><td>分析浸种催芽方法的合理性</td><td>10%</td><td>8%</td><td>2%</td><td></td></tr>
<tr><td>实训报告</td><td>填写是否正确、规范</td><td>20%</td><td>16%</td><td>4%</td><td></td></tr>
</table>

任务 *1.2*　瓜类蔬菜播种育苗

实施目的：通过对瓜类蔬菜进行育苗，了解其育苗过程，掌握蔬菜苗床准备及播种技术要点。

材料和用具：大棚、瓜类蔬菜种子、菜园土、有机肥。

各组按下列要求进行操作。

1. 蔬菜育苗床准备

育苗土配制　育苗土的具体配方根据不同蔬菜和育苗时期灵活掌握，目前播种床土常用的配方为田土 6 份，腐熟有机肥 4 份，菜园土和有机肥过筛后，掺入速效肥料，并充分拌和均匀，堆置过夜。

苗床准备　选用适宜的育苗设施，设施准备好后铺设育苗床，苗床畦宽 1～1.5m；将育苗土均匀铺在育苗床内，播种床铺土厚约 10cm，苗床装填好后整平床面。

2. 播种

播前准备 根据选择的蔬菜种类，确定适宜的播种时期和播种量，并进行种子处理。

播种 低温季节宜选择暖天上午播种，播前浇透水，水渗下后，在床面薄薄撒盖一层育苗土；瓜类种子一般撒播。催芽的种子表面潮湿，不易散开，应用细沙或草本灰拌匀后再撒；播后覆土，并用薄膜平盖畦面。

3. 播后管理

每天观察出苗情况，并进行记载，同时加强苗期管理。

任务记录单

<table>
<tr><td colspan="3">任务名称：</td><td>指导教师：</td></tr>
<tr><td colspan="3">组号：</td><td>组长：</td></tr>
<tr><td>时间</td><td colspan="3">记录内容</td></tr>
<tr><td></td><td colspan="3"></td></tr>
<tr><td></td><td colspan="3"></td></tr>
<tr><td></td><td colspan="3"></td></tr>
<tr><td></td><td colspan="3"></td></tr>
<tr><td></td><td colspan="3"></td></tr>
<tr><td></td><td colspan="3"></td></tr>
<tr><td></td><td colspan="3"></td></tr>
<tr><td></td><td colspan="3"></td></tr>
<tr><td></td><td colspan="3"></td></tr>
<tr><td></td><td colspan="3"></td></tr>
<tr><td></td><td colspan="3"></td></tr>
<tr><td></td><td colspan="3"></td></tr>
<tr><td></td><td colspan="3"></td></tr>
<tr><td></td><td colspan="3"></td></tr>
<tr><td></td><td colspan="3"></td></tr>
<tr><td></td><td colspan="3"></td></tr>
<tr><td></td><td colspan="3"></td></tr>
<tr><td></td><td colspan="3"></td></tr>
<tr><td></td><td colspan="3"></td></tr>
<tr><td></td><td colspan="3"></td></tr>
<tr><td></td><td colspan="3"></td></tr>
<tr><td></td><td colspan="3"></td></tr>
<tr><td></td><td colspan="3"></td></tr>
<tr><td></td><td colspan="3"></td></tr>
<tr><td>教师签名</td><td></td><td>时间</td><td></td></tr>
</table>

考核评价单

<table>
<tr><td>任务名称</td><td colspan="4">瓜类蔬菜播种育苗</td><td>小组组号</td><td colspan="3"></td></tr>
<tr><td>实施日期</td><td colspan="2"></td><td colspan="6">瓜类蔬菜播种育苗过程记录共______页</td></tr>
<tr><td>评价项目</td><td colspan="2">评价内容</td><td>分值</td><td>教师评价</td><td>学生评价</td><td>得分</td><td>总分</td></tr>
<tr><td rowspan="19">过程评价</td><td rowspan="4">工作态度</td><td>到岗情况</td><td>2%</td><td>1%</td><td>1%</td><td></td><td rowspan="22"></td></tr>
<tr><td>认真负责</td><td>3%</td><td>2%</td><td>1%</td><td></td></tr>
<tr><td>与人沟通</td><td>2%</td><td>1%</td><td>1%</td><td></td></tr>
<tr><td>团队协作</td><td>3%</td><td>2%</td><td>1%</td><td></td></tr>
<tr><td rowspan="3">工作方法</td><td>学习能力</td><td>3%</td><td>1%</td><td>2%</td><td></td></tr>
<tr><td>计划能力</td><td>3%</td><td>2%</td><td>1%</td><td></td></tr>
<tr><td>解决问题能力</td><td>4%</td><td>3%</td><td>1%</td><td></td></tr>
<tr><td rowspan="9">实践操作</td><td>准备工作的完整性</td><td>2%</td><td>1%</td><td>1%</td><td></td></tr>
<tr><td>床土配制的合理性</td><td>3%</td><td>2%</td><td>1%</td><td></td></tr>
<tr><td>消毒药的选择合理性</td><td>2%</td><td>1%</td><td>1%</td><td></td></tr>
<tr><td>播种量计算的准确性</td><td>5%</td><td>3%</td><td>2%</td><td></td></tr>
<tr><td>苗床制作质量</td><td>5%</td><td>4%</td><td>1%</td><td></td></tr>
<tr><td>底水是否打透</td><td>5%</td><td>4%</td><td>1%</td><td></td></tr>
<tr><td>播种是否均匀、时间合理</td><td>6%</td><td>4%</td><td>2%</td><td></td></tr>
<tr><td>覆土厚度是否均匀合理</td><td>7%</td><td>6%</td><td>1%</td><td></td></tr>
<tr><td>塑料膜覆盖质量</td><td>5%</td><td>4%</td><td>1%</td><td></td></tr>
<tr><td rowspan="3">成果评价</td><td rowspan="2">播种育苗结果</td><td>出苗质量</td><td>10%</td><td>8%</td><td>2%</td><td></td></tr>
<tr><td>分析播种方法的合理性</td><td>10%</td><td>8%</td><td>2%</td><td></td></tr>
<tr><td>实训报告</td><td>填写是否正确、规范</td><td>20%</td><td>16%</td><td>4%</td><td></td></tr>
</table>

任务 1.3 瓜类嫁接育苗技术

实施目的： 蔬菜嫁接育苗可以有效防止土传病害侵染，提高植株抗性，是现代设施园艺的一项主要技术，在设施瓜类和茄果类栽培中广泛使用。本实验通过对瓜类苗的嫁接操作和嫁接苗的培育，了解嫁接技术在瓜类蔬菜作物上的应用及嫁接苗成活率的影响因素，掌握瓜类蔬菜常用的嫁接方法。

材料和用具： 材料：培育好的瓜类接穗幼苗和砧木幼苗。

用具：刀片、竹签、纱布或酒精棉、塑料夹、小喷雾器等。

嫁接场所要求没有阳光直射、空气湿度80%以上。

各组按下列要求进行操作。

1. 嫁接前的准备

1）接穗和砧木苗的准备：黄瓜嫁接苗一般以黑籽南瓜为砧木。不同的嫁接方法，接穗和砧木苗的播种期有差别，插接法砧木比接穗早播3～5d，靠接法砧木比接穗迟播3～5d，种子处理的方法、播种方法和管理等与常规做法一样，待幼苗长至第一片真叶展开前后可进行嫁接，具体要求如下：插接法嫁接砧木要求下胚轴粗壮，接穗在第一片真叶展开前较适宜；靠接法嫁接接穗比砧木的下胚轴要稍长。

2）嫁接苗床准备采用保湿、保温性能较好的温床或小棚，嫁接前一天浇足底水备用。

2. 嫁接方法的选择

瓜类嫁接基本方法有劈接、插接和靠接。劈接法因接口处维管束发育不平衡，容易造成劈裂，影响嫁接苗生育，应用得比较少。靠接法嫁接成活率高、成活过程管理简单，但嫁接较复杂，在早春低温季节和夏秋高温季，采用靠接法成活率高。插接法技术易掌握，工效高，成活率高，采用较多，但成活过程管理要求严格。

（1）插接法

砧木处理 首先将砧木的生长点用刀片去掉，用一端渐尖且与接穗下胚轴粗度相适应的竹签，从除去生长点的砧木的切口上，靠一侧子叶朝着对侧下方斜插一个深约1cm左右的孔，深度以不穿破下胚轴表皮，隐约可见竹签为宜。

接穗处理 再取接穗苗，用刀片在距生长点0.5cm处，向下斜削，削成一个长约1cm左右的楔形。然后拔出竹签，随即将削好的接穗插入砧木的孔中，使砧木子叶与接穗紧密吻合，同时使砧木子叶和接穗子叶呈“十”字形，接好后用嫁接夹固定。

（2）靠接法

砧木处理 用竹签将两种苗子从苗床中取出，先将砧木苗的顶心剔除，从子叶下方1cm处，自上向下呈30°下刀，割的深度为茎粗的一半，最多不超过2/3，割后轻轻握于左手。

接穗处理 再取接穗苗从子叶下方2.5cm处，自下而上呈30°下刀，向上斜割一半深，然后两种苗子对挂住切口，立即用嫁接夹上，随后栽入嫁接苗床。

小知识

① 幼苗取出后，要用清水冲掉根系上的泥土。

② 嫁接速度要快，切口要镶嵌得准，夹住甜瓜茎的一面。

③ 嫁接好的苗子要盖上小拱棚，注意保温、保湿、遮荫，刀口处一定不能沾上泥土。

④ 苗床地面全部浇湿，不能喷洒浇水，防止刀口处进水，栽植时不能埋住嫁接夹，嫁接苗的两条根都要轻轻按入泥土中，用土填平。

⑤ 整个嫁接过程均应无菌操作，定植时嫁接部位不能与土壤接触。

⑥ 靠接苗不能栽得过深，以防嫁接口长根，靠接苗定植时，使砧木根系处于营养钵中心，栽好后再把接穗根系置于边上并稍加覆土即可。

任务记录单

任务名称：		指导教师：	
组号：		组长：	
时间	记录内容		
教师签名		时间	

考核评价单

任务名称		瓜类蔬菜嫁接育苗			小组组号		
实施日期		瓜类蔬菜嫁接育苗过程记录共______页					
评价项目		评价内容	分值	教师评价	学生评价	得分	总分
过程评价	工作态度	到岗情况	2%	1%	1%		
		认真负责	3%	2%	1%		
		与人沟通	2%	1%	1%		
		团队协作	3%	2%	1%		
	工作方法	学习能力	3%	1%	2%		
		计划能力	3%	2%	1%		
		解决问题能力	4%	3%	1%		
	实践操作	嫁接时间	10%	8%	2%		
		嫁接工具的消毒	5%	4%	1%		
		嫁接操作的合理性	15%	10%	5%		
		嫁接后的管理	5%	4%	1%		
		断根及去除萌蘖	5%	4%	1%		
成果评价	播种育苗结果	嫁接成活率	10%	8%	2%		
		嫁接苗的质量	10%	8%	2%		
	实训报告	填写是否正确、规范	20%	16%	4%		

任务 1.4 瓜类蔬菜植株调整

实施目的： 了解植株调整对蔬菜生长发育和产品器官产量、品质的影响，掌握瓜类生产中的吊蔓缠蔓、插架绑蔓、整枝打杈、摘叶摘心、疏花疏果等植株调整技术。

材料和用具： 竹子、尼龙绳、12 号铁丝、剪刀。

各组按下列要求进行操作。

(1) 观察植株类型、植株生长状态

(2) 黄瓜植株调整

当瓜秧长到 6～7 片叶时，及时绑绳上架，并且要打去侧枝、卷须和雄花蕾，以减少养分消耗。定植后约 15d，当瓜秧长到第七片叶时，开始拉绳吊蔓。先在每行黄瓜上方，离棚膜 20cm 处，南北向拉一道铁丝，拉紧固定。在每株黄瓜上方拴一根聚丙烯塑料绳，或细麻绳等。绳上端用死扣与铁丝相连，另一端用活扣拴在瓜秧茎基部，让瓜蔓绕线上爬，形成“S”形绑蔓。吊蔓过程中，注意调整蔓尖的高度。植株生长过旺时，可将其生长点偏离吊线自然垂向下方，减弱顶端生长优势。反之，则使茎端垂直顺绳向上生长，使长势转旺，务使黄瓜秧茎尖生长点，从北向南依次降低成一斜线，最北端比最南端约高 10cm，达到受光均匀，互不遮荫，生长整齐。在植株的生长过程中及时将雄花、卷须掐掉，并将化瓜、弯瓜、畸形瓜摘除，以节省养分。黄瓜定植后生长迅速，每长出 1 节就要缠一次蔓，在缠蔓的同时，还要及时摘除雄花、卷须和砧木发出的侧枝，以及化瓜、弯瓜、畸形瓜。嫁接的黄瓜，由于肥水充足，结果期易发生侧枝，在栽培密度较大的情况下，不但养分消耗大，还影响光照，因此应结合缠蔓及时摘除。在密度较小和枝叶不够繁茂的情况下，可保留 5 节以上的侧枝，结 1 条瓜，并在瓜前留 2 片叶摘心，收完瓜后打掉。日光温室黄瓜以主蔓结瓜为主，整个生育期一般不摘心，在养分充足的情况下照样可结回头瓜，主蔓可高达 5m 以上。因此，当龙头接近屋面时，要进行落蔓。落蔓前打掉下部老叶，一般在日光温室中后部进行 2～3 次落蔓，日光温室前部进行 3～4 次落蔓。落蔓的方法是把拴在铁丝上的尼龙绳解开，让下部老蔓盘卧在地面上，为龙头继续生长留出空间。

(3) 甜瓜植株调整

吊蔓栽培甜瓜卷须发生后抓紧时间吊线。吊线材料为尼龙线，使用这种材料经济实惠，便于农事操作和瓜秧管理。吊线时先在距棚顶 30～40cm 处拉一根 12 号铁丝，铁丝走向与瓜秧垄向相同，再在地面延瓜秧垄向拉一根 12 号铁丝。尼龙线的上端系在棚顶的铁丝上，下端自然下垂到瓜秧正上方，与下端铁丝系牢。调整尼龙线的松紧度，使线稍松一些，不要过紧，利于缠蔓。

缠蔓时把所有瓜秧都沿同一方向（顺时针或逆时针）往尼龙线上缠绕，不要一正一反缠绕，沿同一方向缠绕的瓜秧不易脱落下坠，叶片分布均匀，利于叶片的光合作用及糖分的制造、运输和积累。在缠蔓的同时，要随手摘除瓜秧上的子叶、卷须及老

化真叶，利于通风透光，减少病害的发生，随着瓜秧的生长要及时缠蔓，以免瓜秧顶端下垂或倒挂，影响正常生长。

4～5叶打顶，双蔓整枝。除侧枝、摘芽和摘心等整枝工作必须在晴天进行，使之至傍晚时伤口已变干，否则植株易感染蔓枯病。植株10节以下的侧枝应尽早摘除，11～15节侧蔓留2叶摘心，这以上侧枝摘除，主蔓25节摘心。顶部留侧枝2～3条作放任枝。

（4）西瓜植株调整

定植后20d左右，西瓜即甩蔓。此时，外界气温尚低，瓜蔓仍应在棚内生长，为防止植株生长点靠在棚膜上烤伤，应适当棚内盘蔓。双覆盖栽培多采用双蔓整枝，单行双株栽植者，一株向一边，一株向另一边爬蔓。双行栽植者，一行植株向另一行植株方向爬蔓。当蔓长30cm左右时开始压蔓，此时瓜蔓匍匐在地膜上，应用土块明压，瓜蔓进入伸蔓畦可用6～7cm长，0.5cm粗树条，折成“V”字形卡压在蔓上进行枝条压蔓。由于双覆盖栽培多用嫁接苗定植，应避免浅沟压蔓法，以防压蔓节发生不定根，降低甚至失去嫁接防病作用。一般每隔4节压一道蔓，坐瓜时前后两节各压一道蔓，以防大风损坏幼果。

（5）冬瓜植株调整

由于采用的是地冬瓜种植方式，植株爬地生长，冬瓜种植密度较稀，每亩仅180株，应及时调整冬瓜茎蔓生长方向，确保冬瓜茎蔓及时均匀长满整个畦面，同时当茎蔓生长超过本畦面时，应人工及时调蔓，确保冬瓜茎蔓在自己的畦面生长。

（6）西葫芦植株调整

合理疏除多余雌花　温室栽培西葫芦，幼苗发育时期，多处于短日照，低夜温的环境条件之下，利于雌花形成，所以一般矮生型西葫芦品种，长至3～4片真叶时，每叶节就有雌花发生，甚至一节多个雌花，节节有雌花。让这些过多的雌花任其生长发育，必然消耗大量的有机营养，养分竞争激烈，影响植株和幼瓜生长，还会引起大量化瓜，使产量严重下降，经济寿命缩短。因此，过多的雌花必须及早疏除，以便减少营养竞争、促进座瓜。疏除雌花要在它刚刚显露时疏之。疏除雌花数量的多少，应依据瓜秧长势而定。长势弱者，应先疏除根瓜，以后再每三节左右留一雌花，瓜秧长势壮者也必须疏之，可留下根瓜，但应及早采收，以后每二节左右留一雌花。并应根据瓜秧长势、结瓜情况及时调整留瓜多少，尽量减少不必要的营养消耗，维持瓜秧健壮的生长势力，作到留一瓜成一瓜。

及时摘除病、残、老叶及侧芽、卷须　西葫芦叶片大，叶柄长，易互相遮光，因此应将病、残叶及下部枯黄老叶尽早摘除，以免引发病害和消耗养分。掰叶要从叶柄基部掰除，不要采用剪刀剪叶，以免传染病害。一株西葫芦一般只能保留12～15片叶为宜。西葫芦以主蔓结瓜为主，因而应保持主蔓优势，尽早抹去侧芽。但是，如果主蔓雌花数量较少，可在侧枝雌花刚刚显露时，雌花以上留1片叶摘心，让其结瓜，提高产量。卷须生长也消耗养分，也应尽早去除。

吊秧、落秧和埋秧　西葫芦在温室内栽培，密度大且生命周期长，为保证植株受光良好，必须进行吊秧，将吊绳系在瓜秧基部，随着茎蔓的生长，使吊绳与茎蔓互相缠绕在一起即可。为便于管理，应使茎蔓龙头高度一致。瓜秧长高后还应注意落秧，以防瓜秧过高，恶化室内光照条件。春分以后气温升高，通气量增大，可揭去地膜，进行埋秧，把摘去老叶后落地的茎蔓以土埋压，埋秧应以根际处为圆心，向同一方向，行圆形压蔓。埋秧可促使茎蔓发不定根，吸收肥水，利于后期壮秧丰产。

植株更新 温室栽培西葫芦，生长期长，后期植株进入衰老期。若主蔓老化或生长不良，可选留1～2个侧蔓等其出现雌花后，剪去原来主蔓，以促侧蔓结瓜。

任务记录单

任务名称：		指导教师：	
组号：		组长：	
时间	记录内容		
教师签名		时间	

考核评价单

<table>
<tr><td>任务名称</td><td colspan="4">瓜类蔬菜植株调整</td><td colspan="2">小组组号</td><td colspan="2"></td></tr>
<tr><td>实施日期</td><td colspan="2"></td><td colspan="6">瓜类蔬菜植株调整过程记录共________页</td></tr>
<tr><td>评价项目</td><td colspan="2">评价内容</td><td>分值</td><td>教师评价</td><td>学生评价</td><td>得分</td><td>总分</td></tr>
<tr><td rowspan="14">过程评价</td><td rowspan="4">工作态度</td><td>到岗情况</td><td>2%</td><td>1%</td><td>1%</td><td></td><td rowspan="17"></td></tr>
<tr><td>认真负责</td><td>3%</td><td>2%</td><td>1%</td><td></td></tr>
<tr><td>与人沟通</td><td>2%</td><td>1%</td><td>1%</td><td></td></tr>
<tr><td>团队协作</td><td>3%</td><td>2%</td><td>1%</td><td></td></tr>
<tr><td rowspan="3">工作方法</td><td>学习能力</td><td>3%</td><td>1%</td><td>2%</td><td></td></tr>
<tr><td>计划能力</td><td>3%</td><td>2%</td><td>1%</td><td></td></tr>
<tr><td>解决问题能力</td><td>4%</td><td>3%</td><td>1%</td><td></td></tr>
<tr><td rowspan="7">实践操作</td><td>准备工作的完整性</td><td>2%</td><td>1.5%</td><td>0.5%</td><td></td></tr>
<tr><td>整枝的合理性</td><td>13%</td><td>12%</td><td>1%</td><td></td></tr>
<tr><td>整枝工作的及时性</td><td>5%</td><td>4%</td><td>1%</td><td></td></tr>
<tr><td>留瓜的节位</td><td>5%</td><td>4%</td><td>1%</td><td></td></tr>
<tr><td>摘心位置</td><td>3%</td><td>2%</td><td>1%</td><td></td></tr>
<tr><td>摘老叶时间</td><td>2%</td><td>1.5%</td><td>0.5%</td><td></td></tr>
<tr><td>总体操作熟练程度</td><td>10%</td><td>7%</td><td>3%</td><td></td></tr>
<tr><td rowspan="3">成果评价</td><td rowspan="2">植株调整结果</td><td>总体效果</td><td>10%</td><td>8%</td><td>2%</td><td></td></tr>
<tr><td>分析植株调整方法的合理性</td><td>10%</td><td>8%</td><td>2%</td><td></td></tr>
<tr><td>实训报告</td><td>填写是否正确、规范</td><td>20%</td><td>16%</td><td>4%</td><td></td></tr>
</table>

任务 1.5 瓜类蔬菜肥水管理

实施目的： 根据瓜类蔬菜生长情况和生长时期，掌握瓜类蔬菜常用的排灌技术措施和施肥方法。

材料和用具： 瓜类蔬菜植株、化肥、农具。

各组按下列要求进行操作。

1）肥料管理：黄瓜在结果期还需要较多的氮和钾，所以在第一次采瓜后要重追肥一次，每亩施硫酸钾复合肥20kg。入采收盛期后，可在畦中间开沟，每亩施硫酸钾复合肥15kg复合肥，施后覆土。后期结合喷药可进行根外追肥，如喷施磷酸二氢钾、硫酸镁、硼等微量元素肥料或1%的尿素溶液，以促进黄瓜生长。植株长势较弱的应增加施肥量和追肥次数。

2）水分管理：开花结果期要保证水分的供应。

任务记录单

任务名称：		指导教师：	
组号：		组长：	
时间	记录内容		
教师签名		时间	

考核评价单

任务名称	瓜类蔬菜肥水管理				小组组号		
实施日期		瓜类蔬菜肥水管理过程记录共________页					
评价项目	评价内容		分值	教师评价	学生评价	得分	总分
过程评价	工作态度	到岗情况	2%	1%	1%		
		认真负责	3%	2%	1%		
		与人沟通	2%	1%	1%		
		团队协作	3%	2%	1%		
	工作方法	学习能力	3%	1%	2%		
		计划能力	3%	2%	1%		
		解决问题能力	4%	3%	1%		
	实践操作	准备工作的完整性	2%	1.5%	0.5%		
		施肥方案制定是否合理	6%	3%	3%		
		有机肥施用量计算	10%	8%	2%		
		化肥使用量计算	5%	4%	1%		
		施肥时期	15%	8%	7%		
		施肥方法及操作	2%	1.5%	0.5%		
成果评价	施肥结果	总体效果	10%	8%	2%		
		分析植株施肥的合理性	10%	8%	2%		
	实训报告	填写是否正确、规范	20%	16%	4%		

任务 1.6　瓜类蔬菜人工授粉和留瓜

实施目的： 根据瓜类蔬菜生长情况和生长时期，掌握瓜类蔬菜人工授粉技术和留瓜技术。

材料和用具： 瓜类蔬菜植株、标签、毛笔、农具，保果灵。

各组按下列要求进行操作。

1. 西瓜人工授粉和留瓜

选好坐瓜节位　留瓜节位因品种和天气条件而定。小果型西瓜在主蔓有18～20节时，选择10～12节位上第二朵雌花或子蔓第一朵雌花授粉。中果型西瓜在主蔓有20～25节，选择第13～15节位上的第二朵雌花或子蔓第一朵雌花授粉。在植株生长势较弱的情况下，可适当推迟留瓜；反之，留瓜节位可提前。

选择雌花雄花　雌花的素质对果实发育影响很大，要求雌花果柄长而粗，子房肥大，外形正常，皮色嫩绿而有光泽，密生茸毛，发育良好。雄花要求健康无病，充分成熟，具有大量花粉。最好就近选择同一天开放的雄花和雌花进行人工授粉，这样受精率最高。头天开放的雄花、雌花与第二天开放的雌花、雄花授粉后还有受精能力；开放2d的雌花无受精能力。

确定授粉时间　大棚西瓜的最佳授粉时间，晴天在上午7～9时，此时雌花柱头和雄花花粉生理活动最旺盛。时间过早，花粉尚未散出，不宜授粉；10时后随着棚内温度迅速升高，花粉活力逐渐降低，中午前后活力完全丧失。阴雨天雄花散粉晚，可适当延迟授粉，或者在头天下午将次日能开放的雄花取回，放在室内干燥温暖条件下，次日上午开放后给雌花授粉。阴雨低温天气花粉成活率低，一般应避免在这种天气授粉。一般来说，前一天日落前露出黄色雌蕊的雌花，次日上午均能开放授粉。

人工授粉方法　花对花法：将开放的雄花采下，用镊子去掉花瓣或后翻花瓣，使雄蕊露出，然后轻轻托起雌花，露出柱头，将雄蕊在雌花柱头上轻轻摩擦，使柱头上沾满花粉。花粉涂抹要均匀，否则易出现畸形瓜。一般一朵雄花可对2～3朵雌花授粉。毛笔蘸粉法：摘下当天开放的雄花，将花粉集中到干净器皿中，再用软毛笔蘸取花粉，对准雌花柱头，轻轻涂抹几下，柱头有明显黄色花粉即可。授粉后挂牌写明日期或用不同颜色的木棒插在授粉花旁标志授粉日期，便于根据授粉后的天数或西瓜果实发育所需的积温及时分批采收成熟瓜。

检查授粉效果　授粉后第二天下午，若雌花瓜柄伸长或弯曲、子房明显膨大，表明授粉成功；若瓜柄仍然向上或向前伸直，表明没有成功，应对主蔓第三朵或子蔓第二朵雌花再次进行人工授粉。

大棚西瓜盛花期，应保持光照充足和较高夜温　人工授粉后夜温低，易造成落果或影响果实膨大。授粉后7d左右，瓜已坐住，可以肥水猛攻。当幼瓜长至鸡蛋大小时，每株选留1个果形端正、发育良好的幼瓜（约在主蔓第12～14叶处），并可在向上3个节位将主蔓轻轻扭伤，控制徒长，促进瓜膨大。

辅助受粉　近年来一些地方对春大棚小西瓜用放蜜蜂的方法授粉，取代传统的人工辅助授粉和用生长调节剂促进坐果的方法，不但有效地解决了大棚西瓜授粉难、坐果率低的问题，而且省工省力，并能提高西瓜品质，所结的瓜果形圆整，光洁度好，果肉爽脆，糖度高。

2. 网纹甜瓜人工授粉和留瓜

植株调整　在幼苗倒蔓后，用塑料绳吊蔓，单秆整枝，子蔓结瓜，在12～14节开始留瓜，每株留2～3条果枝，其他侧枝打掉，子蔓留一瓜二叶摘心，主蔓达到26节左右打顶，并随时摘除新长出的侧枝。

授粉留瓜　定植后18d左右，第12节子蔓雌花开放，于上午进行人工授粉，每株授3～5个瓜，待瓜坐稳后选留果形端正、花脐小、果柄长、椭圆形的1～2个幼果，到果实长到拳头大小时要及时吊瓜。

果实套袋　在确定留果后进行套袋，选长600mm、宽220mm、厚0.08mm无色透明的聚乙烯薄膜袋。

3. 西葫芦人工授粉和留瓜

西葫芦属雌雄异花，虫媒传粉，早春低温昆虫传粉不足，往往受精不良，需要进行人工辅助授粉，可于每天早晨露水未干时用毛笔取雄花花粉置于雌花柱头，或者取雄花撕去花瓣，直接用雄蕊涂于雌花柱头，经过人工授粉，结果数可增加一倍，单瓜重可增加30%。

4. 冬瓜人工授粉和留瓜

冬瓜出现第一个雌花后，以后每隔几节可陆续着生雌花，早熟种留1～2个果实，中晚熟品种留一个果实，但幼花或幼果在发育过程中，有脱落的可能，每株应留2～3个幼果，待幼果长到0.25～0.5kg时再择优留取。为保证适宜早留果，要进行人工授粉，采用在上午8至10点时用雄花对抹雌花。一个雄花可抹多个雌花。

任务记录单

<table>
<tr><td colspan="2">任务名称：</td><td colspan="2">指导教师：</td></tr>
<tr><td colspan="2">组号：</td><td colspan="2">组长：</td></tr>
<tr><td>时间</td><td colspan="3">记录内容</td></tr>
<tr><td></td><td colspan="3"></td></tr>
<tr><td></td><td colspan="3"></td></tr>
<tr><td></td><td colspan="3"></td></tr>
<tr><td></td><td colspan="3"></td></tr>
<tr><td></td><td colspan="3"></td></tr>
<tr><td></td><td colspan="3"></td></tr>
<tr><td></td><td colspan="3"></td></tr>
<tr><td>教师签名</td><td></td><td>时间</td><td></td></tr>
</table>

考核评价单

<table>
<tr><td>任务名称</td><td colspan="3">瓜类蔬菜人工授粉和留瓜</td><td colspan="2">小组组号</td><td colspan="3"></td></tr>
<tr><td>实施日期</td><td colspan="2"></td><td colspan="6">瓜类蔬菜人工授粉和留瓜过程记录共________页</td></tr>
<tr><td>评价项目</td><td colspan="3">评价内容</td><td>分值</td><td>教师评价</td><td>学生评价</td><td>得分</td><td>总分</td></tr>
<tr><td rowspan="12">过程评价</td><td rowspan="4">工作态度</td><td colspan="2">到岗情况</td><td>2%</td><td>1%</td><td>1%</td><td></td><td rowspan="15"></td></tr>
<tr><td colspan="2">认真负责</td><td>3%</td><td>2%</td><td>1%</td><td></td></tr>
<tr><td colspan="2">与人沟通</td><td>2%</td><td>1%</td><td>1%</td><td></td></tr>
<tr><td colspan="2">团队协作</td><td>3%</td><td>2%</td><td>1%</td><td></td></tr>
<tr><td rowspan="3">工作方法</td><td colspan="2">学习能力</td><td>3%</td><td>1%</td><td>2%</td><td></td></tr>
<tr><td colspan="2">计划能力</td><td>3%</td><td>2%</td><td>1%</td><td></td></tr>
<tr><td colspan="2">解决问题能力</td><td>4%</td><td>3%</td><td>1%</td><td></td></tr>
<tr><td rowspan="5">实践操作</td><td colspan="2">准备工作的完整性</td><td>3%</td><td>2.5%</td><td>0.5%</td><td></td></tr>
<tr><td colspan="2">人工授粉和留瓜方案制定是否合理</td><td>10%</td><td>8%</td><td>2%</td><td></td></tr>
<tr><td colspan="2">留瓜节位正确</td><td>10%</td><td>8%</td><td>2%</td><td></td></tr>
<tr><td colspan="2">授粉时间</td><td>5%</td><td>4%</td><td>1%</td><td></td></tr>
<tr><td colspan="2">人工授粉方法及操作</td><td>12%</td><td>10%</td><td>2%</td><td></td></tr>
<tr><td rowspan="3">成果评价</td><td rowspan="2">施肥结果</td><td colspan="2">总体效果</td><td>10%</td><td>8%</td><td>2%</td><td></td></tr>
<tr><td colspan="2">分析植株施肥的合理性</td><td>10%</td><td>8%</td><td>2%</td><td></td></tr>
<tr><td>实训报告</td><td colspan="2">填写是否正确、规范</td><td>20%</td><td>16%</td><td>4%</td><td></td></tr>
</table>

任务 *1.7* 瓜类蔬菜病虫害防治

实施目的：了解瓜类蔬菜主要病虫害发生的原因，掌握各种病虫害综合防治的方法。

材料和用具：瓜类蔬菜植株，农用喷雾器、各类农药、口罩、乳胶手套、量杯等。

各组按下列要求进行操作。

1. 基本情况调查

1）了解掌握瓜类蔬菜常见病害和常见虫害。

2）了解瓜类蔬菜主要病害的侵染途径、发生发展的规律。

3）了解和掌握瓜类蔬菜主要病害的种类、发生情况和发生的规律。

4）了解当地气候条件对瓜类蔬菜生长发育规律及病虫害发生发展的影响。

5）了解当地常见农药的种类和使用情况。

2. 制定原则和要求

1）贯彻“预防为主，综合防治”的方针，综合运用各种防治措施，控制有效生物为害，并将农药残留降低到规定标准的范围。

2）随着国内人民绿色消费意识的增强，国际贸易农残检测标准的异常严格，从技术绿色壁垒的保护角度出发，改进瓜类生产过程中的传统方法，向精准方向推进。

3）从当地实际出发，目的明确，内容具体，有一定的可操作性。

任务记录单

任务名称：		指导教师：	
组号：		组长：	
时间	记录内容		
教师签名		时间	

考核评价单

<table>
<tr><td>任务名称</td><td colspan="4">瓜类蔬菜病虫害防治</td><td>小组组号</td><td colspan="3"></td></tr>
<tr><td>实施日期</td><td colspan="2"></td><td colspan="6">瓜类蔬菜病虫害防治过程记录共______页</td></tr>
<tr><td>评价项目</td><td colspan="2">评价内容</td><td>分值</td><td>教师评价</td><td>学生评价</td><td>得分</td><td>总分</td></tr>
<tr><td rowspan="10">过程评价</td><td rowspan="4">工作态度</td><td>到岗情况</td><td>2%</td><td>1%</td><td>1%</td><td></td><td></td></tr>
<tr><td>认真负责</td><td>3%</td><td>2%</td><td>1%</td><td></td><td></td></tr>
<tr><td>与人沟通</td><td>2%</td><td>1%</td><td>1%</td><td></td><td></td></tr>
<tr><td>团队协作</td><td>3%</td><td>2%</td><td>1%</td><td></td><td></td></tr>
<tr><td rowspan="3">工作方法</td><td>学习能力</td><td>3%</td><td>1%</td><td>2%</td><td></td><td></td></tr>
<tr><td>计划能力</td><td>3%</td><td>2%</td><td>1%</td><td></td><td></td></tr>
<tr><td>解决问题能力</td><td>4%</td><td>3%</td><td>1%</td><td></td><td></td></tr>
<tr><td rowspan="3">实践操作</td><td>病、虫害观察正确，态度认真</td><td>13%</td><td>8%</td><td>5%</td><td></td><td></td></tr>
<tr><td>药品选择与病虫害对症，配制药液浓度准确</td><td>15%</td><td>10%</td><td>5%</td><td></td><td></td></tr>
<tr><td>喷药时间正确，喷药均匀，注意个人安全防护</td><td>12%</td><td>6%</td><td>6%</td><td></td><td></td></tr>
<tr><td rowspan="3">成果评价</td><td rowspan="2">病虫害防治结果</td><td>总体效果</td><td>10%</td><td>8%</td><td>2%</td><td></td><td></td></tr>
<tr><td>有无药害</td><td>10%</td><td>8%</td><td>2%</td><td></td><td></td></tr>
<tr><td>实训报告</td><td>填写是否正确、规范</td><td>20%</td><td>16%</td><td>4%</td><td></td><td></td></tr>
</table>

任务 1.8 瓜类蔬菜采收及采后处理

实施目的：了解瓜类蔬菜主要采收及采后处理，掌握类瓜类蔬菜采收和采后处理的方法。

材料和用具：瓜类蔬菜果实，集装箱、冷库、打蜡机、包装机等。

各组按下列要求进行操作。

1. 采收

瓜类蔬菜必须在适宜的成熟期采收，方能保证品质运入包装厂和贮藏性能，大多数的采瓜是人工采收。瓜类蔬菜采收后装入大箱，然后运入工厂。挑选，剔除残品。采收时间均在清晨气温最低时候采收。这时采收的蔬菜温度低，可减少预冷的时间和费用，并能保持更好的品质。

2. 按体形大小分级

冷却和暂时性贮藏瓜菜的包装工作也逐渐由包装厂内进行转移到菜园装箱和运输内。

3. 包装加工或出口

包装不适合较严格的分级蔬菜的包装工作。包装厂收购的蔬菜一开始就注意存放在阴凉的地方，并立即清除残次品，进行分级，然后打蜡，装入商品包装物内，放入冷库冷却贮藏，待上市或出口。

任务记录单

<table>
<tr><td colspan="2">任务名称：</td><td colspan="2">指导教师：</td></tr>
<tr><td colspan="2">组号：</td><td colspan="2">组长：</td></tr>
<tr><td>时间</td><td colspan="3">记录内容</td></tr>
<tr><td></td><td colspan="3"></td></tr>
<tr><td></td><td colspan="3"></td></tr>
<tr><td></td><td colspan="3"></td></tr>
<tr><td></td><td colspan="3"></td></tr>
<tr><td></td><td colspan="3"></td></tr>
<tr><td></td><td colspan="3"></td></tr>
<tr><td></td><td colspan="3"></td></tr>
<tr><td></td><td colspan="3"></td></tr>
<tr><td></td><td colspan="3"></td></tr>
<tr><td></td><td colspan="3"></td></tr>
<tr><td></td><td colspan="3"></td></tr>
<tr><td></td><td colspan="3"></td></tr>
<tr><td></td><td colspan="3"></td></tr>
<tr><td></td><td colspan="3"></td></tr>
<tr><td></td><td colspan="3"></td></tr>
<tr><td></td><td colspan="3"></td></tr>
<tr><td></td><td colspan="3"></td></tr>
<tr><td></td><td colspan="3"></td></tr>
<tr><td></td><td colspan="3"></td></tr>
<tr><td></td><td colspan="3"></td></tr>
<tr><td></td><td colspan="3"></td></tr>
<tr><td></td><td colspan="3"></td></tr>
<tr><td>教师签名</td><td></td><td>时间</td><td></td></tr>
</table>

考核评价单

<table>
<tr><td>任务名称</td><td colspan="4">瓜类蔬菜采收和采后处理</td><td>小组组号</td><td colspan="2"></td></tr>
<tr><td>实施日期</td><td colspan="2"></td><td colspan="5">瓜类蔬菜采收和采后处理过程记录共________页</td></tr>
<tr><td>评价项目</td><td colspan="2">评价内容</td><td>分值</td><td>教师评价</td><td>学生评价</td><td>得分</td><td>总分</td></tr>
<tr><td rowspan="10">过程评价</td><td rowspan="4">工作态度</td><td>到岗情况</td><td>2%</td><td>1%</td><td>1%</td><td></td><td></td></tr>
<tr><td>认真负责</td><td>3%</td><td>2%</td><td>1%</td><td></td><td></td></tr>
<tr><td>与人沟通</td><td>2%</td><td>1%</td><td>1%</td><td></td><td></td></tr>
<tr><td>团队协作</td><td>3%</td><td>2%</td><td>1%</td><td></td><td></td></tr>
<tr><td rowspan="3">工作方法</td><td>学习能力</td><td>3%</td><td>8%</td><td>2%</td><td></td><td></td></tr>
<tr><td>计划能力</td><td>3%</td><td>2%</td><td>1%</td><td></td><td></td></tr>
<tr><td>解决问题能力</td><td>4%</td><td>3%</td><td>1%</td><td></td><td></td></tr>
<tr><td rowspan="3">实践操作</td><td>成熟度断定</td><td>15%</td><td>10%</td><td>5%</td><td></td><td></td></tr>
<tr><td>采收操作熟练</td><td>15%</td><td>10%</td><td>5%</td><td></td><td></td></tr>
<tr><td>预冷操作熟练</td><td>10%</td><td>6%</td><td>4%</td><td></td><td></td></tr>
<tr><td rowspan="3">成果评价</td><td rowspan="2">采收及采后处理结果</td><td>采收和采后处理量</td><td>10%</td><td>5%</td><td>5%</td><td></td><td></td></tr>
<tr><td>总体效果</td><td>10%</td><td>6%</td><td>4%</td><td></td><td></td></tr>
<tr><td>实训报告</td><td>填写是否正确、规范</td><td>20%</td><td>16%</td><td>4%</td><td></td><td></td></tr>
</table>

单元 2

茄果类蔬菜生产

知识目标

掌握茄果类蔬菜的主要种类和共同特性、主要种类的生物学特性、茄果类蔬菜生产基本常识；会根据栽培设施及栽培季节，正确选择茄果类栽培品种；会制定茄果类生产计划，能够正确地进行生产。

技能要求

茄果类蔬菜育苗和嫁接育苗、植株调整、授粉和保花保果、肥水管理、病虫害防治。

在我们生活中，茄果类蔬菜是我们接触最多的蔬菜大类之一，在人们的膳食结构中占有重要的地位，它们普遍营养价值高、经济效益显著。

2.1 概　述

2.1.1　茄果类的种类

茄果类蔬菜包括番茄、茄子、辣椒、香瓜茄、甜椒、酸浆、枸杞、香瓜茄及树番茄等（图 2-1）。它们同属于茄科，食用部分为浆果。番茄、茄子、辣椒由于适应性强、产量高、供应季节长，南北各地普遍栽培，不但可以露地栽培，而且也适于保护地栽培。

图 2-1　不同茄果类蔬菜

枸杞的果实主要供药用。在广东、广西等地，以其嫩叶作为蔬菜食用，其他地区栽培较少。香瓜茄在哥伦比亚、厄瓜多尔、秘鲁和智利等国家是普通果菜，有淡黄和紫色条纹的美丽颜色，以及甜瓜的香味，但不很甜，以鲜食为主，目前已在我国许多地方有少量引种。树番茄为多年生常绿或落叶灌木，原产南美，英国引作观赏，美国南部分布较广，我国云南有少量分布，味似番茄，但极酸，无法生食，可做菜肴或加工品。

2.1.2　茄果类的特性

茄果类中，栽培最普遍的是番茄、茄子和辣椒。无论是城市郊区还是广大农村，茄果类蔬菜都是主要的春季蔬菜及调味品。

茄果类除供新鲜食用外，又是加工的好材料。番茄可以制番茄汁、番茄酱及番茄果脯等。茄子可晒干制成茄干。辣椒可做辣椒酱或辣椒粉。我国西南、西北及湖南、江西等地的辣椒生产，一部分作为干辣椒用，一部分作为鲜菜食用。

茄果类的主要营养价值是含有丰富的维生素、矿物盐、碳水化合物、有机酸及少量的蛋白质，都是人体所必需的营养物质。番茄碳水化合物主要是糖，而淀粉很少，其中以葡萄糖及果糖为主，蔗糖的含量很少。而果汁的有机酸中，主要是柠檬酸，其次是苹果酸。

辣椒和番茄果实的维生素C的含量都很多。辣椒每100g鲜重含有75～185mg，到红熟期的含量更高，而番茄的含量，一般为20～30mg。茄子的抗坏血酸的含量不高。

应该说明，不论是糖、酸及维生素等的含量，都受遗传基因及环境条件的影响。如何通过品种选育及栽培技术来提高茄果类果实的营养价值，是一个重要问题。

茄果类栽培有下面特点：

适应性广 茄果类虽属短光照植物，但对光周期的反应不敏感。只要温度适宜，均能开花结果。但在过于炎热的夏季，番茄生长不良，所以广东、广西以秋冬栽培为主；云南辣椒可以露地越冬。

茄果类不但对气候的适应性广，而且对于土壤的适应性也很强。各种土壤几乎都可栽培，但以排水良好的肥沃的砂质壤土为适宜。华南各地雨水多，均用深沟高畦，以利于排水及提高土温，促进根系发育。

需肥量大 茄果类的生长季节长，结果期也长，多次采收（对于加工品种，在国外有用机械一次采收的），对肥水的需要量大。不但要有充足的氮肥及一定数量的磷肥、钾肥作为基肥，而且要早施及多次施追肥。对于早熟的品种，早施追肥更为必要。

培育壮苗 在长江流域，为了提早供应，延长生长及结果期，番茄、茄子、辣椒都采用大棚多层覆盖的形式栽培。培育壮苗是茄果类栽培的一个特点。定植时幼苗不宜过大，试验证明，苗龄过长，幼苗过大，对定植后的生长发育不一定有利，反而会带来移栽及管理上的不便。

增加种植密度 密植增产的原因主要是增加果实数目，对早期产量的增加特别显著。如果过于密植，单株重及单果重有减少的趋势，并不能得到高产。

植株调整 茄果类栽培的又一个特点是植株调整。辣椒及茄子植株较矮，茎秆直立，整枝程度较轻或不整枝。番茄的主茎带蔓性，在南方各地，都用搭架栽培，并进行整枝摘心。如果不立支架，作爬地栽培，则果实与土面接触，容易感病腐烂或遭虫危害。采用支架栽培及整枝、摘心，还可以增加栽培密度。有些地区及加工用种也可用无支架栽培。

病害严重 病害中大部分是寄生性的，包括青枯病、早疫病、晚疫病、褐斑病及各种病毒病。同时也有各种各样的生理病害，如卷叶、断梢、脐腐、褐心（也有由于病毒病所引起的褐心）、裂果、日伤及畸形果等。这样不仅影响果实的产量，也影响果实的品质。这些都是茄果类栽培上的主要问题。

2.2 番茄生产

番茄又名西红柿，为茄科番茄属的一年生蔬菜，番茄原产南美洲和中美洲，在安

第斯山脉还有番茄的野生种。到 16 世纪番茄从墨西哥传入欧洲，最初被作为观赏植物，18 世纪下半叶才开始作为蔬菜食用。番茄传入我国大约在 16 世纪末或 17 世纪初的明代。

2.2.1　生物学特性

1. 植物学特性

番茄是茄科植物，原产于南美热带地方，它在热带是多年生，而在温带是一年生作物（图 2-2）。

（1）根

根系深广，根长可达 2m，但 60%的根系分布在土壤上层 30cm 的耕作层中。移栽时主根损伤，可促进侧根和不定根的生长，使 30cm 的耕作层中的根系增加到 85%以上。

（2）茎

番茄的茎为半直立或蔓性。苗期植株直立，不分枝，成龄植株合轴分枝。主干出现顶生花序后，由于顶端优势的原因，花序下第一侧枝的长势最强，代替主茎继续延伸生长，而使顶生花序成为侧生，此后，以同样方式分生侧枝。番茄的这一分枝特性，在植物学上称为合轴分枝（又称假轴分枝）。

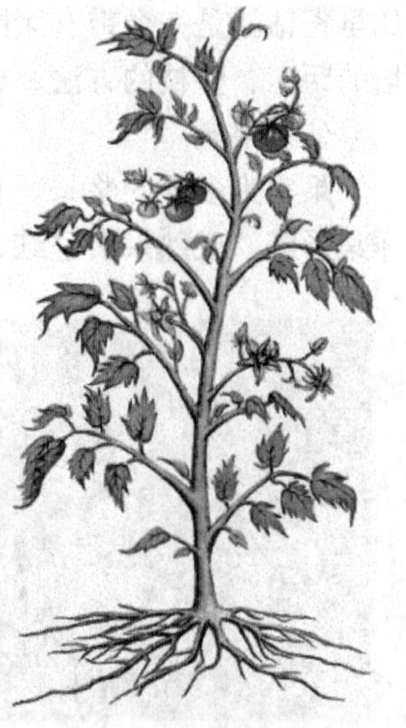

图 2-2　番茄的植物学特性

按主轴生长特性和开花结果习性，有无限生长和有限生长两种类型。

（3）叶

形状为类似复叶的大叶，实际上是由叶片缺刻深裂而成的多个大小不同的裂片组成的单叶（也有人认为是复叶）。叶片的形状有普通、皱叶和薯叶；叶色深绿、淡绿或黄色。茎、叶上密被短茸毛，分泌有特殊气味的汁液。叶片的形状、大小、缺刻、疏密、颜色等是区别品种的重要依据。

番茄的茎叶上密被腺毛，分泌汁液，散发特殊气味，对某些昆虫，尤其是蚜虫，有驱避作用，所以这种腺毛的多少，与害虫危害的程度有一定的关系。

（4）花

花为聚伞花序，小果型品种为总状花序，花器 5～6 出，以 6 出较多，花序生于节间，每一花序的花数自 5～6 朵到 10 朵，品种间差异很大。自花授粉，有些品种受环境影响，柱头伸出药筒，可以异花授粉，天然杂交率 4%～10%。在低温等不利条件下形成的花，柱头粗扁，易发育成畸形果。

番茄花芽的分化相当早，一般在幼苗生有 2～3 片真叶时，第一个花序便开始分化。番茄的开花结果习性，按其花序着生的位置及主轴生长的特性，可以分为两大类：

有限生长型 主茎生长6～8片真叶后，开始着生第一个花序，此后每隔1～2片叶着生一花序。主茎着生2～4个花序后，其顶芽分化成花序，茎不再延伸，出现封顶现象。因此，植株矮小，开花结果早而集中，供应期较短，早期产量较高，适于做早熟栽培，如合作903等。

无限生长型 主茎生长7～9片叶后，开始着生第一个花序，以后每隔2～3片叶着生一花序，主茎顶端可以继续向上生长。由叶腋抽生的侧枝上亦能同样发生花序。这一类型的植株高大，在主茎上可生到7～8个或更多的花序，结7～8穗果实。开花结果期长，总产量高，如毛粉802等。

结果习性不是绝对不变的。有些品种的结果习性，介于有限生长与无限生长之间，如早雀钻就是一个带有无限生长趋势的有限生长类型。由于结果习性的不同，导致栽培的距离、整枝的方法、成熟的迟早及产量的高低均有很大的差别。

(5) 果实

果实为多汁的浆果，食用部分包括果皮及胎座组织。果形有圆球、扁圆、椭圆及洋梨形等。成熟果实呈红、粉红或黄色。果实的外观颜色，系由果实表皮颜色与果肉的颜色相衬而成。果肉和果实表皮都是黄色的，果实外表就成为橙黄色；果肉为红色，果实表皮是无色的，则果实外表为粉红色；果肉为红色，果实表皮为黄色的，则果实为大红色。番茄的红色，系由于果实含有大量茄红素。黄色的果实不含茄红素，而只含有各种胡萝卜素。

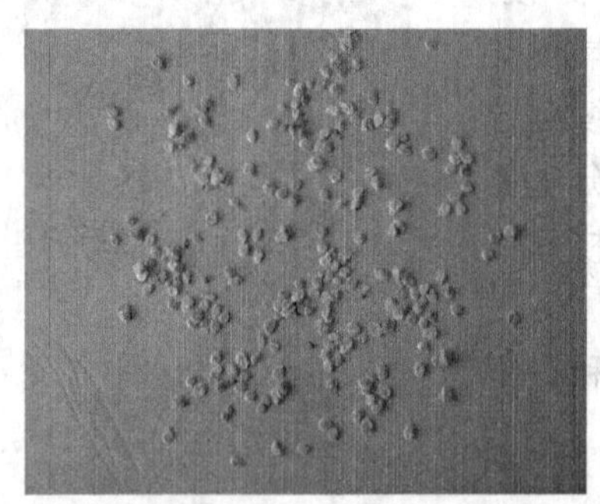

图 2-3 番茄的种子

(6) 种子（图 2-3）

种子扁平、小、肾形，表面有银灰色茸毛，种子颜色为赤黑色和黄色，扁平呈肾形，千粒重约3g，种子的发芽年限可达3～4年。

2. 对环境条件的要求

温度 番茄喜温暖，不耐炎热，对温度有较强的适应能力，能在10～30℃下生长，番茄的适宜温度为20～25℃。不同生育阶段对温度的要求和反应不同。种子萌发的最适温度25～30℃，发芽的最低温度是12℃，幼苗期适宜昼温是20～25℃，夜温10～15℃；在苗期相对较低的温度，特别是夜温往往能提前花芽的分化，降低第一花序的着生节位和增加每花序的花数。利用番茄幼苗对温度适应性较强的特点，在栽培上，定植前，对幼苗进行低温锻炼，可以提高幼苗的素质。花芽分化适宜昼温24℃左右，夜温17℃左右，开花期的最适日温是20～25℃，夜温15～20℃，低于15℃或高于35℃时不利于花的发育和结实。结果盛期要求日温25～28℃，夜温15～20℃，较低的温度时果实生长缓慢，12℃以下着色不良，日温在35℃以上受精不良，坐果数减少，并容易出现高温逼熟现象或形成空洞果，40℃以上停止生长。

小知识

关于地温，以20～23℃最适合，最高界限为33℃，幼根从6℃开始伸长，8℃开始发生根毛，15～20℃迅速伸长，25～28℃最为适宜。在适温范围内提高地温可以促进根系发育。所以，早春番茄定植时，地温必须稳定在8℃以上。

此外，温度的高低与番茄的茄红素的形成密切相关，19～24℃的温度有利于番茄茄红素的形成，果实转红快，着色好；低于15℃、高于30℃则不利于番茄茄红素的形成，所以在低温和高温季节，番茄果实的着色较差。

光照 番茄为喜光植物，生长发育要求充足的光照，其光饱和点为70klx，光补偿点为2klx。番茄一旦光线不足，就造成徒长，开花数少，营养不良，引起落花和落果，还使各种生理障碍和病害增多。因而，有必要根据日照量来改变温度管理，白天如果光合成进行得充分，夜间的温度就可以提高一些，但在白天光合成不充分的时候，夜间的温度一定要稍低一些，以避免能量的消耗。

另外，番茄是对日照长短要求不严格的作物，只要在温度条件合适的情况下，一年四季都可栽培。

水分 番茄植株叶片多，营养面积大，蒸腾作用强烈，且果实为浆果，结果数多，所以需水量大。番茄在不同生长发育时期对水分的要求不同。其土壤湿度幼苗期为60%，结果期为80%，果实成熟时，若土壤水分过多和干湿变化剧烈，易引起裂果，降低商品价值。番茄在结果期时应经常保持土壤湿润，防止时干时湿。番茄不耐涝，田间积水24h时，易使根部缺氧，窒息死亡，所以应深沟高畦，防止田间积水，做到雨停田干。

番茄要求比较干燥的气候，空气湿度宜保持在45%～50%。空气相对湿度过大，植株生长细弱，发育延迟，阻碍正常授粉，而且在高温、高湿下病害发生严重。番茄在保护设施下栽培时，应特别注意通风换气，防止湿度过大，导致病害发生严重。

土壤营养条件 番茄对土壤的适应能力较强，以土层深厚、有机质丰富、排水和通气性良好的壤土或砂壤土最好，土壤pH以6.5～7.0为宜。番茄栽培在砂壤土中则早熟性较好，在黏壤土中栽培则产量较高，但不宜栽培在黏土或低洼地中。

番茄生长期长，需要吸收大量有机养分和各种无机营养元素，才能获得高产优质的果实。氮、磷、钾三要素施肥的配合比例以1∶1∶2较为合适。此外，缺少微量元素会引起生理病害。

2.2.2 类型和品种

按植株生长习性，可分为无限生长型和有限生长型（包括自封顶、高封顶）两类。目前栽培的番茄，属普通番茄，有五个变种：

栽培番茄 果形大，果形从扁圆到圆球形；色有大红、粉红、深红、淡黄、深黄等，茎带蔓性，分枝多，这是栽培最普遍的变种。

大叶番茄 小叶形状较大，数目少，无缺裂，形似马铃薯叶。果实性状、茎及分枝均与普通番茄相似。

直立番茄 茎直立，高 60～75cm。叶小而厚，浓绿色，果实扁圆球形。

樱桃番茄 果小而圆，形如樱桃，二室。植株强壮，茎细长。叶小，色淡绿。果实有黄、红等色。

梨形番茄 果小，形如洋梨形，红、橙黄等色。生长强健，叶色浓绿而小。

2.2.3 栽培季节与方式

番茄对光周期要求不严，只要温度适合，一年四季均可开花结果。我国台湾、海南、广东、福建东南部夏季长达 6 个半月，春秋连续不分，长达 5 个半月，无低温的冬季，常年可以露地栽培番茄。云南高原由于地理地形特殊，无高温的夏季，滇东春秋季长达 10 个半月，适合番茄栽培季节长，2～7 月可以随时播种，元江、元谋番茄可以越冬栽培。长江流域四季分明，且有炎热的伏夏和较寒冷的冬季，露地长期被冬夏分隔为春番茄和秋番茄，供应时间较短。随着人民生活水平的提高，市场要求周年生产均衡供应新鲜番茄。近几年来，长江流域利用塑料大棚、中小棚、地膜、日光温室、遮阳网覆盖等技术，实现了秋延后、冬保温、春提前、夏遮阳，有效地延长了番茄的栽培供应时间，各地创造了许多分段播种、多层覆盖、精细管理和优质高产的宝贵经验。除了春、秋两季露地栽培以外，还有利用大棚和多层覆盖的极早熟栽培、早熟栽培、秋延后栽培和冬季加温的温室长季节栽培等多种栽培方式。许多地方，利用南方丰富的地形、地貌进行番茄的高山栽培、海滨栽培，补充了这些地区夏季高温影响番茄不能连续栽培的问题，基本上实现了番茄的均衡生产，周年供应。现列举长江流域的番茄栽培季节与茬口安排（表 2-1）。

表 2-1 长江流域番茄栽培季节与茬口安排

季节茬口	播种期	定植期	收获期
春茬	12月上中旬～1月	3月中旬	5月中旬～7月中旬
秋茬	7月中旬	8月上中旬	10月下旬～11月下旬

2.2.4 栽培技术

1. 育苗技术

培育壮苗是番茄丰产栽培的关键措施之一。壮苗的标准是茎粗、节间短、叶大而厚、叶色浓绿、根多而健壮。无病虫害，无损伤，株高 22～25cm，茎粗 0.5～0.6cm；子叶完整，具 8～9 片真叶，带大花蕾，苗龄 80～100d。

（1）播种

9 月份以前作好育苗准备工作。选用 3 年以上未种过茄科作物的菜园土或稻田土，把完全腐熟的猪、鸡粪等有机肥料和砻糠灰按 5∶3∶2 的比例碾碎和匀，做成“培养土”。在 10 月上旬搭建好大棚，平整好棚内苗床，铺上 5cm 厚的营养土，播种前苗床灌足底水，平整地薄撒一层干细土，播种量一般按 5～8g/m^2 床面。大棚栽培在 10 月中、下旬播种，中、小棚栽培在 11 月上旬播种。种子用 55℃温水浸种 20min，或种子

充分吸水后，用适当的药液（1%的高锰酸钾或磷酸二氢钾）消毒，清水漂洗干净后，用湿纱布包盖，在25～30℃下催芽，有2/3种子露白时播种，或漂洗干净后，晾干直接播种。若用干籽播种，可用种子重量的1%百菌清拌种后均匀撒播。播种前苗床灌足底水，平整地薄撒一层干细土，把种子均匀地撒播床面，覆盖0.5～1cm细土，稍加压压，覆盖地膜，保持湿度，提高地温，以利于加快出苗。

（2）苗床管理

出苗前，棚内保持昼温25℃以上，夜温18℃左右，4～6d即可出苗。出苗后，及时揭去地膜，加盖小棚，维持白天温度20～25℃，夜间温度10～15℃，超过28℃时要及时通气降温，防止小苗徒长。要及时发现、识别和拔除假杂种苗和机械混杂苗。有2～3片真叶时1次移苗进钵。营养钵直径8～10cm较好，预先填充营养土。在小棚内维持白天温度20～25℃，夜间温度10～15℃，保持苗钵湿润和肥力充足。为了培养壮苗，定植前要适当降低温度和控制湿度，提高秧苗的抗逆能力。

番茄在育苗过程中要注意两点：

1）因为番茄生长的起点温度较低，比较容易发生徒长，所以，除控制苗床温度外，要增加光照和通风，降低湿度（60%～70%）。

2）在育苗后期常发生早疫病和灰霉病，可用0.2%～0.25%等量式波尔多液进行防治。

（3）番茄的嫁接育苗

番茄的嫁接栽培较黄瓜、茄子的起步晚，推广地区和面积也较小，但番茄的保护地栽培面积的不断扩大和连作的不可避免。土传病害发病严重，主要有青枯病、枯萎病、黄萎病、根线虫病等。选择抗病砧木，培育嫁接苗是一个有效的途径。近几年在我国一些地区有少量发展，使用的砧木大多引自国外，如LS-89主要抗番茄青枯病、枯萎病；斯库拉姆主要抗枯萎病、根腐病、黄瓜花叶病毒、根线虫等，也有从野生番茄中选出的砧木。嫁接方法有插接法、劈接法、舌接法、靠接法、斜接法等。

（4）其他的育苗方法

扦插育苗 取番茄第一花序以下侧枝除去基部3cm以内的叶，削平插枝基部的伤口，保持室内干净，放5～6h，在20 000倍的NAA或10 000倍的IAA中浸10min，然后放在清水中，控制较高的温度和空气湿度，待长出新根后，移入土壤。

工厂化育苗 日本、荷兰利用现代化生产设备和连续自动操作技术，在封闭控制环境下生产番茄苗，我国少数地区也有应用。许多城市郊区已推广穴盘育苗。

2. 田间管理技术

（1）整地作畦施基肥

整地施肥必须在定植前7～15d内完成。先清除田间残株，深翻土壤，精细整地，要求深沟高畦，畦面成龟背形，畦面应平整无大泥块，使地膜覆盖时能紧贴土面。同时结合整地施足基肥，番茄生育期长，需肥量大，尤其对钾肥需要量大。施肥原则是前期重施氮、磷肥，中后期增施钾肥和微量元素，三要素的配合比例应为1∶1∶2。一般翻地前每亩施用腐熟有机肥4000～5000kg和蔬菜专用肥50kg。将肥料翻入土后，做

1.4m宽（连沟）的深沟高畦，覆地膜。

（2）定植

当10cm深的地温稳定在8℃时，秧苗有7～8张叶片时，选择寒尾暖头的天气，按照品种特性和栽培方式确定正确的行、株距和密度，挖穴定植。采用地膜、小拱棚、中拱棚和大棚多层组合覆盖的方式，可以提前到10月上旬播种，12月中旬定植。地膜、小拱棚和大棚栽培在2月上、中旬定植。大棚套小棚栽培在2月下旬定植。小棚加地膜栽培在3月上旬定植。露地栽培在3月中下旬定植。

每畦两行，每亩定植密度，早熟的栽3500株，中熟的栽3000株，晚熟的栽2500株，定植不宜太深，钵面与畦面持平。定植后即施点根肥，铺地膜的要求破口尽量小，扶苗出膜要轻巧，盖膜要拉紧铺平，破口和各层膜都要用泥土压紧，以利于保温，同时搭小拱棚覆膜。

（3）定植初期的温度及光照管理

定植1周内，要以保温为主，促进缓苗。缓苗后，白天保持25℃左右，夜间15℃以上，晴天棚内温度超过30℃以上时，特别是高温、高湿时，要及时通风换气。南方春季阴雨天气较多，光照相对不足，晴天或中午温度较高时，应抓紧时间全部或部分揭开大棚内的覆盖物，增加植株的光照时间。天气好，早揭迟盖；天气差，迟揭早盖。使用时间过长，透光不好的膜要及时更换。遇阴雨天气，注意通风，控制湿度，减少病害发生。遇寒流和霜冻则需加强保温，防止番茄冻害。以后根据番茄生长情况及时搭架，拆除小拱棚。

（4）肥水管理

番茄缓苗后可以薄施、勤施淡的粪水养苗。但对于生长势旺的无限生长型品种，在第一档果坐牢前，忌追氮肥，以免引起徒长。根据植株缺肥的表现程度，分别在第一档果坐果和第三档果挂果后，根际或推膜追施10～15kg/亩的蔬菜专用复合肥。生长过程中还可根据苗情和植株的表现，多次根外喷洒1%～2%的磷酸二氢钾。

番茄对土壤水分的要求严格，尤其是结果盛期，蒸腾旺盛，需水量大，要及时灌溉，保持土壤湿润，防止忽干忽湿的水分管理，以免引起裂果。采用滴灌不但可以保证植株对水分的需要，节约用水，而且可以减少棚内的空气湿度，减少病害的发生和传播。

南方雨水多，番茄亦不耐涝，应深沟高畦，以利排水；大暴雨较多，地势较低的地方，应添置排水机械；大棚之间应挖有排水深沟，深度可根据地下水位决定；棚内铺设地膜能降低棚内空气湿度。不论棚的大小、高矮，钢架还是竹架都必须在大棚两边设置裙边膜，与顶膜接界处离地面80cm以上，有利于随时分膜通风，降低棚内空气湿度，早春冷风也不会吹伤番茄幼苗。推广使用无滴膜，可以防止湿度过大时，顶膜上凝缩水滴掉下来伤害番茄幼苗。

（5）植株调整

在大多数情况下，番茄用支撑或牵拉形成充分利用空间的立体结构，利用整枝，合理调节和控制营养生长和生殖生长的关系，常规的整枝方法有单杆整枝、一杆半整枝、双杆整枝、连续摘心整枝法和多杆整枝等。

单杆整枝（图 2-4）　只保留主干，摘除全部侧枝，最上 1 层花序留 2 叶摘心。其优点是适合密植，早期产量和总产量高，果型大，早熟栽培和栽培季节短的地区采用这种方法；缺点是单位面积用苗量大，早期自封顶的有限类型采用这种方法往往因营养面积增长慢，难以尽早形成较高的叶面积指数，而降低产量。为了弥补这种缺点，生产上在单干整枝的基础上，除了保留主干外，再保留其下第 1 花序下面的侧枝，让其结 1～2 档果后，再摘心。这种方法称为改良式单杆整枝，或称为一秆半整枝。

双杆整枝和多杆整枝　除主杆外，还保留第 1 花序下的侧枝。由于顶端优势的原因，该侧枝生长势强，可和原主干形成并列双干，其余侧枝全部除去。这种整枝方法适用于生长期长，生长势旺的中、晚熟品种和大架栽培。双干整枝的早期产量不如单干整枝。但根系比单干整枝发达，因而植株强健，抗逆性强，节约用苗。也有保留 3～4 个主枝的多干整枝方法，但容易造成通风透光不良的郁闭环境，有时在管理粗放的无支架栽培中采用在主杆第 1 花序下留一个侧枝，让其与主杆同时生长，而将其余侧枝全部摘除。

连续摘心整枝法　首先在日本使用，目前在我国也开始应用，这种方法是在主枝结 2 层果穗后留 2 片叶摘心封顶，在第 1 果穗下面第 1 片叶的叶腋间留一侧枝，侧枝同样结 2 层果穗后留 2 片叶摘心封顶，又在侧枝的第 1 果穗下面第 1 片叶腑间留一次侧枝，次侧枝同样在 2 层果穗后封顶，如此连续下去（图 2-5）。

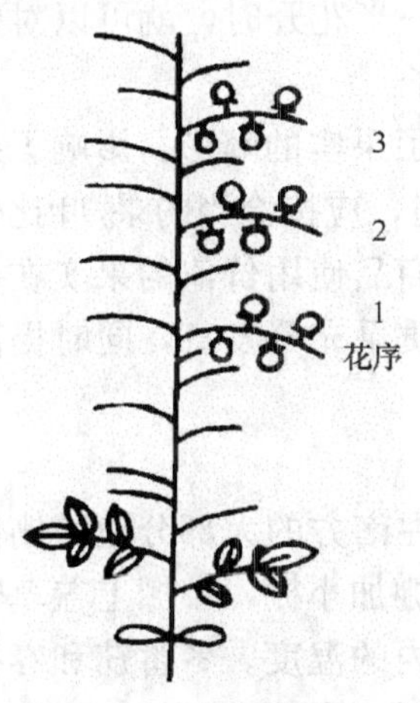

图 2-4　番茄单杆整枝

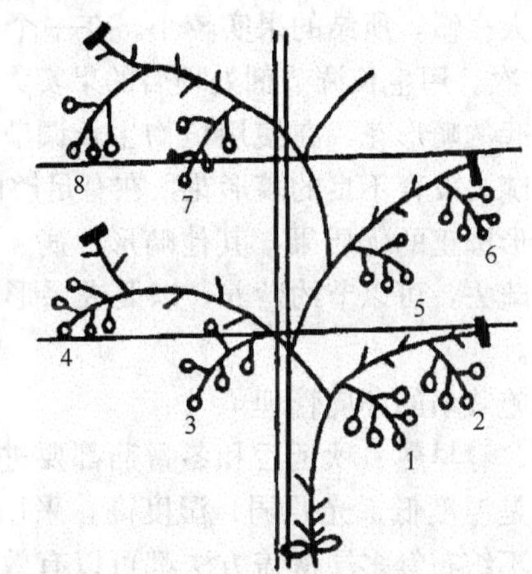

图 2-5　番茄连续摘心整枝示意图

第 1，3，5，7 果穗下的第 1 个侧枝留下，促其继续生长。第 2，4，6，8 果穗上部各留 2 片叶

此外，有些地区还采用两穗果摘心换头法、三穗果摘心换头法等。

当番茄植株超过 30cm 以上时，一般来说，植株需要扶植才能正常生长。露地一般用竹竿或其他架材，搭成四脚架或由一条“龙骨”连在一起的“人”字架，棚室和无土栽培多用塑料绳索牵曳主茎，悬挂在横向紧拉的铁丝上。

此外，在番茄的植株调整中还有打杈、摘心、摘叶等措施。番茄侧芽的萌发力很强，打杈就是把应保留侧枝以外，其余侧枝及时摘除，有时为了减小除前的伤口，保留较大的叶面积，侧芽留 2 片已长大的功能叶后摘除嫩梢，是一个值得推广的整枝方法。除果实和花序外，顶芽是光合产物的另一个分配中心，除去顶芽可使更多的光合产物集中用于果实生长。根据栽培的目的和番茄品种特性的不同，当植株长到一定高度，已长足所需的果穗数时，把顶芽除去，称为摘心或打顶。摘心后的植株，缓和了顶端优势，有利于植株的健壮和果实的发育。及时摘除老叶、黄叶和病叶，不但可以减少光合产物的浪费，还可以改善通风透光条件，有利于光合作用。

上述植株调整工作应在晴天进行，不能在雨天进行，也不能在露水尚未干时进行，否则容易诱发病害。

(6) 保花保果和疏花疏果

引起落花落果的原因：一是肥水管理不当，棚膜透光差，光照不足，干旱、水渍等栽培技术的原因，因此要改善肥水管理，更换新棚膜，采取保持土壤湿润和深沟排渍等措施去解决；二是早春的气温过低（夜温低于15℃）和伏夏的温度过高（夜温高于25℃）也会引起落花落果，可以用苯氧乙酸类如2,4-D、PCPA、萘乙酸类如β-萘氧乙酸等植物生长调节剂处理。

采用植物生长调节剂处理防止番茄落花的浓度，2,4-D为10～20mg/kg，2,4-D对嫩叶和嫩芽药害严重，只能用浸花和涂花处理，PCPA可以用喷花处理，浓度为25～50mg/kg。温度高，浓度要低些；温度低，浓度要高些。在开花前或开花后1～2d使用，不但可以防止落花，而且结的果实生长迅速，果实也整齐。如果在花蕾小时就处理，子房膨大很慢，所结的果实较小。在一个花序上有一半花开时，就可以对整个花序喷洒1～2次。用生长调节剂处理后的果实大多数无种子。

低温引起的畸形花，在使用植物生长调节剂后加剧了果实的畸形，影响了果实的商品价值。疏去发育不良的畸形花，在有足够的坐果数时，应按恰当的果/叶比保留一定数目的果形圆正的优质果，其他畸形、病、裂等影响商品使用价值的果实在劣性显见时，及时疏去，可以节约营养，以促进果形圆正的优质果充分发育，同时提高产量和产品品质。

(7) 设施栽培的环境管理

春提前、春早熟、秋延后和冬番茄都要进行覆盖。在南方的大部分地区棚内环境的显著特点是温度低、光照弱、湿度高。采用大棚、中棚加小棚，小棚上盖草帘或大棚内加一层不织布等多层覆盖方法都可以有效的提高棚内的温度。冬番茄和春提前栽培的大、中棚之间要有20～30cm的距离，才能起到双层膜的保温作用。

夏季高温，特别是高夜温严重影响番茄的生长发育，但品种间有较大的差异。有研究指出，在日/夜分别为35℃/30℃的高温条件下，耐热的品种CL-1121比热敏感的品种pusa Ruby显花早，前4个花序的花数和总花数pusa Ruby明显比正常温度下降低，而耐热的CL-1121未降低。因此，夏季栽培要尽可能选择抗热的品种。

为了增加棚内光照，大棚膜尽量使用透光性和强度都好的复合膜，有条件的地方可使用防雾滴和防老化的高质量棚膜，大棚膜使用年限不要太长，发现透光性变差的大棚膜可改作内部可常揭常盖的小棚膜。在温度较高和光照较好的天气条件下，小棚膜要早揭迟盖，温度稳定回升后要逐步撤除小棚和大棚，尽量增加番茄植株的光照。许多报道支持对冬季和早春室内栽培的番茄进行人工补光，可以提高新根重量和番茄

产量，但持续24h的光照反而延缓生长降低产量。

为了提高土壤湿度，降低空气湿度，畦面要加盖地膜，黑色和黑灰双面膜还可防生杂草。采用滴灌不但可以降低空气湿度，还可节约用水。土壤湿度过大或地下水位太高，可以在棚内挖深畦沟或挖深棚间分离沟。

小知识

春夏之交，晴天的中午，棚内温度可达40℃以上，要及时分开裙膜和顶膜或打开棚门通风降温，大棚较高和在棚顶有启闭装置的大棚降温效果更好，棚顶有外设的遮阳网时棚内的降温效果显著。有些地区采用夏季不拆顶膜，再在其上加盖一层遮阳网，不但遮阳降温效果好，而且可有效预防暴风雨等自然灾害的突然袭击。此时，处在盛果期的番茄，有大量正待成熟的果实，高温不但因呼吸消耗增加，影响果实和植株正常生长，还影响茄红素的形成，使番茄难以变红，又有较频繁的气候变化，因此，及时而恰当的加强设施内温光等环境的管理措施，对番茄的产量和产品品质有很大影响。

(8) 及时防治病虫害

番茄的主要病害有病毒病、灰霉病、晚疫病、叶霉病、早疫病、青枯病、溃疡病等。虫害主要有桃蚜、白粉虱等。选用指明对病毒病、灰霉病、晚疫病、叶霉病、早疫病、青枯病、枯萎病有抗、耐病特性的品种如毛粉802、早丰、西粉、苏抗、浙杂、丰顺、粤胜、湘番茄1号等。

小知识

苗床的田块必须坚持消毒和3年不种茄果类作物的轮作制度。10%的磷酸三钠浸种20min，漂洗后催芽，可防秋棚病毒病。用种子重量0 4%的47%加瑞农可湿性粉剂或1%稀盐酸浸种20～40min，漂洗后催芽，可防青枯病、溃疡病、白绢病、菌核病、青枯病和根线虫病等。土传病害严重的棚室，可在春夏茬交接的空闲期每公顷施用生石灰3000～4500kg，碎稻草4500～7500kg，深翻，旋耕均匀后灌水、覆膜、闭棚升温，保持高温闷棚7～15d，彻底杀灭病虫草等地下有害生物。甲醛和农药烟熏剂如45%的百菌清和30%速克灵进行熏蒸消毒棚室，也可用于无土栽培的基质、育苗器具、栽培床、供液系统的消毒。针对当地病害种类尽量选择无公害和低毒的农药。

(9) 采收

番茄果实的成熟分为6个阶段：绿熟期、白熟期、转色期、粉红期、亮红期、红熟期。进入绿熟期以后，直到成熟，果实重量和大小的变化就非常小，远运的番茄应在绿熟期到白熟期采收；近运的番茄应在转色期到粉果期采收，待到达目的地时，番茄可达到市场要求的红熟期；就地销售的番茄可以在亮红果期采收。及时采收恰当成熟期的果实对高一档果实的生长速度和品质有显著的影响，也影响总产量。

3. 秋番茄栽培技术要点

根据番茄喜温而对日照长短不敏感的特性，在我国南方许多地区可实行秋季栽培。其中，在长江以南的浙江省、上海市、福建省、江西省的部分地区、苏南等地可进行露地栽培，但长江以北的一些地区，由于秋季低温天气来临较早，采用露地栽培，后期容易遭受低温危害，产量较低。为此，番茄秋季栽培的后期，需要覆盖保温。

品种选择 秋季栽培的番茄一般选用上海903、上海906、21世纪粉红番茄等。

育苗 采用保护地育苗，大棚薄膜只盖顶部，留四周以利通风，顶部覆遮阳网降温，可防暴雨、暴晒。秋番茄的播种期的确定主要考虑一开花结果期处于最佳的气候条件下，即日温25℃左右，夜温15℃左右；二是要在初霜到来之前有较长的收获时期。秋番茄的播种时间在7月上中旬，可直播在塑料钵中，也可撒播在苗床上，再移栽入塑料钵。

整地 种植秋番茄的地块，应深翻、晒白，灌水淋洗后作畦。既可杀死土壤中的有害病菌，又可防止土壤次生盐渍化。

定植 8月上中旬初选择阴天或晴天傍晚进行，每畦两行，株距30cm，边定植边浇水，以利活棵。

田间管理 温度管理采取前期降温、后期保温措施；肥水一般在施用3000kg/亩腐熟有机肥的基础上，追肥两次，每亩用蔬菜专用复合肥10～15kg。一般留3～4层果，无限生长型品种要及早打顶摘心，以利早熟，10月底后注意夜间保温。秋番茄的病虫害以防蚜虫为主，防止病毒病的危害。防蚜虫可采用一遍净、苦参碱等无公害蔬菜生产允许使用的药物，注意使用浓度和安全间隔期。

及时采收 9月下旬可采收上市。

4. 无土栽培技术

栽培形式 番茄的无土栽培形式很多。岩棉、营养液膜、深水等液体栽培和蛭石、珍珠岩袋培、沙培、砻糠灰、膨化鸡粪等各种基质栽培都可应用。

季节和茬口 长江中、下游地区，常用于大棚春季早熟栽培和秋延扣栽培。春季栽培的番茄，12月下旬至翌年1月上旬育苗，2月下旬定植，5～7月采收。秋冬季栽培的7月上旬育苗，9月上旬定植，10月下旬至12月采收。加盖小棚等多层覆盖的采收可延续到第二年1月。

品种选择 适合大棚有土栽培的品种大都可用于无土栽培。如西安的早丰、早魁、毛粉802，北京的中蔬4号，江苏的霞粉、苏保1号；夏季高温可栽培圣女等耐热樱桃番茄品种，3月上、中旬育苗，4月下旬定植，7～9月采收。

密度 24 000～52 500株/hm^2，早熟栽培植株小，可以密一些。

营养液的配方、使用与管理 采用日本山崎番茄配方、潘宁斯菲德和英国库帕等的配方都可用于番茄的无土栽培。苗期按标准浓度的1/2浓度供应营养液，开花以后按标准浓度供应营养液，盛果期加大到1.5倍，电导率控制在1.2～3.5mS/cm。营养液膜栽培，每隔45min供液15min，结果盛期和高温季节可缩短到每隔30min供液15～20min，高温季节的中午可连续供液，以降低根际温度。营养液的pH经常检测、调整，维持在5.5～6.0。基质栽培的营养液主要用滴灌的方式供给，滴孔间的距离根据株距和行距确定。番茄生长前期易出现缺铁症状，结果初期易出现缺钙症状，可通过pH的调整，添加营养液，叶面喷洒螯合铁、氯化钙进行防治。

田间管理和植株管理 无土栽培是一个相对封闭的环境，可以建立消毒、清洁的

卫生制度来改善环境，以尽量减少病害和使用农药。无土栽培番茄采用塑料绳索悬挂架式，也要进行整枝、打杈、除老叶、摘心等植株调整。用植物生长调节剂点花、疏花、疏果，调节营养生长和生殖生长。要及时采收成熟果实等管理工作。

5. 樱桃番茄栽培要点

樱桃番茄的叶片薄而小，花穗较长，每花序着果较多，可达40～50个，果实较小，果色呈红、粉红或黄色，果肉厚，糖度高。

品种选择　可选用樱桃红、红洋梨、黄洋梨，圣女、金珠、千禧、美味樱桃番茄和串珠等。

育苗要点　苗龄80d左右。每亩用种子10～12g。各项管理指标与普通番茄基本相同。

定植　樱桃番茄产量高，需肥量大，每亩施优质农家肥2000kg、微生物复合肥50～60kg。高畦栽培，宽窄行种植，宽行距80cm，窄行距50cm，株距40cm。

管理　定植后及时中耕，当第1穗果膨大时追肥。樱桃番茄植株长势旺，坐果多，在结果期要勤浇水，在每穗果采收后追肥，并注意增施磷、钾肥。

第一花序开花时要及时支架、整枝，单干、双干均可。设施栽培以单干整枝为主，可增加密度，提高前期产量；露地栽培双干整枝，单株结果多，可提高总产量。设施栽培中植株长到棚顶时要及时摘心或落蔓，露地栽培宜提前摘心。下部果穗采收后要及时摘除果柄和老叶，以利于通风。

开花期若遇低温、弱光天气，可用防落素或番茄丰产剂2号喷花，使用浓度依温度而定。

采收　一般开花后40～50d成熟，即可采收。

2.2.5　栽培中常见问题及防治对策

1. 番茄落花落果现象

番茄在环境条件不利、植株营养不良时，容易落花落果，特别是落花。原因有：夜温低于15℃（晚秋番茄落果）；夏天夜温过高，高于25℃；连续阴雨；过于干旱；营养不良；生长过旺（连续阴雨天导致徒长）；移栽过迟，根部受伤过多；病虫害。

防止措施如下：

1）培育壮苗。加强苗期管理、提高秧苗质量是保花保果的基础。

2）加强花期管理，加强花期肥水管理，及时进行植株调整。春季大棚栽培增温保温和增光，夏季注意遮光降温，防止高温干燥。坐果后及时整枝打杈、摘叶摘心、疏花疏果，使其平衡生长。

3）人工辅助授粉。上午9：00～10：00，可摇动植株或通过人来回走动振动植株，以促进花粉扩散。

4）激素处理。2,4-D点花（点花方法及识别）10～20mg/L或用PCPA喷花（对氯苯氧乙酸，又叫番茄灵、防落素）25～50mg/L。

2. 畸形果

畸形果包括变形果、瘤状果、脐裂果、果顶乳突果、棱角果。原因：花芽分化期遇低温、植株生长旺盛、日照时间短。防治措施：加强苗期温度管理；坐果时合理肥水；正确使用生长调节剂，适用浓度合适，避免重复蘸花，掌握好蘸花时间；及时摘除畸形花或畸形果。

3. 空洞果

空洞果是果皮与果肉胶状物之间呈现空洞的果实。原因如下：

1）开花时遇到低温，不能正常受精，形成空洞果。

2）使用生长激素时，由于浓度过高或在蕾期处理而形成空洞果；光照不足，幼果期温度过高，后期营养跟不上及结果期浇水不当，也会出现空洞果。

4. 脐腐病

果实脐部（靠近花柱的一端），变黑褐色，然后腐烂。原因：生理性缺钙；生育期间水分供应失常。

—— 小结 ☞

本节主要介绍了番茄的生长发育和栽培技术，要充分的把握各个技术环节，同时要把握长江流域秋番茄的栽培要点。

拓展知识　**番茄红素的功效**

番茄红素（Lycopene）是类胡萝卜素的一种，是一种很强的抗氧化剂，具有极强的清除自由基的能力，对防治前列腺癌、肺癌、乳腺癌、子宫癌等有显著效果，还有预防心脑血管疾病、提高免疫力、延缓衰老等功效，有植物黄金之称，被誉为“21世纪保健品的新宠”。

2.3 茄子生产

茄子为茄科茄属以浆果为产品的一年生草本植物，热带多年生。又称落苏、酪酥、昆仑瓜。染色体数 $2n=2x=24$。食用幼嫩浆果，可炒、煮、煎食、干制和盐渍。茄子含有大量的蛋白质及钙、磷、铁等矿物质，有降低胆固醇，增强肝脏生理功能的效应，紫茄的果皮部分还含有丰富的维生素P，对高血压及紫癜症患者有辅助治疗作用。

小知识

茄子起源于亚洲东南热带地区，古印度为最早驯化地，至今印度仍有茄子的野生种和近缘种。经长期栽培驯化，风味改善，果实变大。中世纪传到非洲，13世纪传入欧洲，16世纪欧洲南部栽培较普遍，17世纪遍及欧洲中部，后传入美洲。18世纪由中国传入日本。中国栽培茄子历史悠久，类型品种繁多，一般认为中国是茄子第二起源地。西晋嵇含撰写的植物学著作《南方草木状》中说，华南一带有茄树，这是中国有关茄子的最早记载。茄子在全世界都有分布，以亚洲栽培最多，占世界总产量的74%左右；欧洲次之，占14%左右。中国各地均有栽培，为夏季主要蔬菜之一。

2.3.1 生物学特性

1. 植物学特征

茄子在热带为多年生灌木，在温带只能作为一年生草本植物栽培。

根 根群发达，主根粗而强，成株主根深可达1.3～1.7m，侧根比较短。在地表下5～10cm左右，分布有发达的横向生长的侧根，横向伸展范围可达1.2m左右。茄子根系木质化较早，再生能力差，不耐移栽。

茎 茎直立，粗壮，株高80～110cm，紫、深紫或绿色，木质化程度强。

茄子的分枝结果习性很有规律，早熟种6～8片叶，晚熟种8～9片叶时，顶芽变成花芽，紧接的腋芽抽生两个势力相当的侧枝，代替主枝呈丫状延伸生长。以后每隔一定叶位顶芽又形成一花，侧枝以同样方式分枝一次。这样，先后在第1，2，3，4的分枝杈口的花，形成的果实分别被称为门茄、对茄、四门斗、八面风，以后植株向上的分叉和开花数目增加，结果数较难统计被称为满天星（图2-6）。

叶 叶为单叶互生，卵圆形或长椭圆形，植株高大的叶子狭长，植株较矮的叶片比较宽。茎叶颜色与果色相关，果实为紫色的品种，其嫩茎和叶柄带紫色；果实为白色和青色的品种叶柄多带绿色，温度较低条件下的叶色变绿。

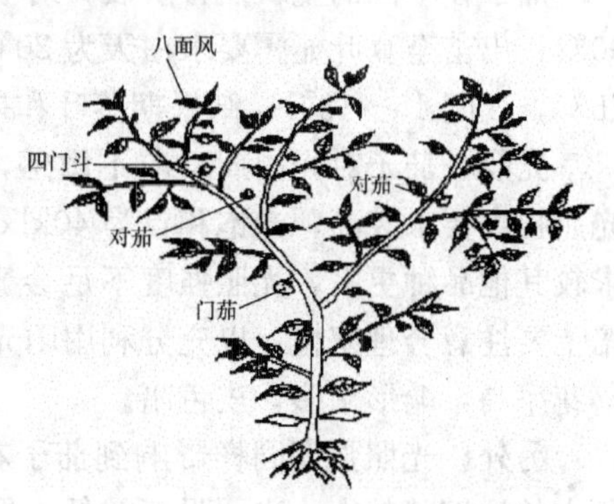

图2-6 茄子的分枝结果习性

花 花为两性花。花瓣、萼片5～6出，基部合生为筒状，花冠白到紫色。雄蕊5枚，开花时花药顶孔开裂散出花粉。正常花的柱头高出花药，能正常受粉。单生花为正常花，着生两个以上的簇生花或植株营养不良时，则出现不正常的短柱头花，这种花不能受粉。中柱花柱头和花药顶端相齐，授粉率比长柱花低。从茄子开花后的2～3d内，柱头都有授粉能力（图2-7）。

果实 果实是由外果皮、中果皮和内果皮组成，中果皮肉质、多浆，占食用的一大部分。茄子果实的颜色有白、绿、紫、紫黑等，也有白绿及白紫色条纹，都有光泽。果实的色素是花青素类，果实在开花后50～60d后成熟，果实颜色变黄褐色，原有的颜色和光泽褪去。由于品种的不同，果实的形态也不同，有圆形、长形、椭圆形、卵圆形、扁形等。

种子 种皮有细纹而无毛，有光泽。陈种子或采种时淘洗不干净的种子呈淡褐色，失去光泽。种子千粒重4～5g，使用寿命3年（图2-7）。

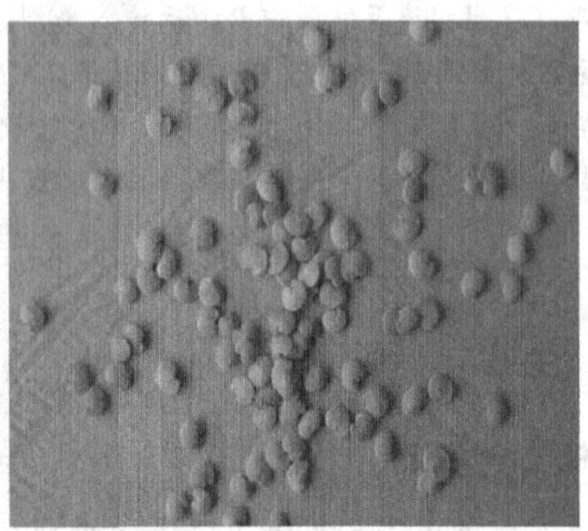

图2-7 茄子的花和种子

2. 对环境条件的要求

温度 茄子是喜温耐热作物，其生长发育期间的适宜温度为25℃左右。当温度低20℃时，茄子植株生长缓慢，授粉、受精和果实生长都会受到影响；温度低于15℃，茄子植株生长基本停止，出现落花落果现象；低于10℃时，会引起植株新陈代谢的混乱；5℃以下，植株就会受到冻害。当温度高于35℃时，茄子花器发育不良，容易产生僵果或落果。

茄子在不同的生长发育阶段，对温度的要求不同，种子发芽期的适宜温度为25～30℃；出苗至真叶显露要求白天为20℃左右，夜间15℃左右，幼苗期，白天适温22～25℃，夜间15～18℃，结果期茎叶和果实生长适温，白天25～30℃，夜间16～20℃。

光照 茄子对光周期反应不敏感，即日照时间的长短对其发育影响不大。茄子对光照强度要求较高，光饱和点为40klx，补偿点2klx。紫色和红色品种对光照强度的要求较其他品种更高，光照强度不足会影响茄子转色，影响茄子的商品性。因此，在栽培上要注意合理密植，以充分利用阳光。光照充足，果皮有光泽，皮色鲜艳；光照弱，落花率高，畸形果多，皮色暗。

另外，光照强度同样影响到茄子花朵的素质。研究发现，光照强度越高，长柱花所占的比例就越大；光照强度越低，短柱花所占的比例越高。所以，在茄子育苗及大棚栽培中，应尽量使秧苗（植株）接受较强的光照。

水分 耐旱力弱，同时茄子枝叶繁茂，叶片肥大，蒸腾旺盛，开花结果多，对水分的需求量大。田间最大持水量以保持在60%～80%最好，一般不能低于55%；否则，会出现僵苗、僵果。茄子喜水，但又怕水，因此栽培茄子必须做到旱能灌涝能排。

土壤及营养条件 茄子对土壤要求不太严格，一般以含有机质多、疏松肥沃、排水良好的砂质壤土生长最好，尤以栽培在微酸性至微碱性（pH6.8～7.3）土壤上产量

较高。

茄子是需肥较多的蔬菜，生育期长，每生产 10 000kg 商品果，大约需吸收氮 30kg、磷 6.4kg、钾 55kg、钙 44kg。钙和镁对茄子的发育也是重要的。如缺钙，叶脉附近会变褐并出现“铁锈”状叶，可在整地时，撒施石灰，以补充土壤中的钙含量。如土壤中缺镁，会影响叶绿素的形成，使叶脉附近特别是主脉附近变黄。叶面喷施 0.05%～0.1%硫酸镁溶液 2～4 次，可矫治缺镁症。

2.3.2　类型和品种

按熟性早晚分为早熟种、中熟种和晚熟种；按颜色分为紫茄、红茄、白茄和绿茄；按属性按果型将茄子分为三种：

圆茄　植株高大、叶宽而厚，果实大，圆球、扁球或椭圆球形，皮色紫、黑紫、红紫或绿白，单果重 0.5～1kg。不耐湿热，北方栽培较多。多数品种属中、晚熟，主要品种有北京大红袍、六叶茄、九叶茄，山东大红袍和天津二敏茄等。

长茄　植株长势中等，果实细长呈棒状，长达 30cm 以上，皮色紫、绿或淡绿。耐湿热，南方普遍栽培。多数品种属中、早熟，有南京紫线茄、杭州红茄、宁波藤茄、广东紫茄等品种。

卵茄　植株较矮，果实小，呈卵或长卵形。种子较多，品质劣，多为早熟品种，有济南一窝猴、北京小圆茄等。

目前我国南方地区栽培的茄子品种主要有杭茄 1 号、杭州红茄、引茄 1 号、引茄 2 号、杭丰 2 号、杭丰 3 号、苏州牛角茄、南京紫线茄、宁波藤茄、农友长茄等。

需要指出的是，茄子的消费和栽培有较强的地区性，各地应根据当地的栽培、消费习惯选择相应的品种。

2.3.3　栽培的季节与方式

茄子对光周期要求不严，只要温度适合一年四季均可开花结果。我国台湾、海南、广东、福建南部夏季长，无低温的冬季，常年可以露地栽培；云南高原由于低纬度，高海拔的地理地形特点，无高温的夏季，适合茄子栽培季节长，许多地方可以经冬栽培。长江流域四季分明，且有炎热的伏夏和比较寒冷的冬季，茄子比番茄的抗热性强，夏季供应时间较长，是许多地方秋季的重要蔬菜。近几年来，长江流域利用塑料大棚、中小棚、地膜、日光温室、遮阳网覆盖等技术，基本实现了周年生产和供应。

2.3.4　栽培技术

1. 整地作畦与施基肥

茄子不宜与其他茄科作物连作。以免传染立枯病、青枯病及其他土传病害。长江一带前作一般为白菜、萝卜、芥菜、菠菜等，后作为秋冬蔬菜。茄子的根，在排水不良的土壤中，容易腐烂，所以前茬出地后，深翻 25～30cm，晒白，然后做宽 1.4m（连沟）的畦。

茄子是一种需要充足肥料的蔬菜。在结实期间，需氮肥很多，苗期增施磷肥，可以提早结实，而增施氮肥，对于茄子的增产作用很大，而很少引起徒长的现象。故茄子要求施足基肥，基肥多用腐熟的有机肥，每亩施用腐熟的有机肥2000～3000kg和蔬菜专用复合肥50kg作基肥。

2. 育苗技术

壮苗标准 茎粗、节间短，有9～10片真叶，叶片足大，色浓绿，大部分显蕾。

培育壮苗，一般应采用塑料大棚套小棚的保温措施，辅助酿热加温及电热加温。在华南，春茄9～10月播种，12月定植，4～6月采收。夏茄2～3月播种，4～5月定植，6～8月采收。秋茄3～4月播种，4～5月定植，7～11月采收。冬茄8月上旬播种，10～12月采收。长江中下游地区春茄根据地区气候、设施条件和市场需要选择合适播期。一般在先年9～11月上旬播种，次年3～4月定植，5～7月采收。秋延后栽培于7月中旬播种，10～12月采收。

种子采用温汤浸种，并在变温条件下催芽4d左右就可露白播种，每亩约需种子20～35g。播种密度13～20g/m^2，在秧苗有3～4片叶时进行分苗，其密度为120～130株/m^2。

育苗要点 防治猝倒病，茄子幼苗在1～2真叶期最易发生猝倒病，主要原因是床土带病菌以及床土过湿、土温过低、土表板结和阳光不足等。消除这些诱病因素是防治猝倒病的积极有效的措施。萎根是茄子育苗中经常遇到的一个问题，因茄子苗在土温25℃左右根系生长旺盛，吸收力强，当土温降到12℃以下，根毛不发生，一旦土温到了10℃以下，根就停止生长，所以地上部的生长也受到影响而萎蔫。防治措施主要从提高土温着手，以促进根系的正常生长，尤其在分苗后更应提高土温以利根系的发生。

茄子的嫁接 随着茄子保护地栽培面积的不断扩大和连作的不可避免，土传病害发病严重。主要有青枯病、枯萎病、黄萎病、线虫病等。选择抗病砧木，培育嫁接苗是一个有效的途径。

砧木的选择。赤茄，也叫红茄，是应用比较早而广泛的茄子砧木，主要抗黄萎病，中抗枯萎病，嫁接成活率高，嫁接苗抗逆性强。脱鲁巴姆抗病青枯病、枯萎病、黄萎病、线虫病4种土传病害。种子极小，发芽较困难，要比接穗提前25～30d播种。CRP抗青枯病、枯萎病、黄萎病、线虫病4种土传病害，耐涝，适合保护地使用。

嫁接的方法。根据砧木和接穗品种的生长速度决定各自的恰当播种期。露地和拱棚茄子3月中、下旬嫁接，4月中旬定植；大棚温室秋茄子8月上旬嫁接，9月中旬定植；冬春茄子10月底嫁接，12月中旬定植。茄子主要以劈接和斜切接法较多。

劈接法是在砧木长到6～8片真叶、接穗长到5～7片真叶时，将砧木置于嫁接操作台上，保留两片真叶，用刀片平切去以上的砧木部分，在茎中垂直竖切1.2cm深的切口；拔出接穗幼苗，保留2～3片真叶，切掉下部，并削成与砧木切口相当的楔形，随即插入砧木切口，仔细对齐，用特制的嫁接夹固定（图2-8）。

斜切接法的嫁接苗龄与繁接法相同，嫁接时砧木保留两片真叶，以上部分斜削去，

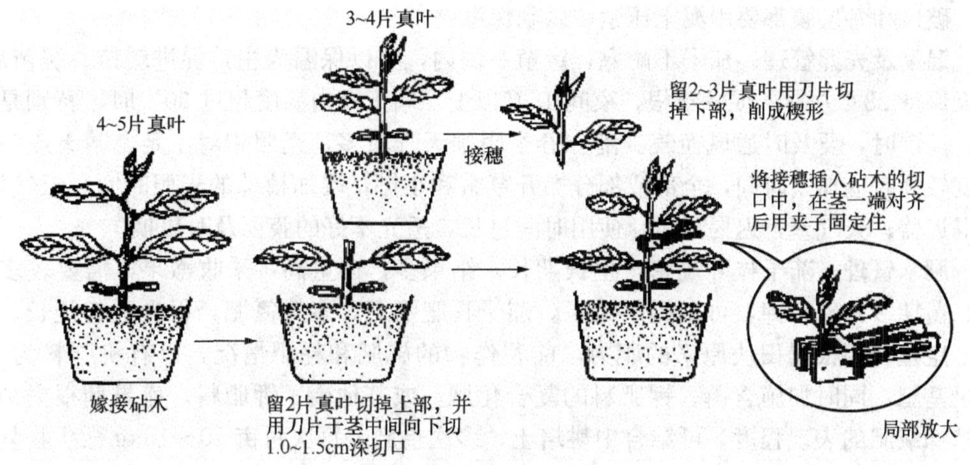

图 2-8 茄子的劈接嫁接法

形成约30°的1.0～1.5cm长的斜面，拔出接穗，保留2～3片真叶，以下部分斜削去，形成一个和砧木面积、形状相同而方向相反的平面，把砧木和接穗的斜面对齐贴紧，用特制的嫁接夹固定（图2-9）。

图 2-9 茄子的斜切嫁接法

嫁接苗的管理。为促进嫁接苗成活和生长，宜把温度控制在有利于愈合的日温25～26℃，夜温20～22℃；湿度保持在95%，避免高温和阳光直射，9～10d接口可以愈合。不要去夹太早，用塑料条绑缚的愈合后要松绑，以免影响生长。其他管理措施与普通苗大致相同。

3. 田间管理

定植 长江中、下游地区采用大棚、中拱棚、小拱棚覆盖栽培的在1～2月定植；大棚套小拱棚栽培的在3月上、中旬定植；中棚套小棚栽培在3月中旬定植；小棚加地膜的在3月下旬定植；露地栽培的在4月上、中旬定植。定植前10d整地，扣棚预热。根据土壤肥力，以有机肥为主结合复合化肥施足基肥，开沟作畦。选择好寒尾暖头的天气，按照品种特性和栽培方式确定合适的行、株距和密度，挖穴定植。植后要浇定根水，铺地膜的，要求破口尽量小，扶苗出膜要轻巧，盖膜要拉紧铺平，盖上小棚，破口和各层膜都要用泥土压紧，以利保温。

温度及光照管理 茄子不耐寒，定植一周内，要以保温为主，促进缓苗。缓苗后，白天保持28℃左右，促发新根，夜间15℃以上，晴天棚内温度超过30℃时，特别是高温、高湿时，要及时通风换气。南方春季阴雨天气较多，光照相对不足，晴天或中午温度较高时应抓紧时间，全部或部分揭开草帘和小棚，增加植株的光照时间。天气好，早揭迟盖；天气差，迟揭早盖。使用时间过长，透光不好的膜要及时更换。

肥水管理 茄子枝叶茂密，生长期长，结果多，产量高，采收嫩果，需要较多的氮。苗期多施磷和钾，可以提早结果。茄子喜肥耐肥，多施氮肥，很少引起徒长。因此，定植前要根据田块原来的肥力，前茬作物的施肥和耗肥情况，以有机肥料为主，施足基肥，同时加施含磷、钾肥料的复合化肥，或其他磷、钾肥料。盛果期根据结果和植株缺肥的表现程度，可结合中耕培土，多次追肥。每次每亩10～15kg微生物复合肥。茄子单叶面积大，结果盛期，蒸腾旺盛，需水量大，要及时灌溉，保持土壤湿润。南方雨水多，茄子亦不耐涝，应深沟高畦，以利排水。大暴雨较多，地势较低的地方，应添置排水机械。

植株调整，落花及其防止 通过整枝摘叶可以达到通风透光，合理田间生产结构，节约养料，减少病害，增加花蕾，提高坐果，改善品质。当“对茄”坐果后，把“门茄”以下侧枝除去；“门茄”4～5cm大小时，除去“门茄”以下老叶，当“四面斗”4～5cm大小时，除去“对茄”以下老叶、黄叶、病叶及过密的叶和纤细枝，摘下来的枝、叶要集中烧掉。有些地方在立秋前后重剪主枝，促生新枝，利用残桩复生，作秋延后栽培。

低温、弱光、土壤干旱、营养不足都会引起落花。花器构造上的缺陷是茄子生产中的特殊问题。短花柱花其花粉不能接触柱头受精而脱落。温度低于17.5℃，高于40℃都会因为花粉管停止伸长，而引起落花。防止落花落果，可采用植物生长调节剂点花保果，也可根据其发生原因有针对性地加强田间管理，改善肥、水供给状况，改善通风透光和小气候条件。在低温阶段，保花保果是保证茄子产量的关键措施。2,4-D和PCPA及其制剂可以防止早期低温弱光引起的落花，可根据药剂说明使用。

病虫害的防治 茄子栽培常见的病虫害有灰霉病、绵疫病、菌核病、青枯病、枯萎病、蚜虫、茶黄螨、红蜘蛛、蓟马等，应及时防治。

采收 茄子是多次采收嫩果的蔬菜，及时采收达商品成熟的果实对提高产量和品质非常重要。紫色和红色的茄子可根据宿留萼片边沿，尚未形成花色素的白色的宽窄来判断。白色越宽说明果实生长较快，花青素来不及形成，果实嫩；果实宿留萼片边沿，已无白色间隙，就已变老，食用价值降低。采收果实以早晨最好，其次是傍晚，不要在中午气温高时采收，以延长市场货架的存放时间。

2.3.5 栽培中常见问题及防治对策

早春茄子由于受低温等环境条件的影响，容易落花或形成畸形果，严重影响产量和品质。造成落花或畸形果的原因如下：

环境条件 早春长期弱光或苗期夜温过高易形成短柱花，土壤干旱，空气干燥使花发育受阻，空气湿度过大且持续时间长影响授粉等均可导致落花。

营养因素 营养不足，植物长势弱，花小，花柱短易落花；营养过旺，植株徒长易落花。

激素处理 处理时间过晚、浓度过大或处理时温度过高易形成畸形果。

防止落花或畸形果的措施如下：

1）改善环境条件。保持棚膜清洁以增加透光率，早揭晚盖草帘以尽量延长光照时间，地膜覆盖以增加近地面光照，人工补光；适当浇水以保持土壤和空气湿润，浇水后适当放风以降低棚内湿度。

2）加强水肥管理，保证养分充足供应，使植株生长健壮而又不贪徒长。

3）激素处理应在开花当天或提前1～2d进行，PCPA（防落素）的浓度以40～50mg/L为宜，低温下用高浓度，温度高时降低浓度。

小结 ☞

本节重点把握茄子对环境条件的要求和栽培技术要点。

拓展知识

茄子养生功效

防止微细血管破裂。茄子含有大量维生素P，可增强抵抗力，防止微细血管出血，使心血管保持正常的功能。

防治胃癌。茄子中的龙葵碱，能抑制消化系统肿瘤的增殖，对防治胃癌有一定的效果。

去斑防衰。茄子中的维生素E有防止出血和抗衰老的功能。常吃茄子，可防止血液中胆固醇水平提高，对延缓人体衰老具有积极的意义。用茄子捣汁涂于脸上，去除雀斑效果明显。

调节血压。茄子中含有大量的钾，可调节血压及心脏功能，预防心脏病和中风。

2.4 辣椒生产

辣椒别名很多，如番椒、青椒、海椒、辣子、椒茄等。原产于中南美洲的墨西哥、秘鲁等地，世界各地普通栽培，约在明代末年经丝绸之路传入我国，我国各地普遍种植。在我国南方地区，尤其是江西、湖南、四川、江苏、浙江等地栽培面积较大。辣椒的营养价值很高，其维生素C含量居群菜之冠。辣椒为保健食品，其根、茎、种子、果实均可入药。辣椒也是我国主要外贸出口产品之一，在国际上享有盛誉。辣椒可干制、腌制和酱渍等。

2.4.1 生物学特性

1. 植物学特征

根 主根不发达，根量较少，入土浅，根群多分布在30cm的耕层内，再生能力比番茄和茄子弱。

茎 茎直立，黄绿色，具深绿色纵纹，也有的紫色，基部木质化，较坚韧。茎直立，基部常木质化。一般多为假二权分枝，也有三叉分枝。辣椒根据分枝结果习性也可分为无限分枝和有限分枝两种类型。除簇生椒外，绝大部分栽培品种属于无限分枝类型。

叶 单叶互生，卵圆形、披针形或椭圆形，先端尖，叶面光滑，微有光泽；甜椒的叶长而宽，在植株上疏散而挺阔[图2-10（a)]。

花 花单或丛生。花冠白或绿白色，辐射状。花萼基部联合成钟形萼筒，先端5齿，宿存。花药紫色，花柱比雄蕊长，容易杂交，虫媒花，天然杂交率为10%[图2-10（b)]。

果实 果皮与胎座组织往往分离，形成较大的空腔。长果形一般为2室，圆形辣椒和甜椒2～4室。辣椒果实颜色幼果时均为绿色，成熟后有红、黄、褐和紫色等。有些品种一株上的果实，由于成熟度不同，可表现出绿、黄、红等各种颜色，如五色椒就属此类型。果形有锥形、短锥形、牛角形、长形、圆柱形、棱柱形等。果顶有尖，钝尖、钝等形状。

种子 扁平、肾形、淡黄色、表面有光泽，千粒重6～7g，种子寿命2～3年，生产上最好使用1～2年的种子[图2-10（c)]。

(a)

(b)

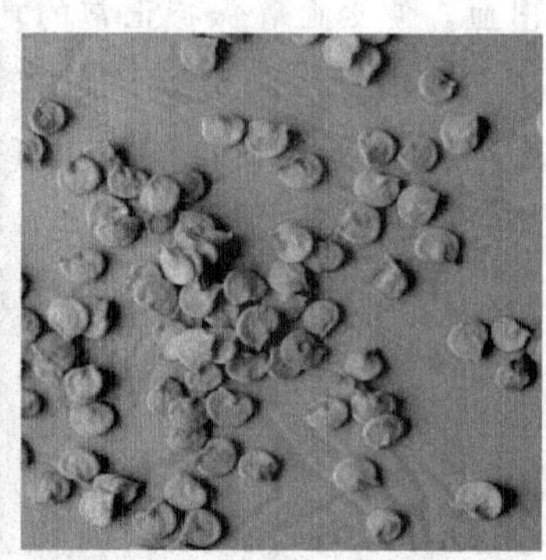
(c)

图2-10 辣椒的叶、花、种子

2. 对环境条件的要求

温度 辣椒属于喜温蔬菜，喜温暖，怕寒冷，不耐炎热，辣椒对温度的适应能力比番茄和茄子都强。其生育界限温度为12～35℃，适宜温度范围20～30℃，以白天22～27℃、夜间15～20℃为佳。

小知识

不同生育时期对温度的要求有所差异，种子发芽的适宜温度为25～30℃，具3～4真叶后，能耐0℃以上低温而不受冻害，但苗期要求的昼夜温度较高，有利于植株的营养生长，秧苗生长的适宜温度白天为25～30℃、夜间15～18℃。进入初花期，白天适宜的温度为20～25℃，夜间15～20℃。开花结果期间，若温度低于10℃，则难以授粉受精，易引起落花落果；高于30℃时，花器发育不全或柱头干枯不能受精而落花。果实发育和转色的适宜温度为20～30℃，并要求有昼夜温差，白天宜26～30℃，夜间16～20℃。品种不同对温度的要求也有很大差异，一般大果型品种的耐热性不及小果型品种。因此，在华南地区，辣椒可以顺利越过冬季。在长江中、下游地区，辣椒的开花结实可持续到秋季下霜以后。

光照　辣椒对光强度要求比番茄、茄子低，光饱和点35～50klx，光补偿点为1500～2000lx。在适宜范围内，光强增加，结果率提高，品质好。60klx以上并高温，容易发生病毒病。对光照长短的要求不严格，在自然状态下，无论是长日照还是短日照，都能开花。所以，只要温度适宜，一年四季均可栽培。光照不良仍然是引起落花的重要原因。利用达到16～20h补充光照，可以明显增加春季室内栽培甜椒的早期产量，但连续24h的光照，反而降低产量。

水分　辣椒根系浅弱，既不耐旱，又不耐涝，对水分的要求较严格。土壤积水或干旱均不利于辣椒生长。品种类型不同，对水分要求有异，一般大果型品种比小果型品种对水分要求更严格。辣椒在各生育阶段的需水量也不同，幼苗期植株需水不多，如果土壤湿度过大，根系就会发育不良，导致植株徒长，或因土温较低，出现萎根现象；初花期，植株生长量大，需水量随之增加，但湿度过大会造成落花；果实膨大期，需要充足的水分，如果水分供应不足，常导致果面皱缩、弯曲、膨大缓慢、色泽暗淡。

空气湿度对辣椒生长发育影响也很大，开花期空气湿度太大或过于干燥，会影响正常授粉受精，导致落花落果。棚室栽培空气湿度过大，易引起多种病害。辣椒生长发育适宜空气湿度为60%～80%。

土壤及营养条件　辣椒根系弱，吸收能力不强，适宜疏松、肥沃、保水、保肥性好的中性至微酸性土壤。辣椒需肥量中等，吸肥能力中等，但耐肥能力强，营养充足是其高产的保证。辣椒对氮、磷、钾三要素要求比例为1∶0.5∶1，据报道，每生产5000kg辣椒，约需吸收氮26.5kg、磷7kg、钾35kg。辣椒对钙、镁、硼等元素也较敏感。辣椒适宜的土壤pH为6.1～7.6。甜椒比辣椒对土壤肥水条件的要求要高。

此外，辣椒辛辣味易受氮肥影响，增施氮肥辛辣味减低。

气体条件　氧气对辣椒种子发芽影响很大，若苗床土壤板结，或含水量太大，土壤中氧气含量低于10%时，辣椒种子难以发芽。

二氧化碳是叶片光合作用的原料，提高二氧化碳浓度，可促进光合作用，提高辣椒产量。棚室栽培，进行二氧化碳施肥，可使辣椒显著增产。

工业废气中的SO_2、Cl_2、C_2H_4以及棚室栽培中施肥不当产生的NH_3等有害气体，均对辣椒有毒害作用。

2.4.2 类型和品种

辣椒按生产目的不同分为菜椒和干椒；按果形可以分为樱桃椒类、圆锥椒类、长角椒类、簇生椒类和灯笼椒类等5大类；目前普遍栽培的是灯笼椒类和长角椒类品种。按果实辣味，可分为甜椒类型、半（微）辣类型和辛辣类型3大类。根据成熟期的差异可将辣椒分为早熟、中熟、晚熟品种。

1. 甜椒类型

甜椒类型属于灯笼椒类，植株粗壮高大，叶片肥厚，卵圆形。花大、白色、果柄短粗、果实大，呈现扁圆、椭圆、柿子形或灯笼形，顶端凹陷，果皮浓绿，有3～4条纵沟，老熟后果皮呈红色或黄色，肉厚，味甜，宜作鲜菜炒食。在华北、华东及东北等地区均有栽培。

2. 半（微）辣类型

半（微）辣椒型多属于长角椒类或灯笼椒类，植株中等，稍开张，果多下垂，为长圆锥形至长角形，先端凹陷或尖，肉厚，味辣或微辣，作为炒食、腌食、酱食均可，适合多数人的口味。这类品种主要分布在长江中下游各地。

3. 辛椒类型

植株较矮，枝条多，叶狭长，果实朝天簇生或斜生，细长呈羊角形或圆锥形，先端尖，果皮薄，种子多，嫩果绿色，老果红色或黄色，辣味浓。可加工成辣椒粉或干辣椒，分布地区较广，以西南、中南各省栽培面积最大，品种极丰富。

辣椒类型、品种繁多，栽培上应选择合适的品种。在选用辣椒品种时，主要应考虑以下几个方面：

1）品种特性。不同的辣椒品种有其不同的生物学特性，在选择品种时应予以充分考虑。

2）消费习惯及栽培目的。辣椒在我国有广泛的分布，但各地对辣椒的消费需求相差较大，主要体现在对果实辣味浓淡的嗜好方面，选择品种应迎合当地的消费习惯。另外，在大、中城市，辣椒以鲜食为主，宜选鲜食品种，尤其作为大棚栽培的辣椒品种一般均应选择鲜食品种。

3）栽培设施及栽培季节。保护地设施栽培要求早熟、耐低温、抗病、丰产的品种，宜选择与之相应的品种，如杭州鸡爪×吉林早椒、湘研1号、湘研4号等；延后栽培及反季节栽培，宜选择耐热、抗病毒病、丰产性品种，如湘研10号等。

2.4.3 栽培的季节与方式

辣椒和甜椒露地栽培在长江中、下游地区可春、夏两茬：春植先年11月上、中旬播种（表2-2）。4月上、中旬定植，5月下旬至10月下旬上市；夏植3月上旬播种，5月中旬至下旬定植，6月下旬至10月下旬上市。地膜、小棚和大棚等多层覆盖保温措

施可以缩短育苗时间，提早定植，排开上市时间。在湖北、安徽和江苏的北部地区发展较快的日光温室，8月中、下旬育苗，10月上中旬定植，可在1～3月上市。采取大棚多层保温的方式冬季栽培的辣椒，可以在7月下旬育苗，9月定植，在1～3月上市。和茄子相似，在7～8月用剪枝再生的方法，11月可采收辣椒。这样南方大部分地区可以周年生产和供应新鲜辣椒和甜椒。

表2-2　长江流域辣椒栽培季节与茬口安排

季节茬口	播种期	定植期	收获期
春提前	12月上中旬～1月	3月中旬	5月中旬～7月中旬
秋延后	7月中旬	8月上中旬	10月下旬～11月下旬
越冬	10月上中旬	11月下旬	1月上旬～2月下旬

2.4.4　栽培技术

1. 土壤选择

适合辣椒生产的土壤应选择2～3年未种过茄科作物、保水保肥、供氧能力强、质地疏松、有机质含量高的排水良好的轻壤土或砂壤土。同时土壤应卫生，无病虫寄生和有害物质。

2. 育苗

辣椒、甜椒育苗期间的生长较番茄慢，不易徒长，肥水也比番茄和茄子要求低。从播种出苗到定植，秋、冬冷床育苗时间较长，夏季和电热温床育苗时间较短。但都要育成符合标准的壮苗。

辣椒壮苗的标准　苗高15cm，有8～10片健壮、伸展、绿色、有光泽的叶片，节间短，根茎处6mm以上，根系发达，显大蕾，少量开花。

种子消毒的方法主要有温汤浸种和干热处理。

温汤浸种　辣椒种子可在50～55℃的恒温热水中处理10～15min，然后进行搅拌，使水自然降温到30℃左右即可。

干热消毒　消毒前先将种子充分晒干，然后将辣椒种子放在72℃的恒温箱内处理72h即可。

辣椒的播种期的确定必须考虑到苗龄适宜时能否及时定植，及时定植的关键是栽培设施及保温管理措施。播种一般10月下旬至11月上旬进行，种子消毒后在适温条件下催芽4d左右，等到多数种子露白就可播种。播种量每亩60～80g，播种密度15～25g/m^2，在秧苗有3～4片真叶时进行一次分苗，因为辣椒的枝叶较脆，很易折断，故在苗期操作管理中要特别细心，不要碰伤枝叶，以免影响最后的成苗率。

3. 合理密植和增加结果部位

辣椒、甜椒的植株比番茄和茄子的矮小，叶片也小，为了丰产应该密植。在产量构成上，甜椒和大果型辣椒是果重型，要使每个果实充分长大，才能提高产量，而小果型品种是果数型，必须增加果实数目才能提高产量。甜椒和辣椒的果实都是着生在分叉处，分枝次数越多，结果部位越多，产量就越高。通过增加早期肥水管理，促进萌芽和打掉多余侧芽，减少养分消耗，促进有效分叉等方法，可增加结果部位。

当地表下 5cm 深处的地温稳定通过 13～15℃时，即可定植。另外，在宜栽期内，最好有 3d 以上的晴天，并应争取在“冷尾暖头”抓住好天气及时抢种，不可在大风、大雨天移栽。一般在宽为 1.4m（连沟）的畦面上栽 2 行，株距 25～30cm，每穴栽 1 株，定植时强调浅栽，以根颈部与畦面相平或稍高一些为宜。移栽后，可适当浇点根肥，并覆盖地膜，然后覆盖小棚膜，以利保温，促进新根发生，及早缓苗。

4. 田间管理

土壤和肥水管理 定植前施足以有机肥料为主的基肥，并有一定比例的磷、钾肥。辣椒和甜椒大都是多次采收，在重施基肥的基础上仍必须多次追肥。一般的做法是，苗期轻施 1 次“提苗肥”，但氮肥不宜过多，以防营养生长过旺、生殖生长受抑而造成落叶落花。进入结果期，应加大追肥次数和数量，保证植株继续生长和果实膨大的需要。一般每采收 1 次要跟着施 1 次追肥，可采用穴施或条施。施肥后应加强通风，避免氨毒害。如果采用膜下滴灌装置施肥，则效果更好。

在水分管理上，辣椒根系较弱，高温干旱季节要勤灌溉，或用滴灌，雨水过多时，要及时排涝。缓苗后应适当控制水分，以促进根群深扎土层，减缓地上部分生长，起到蹲苗的作用，使植株矮壮。初花坐果时只需适量浇水，以协调营养生长与生殖生长的关系，提高前期坐果率。大量挂果后，必须充分供水，因为此时缺水果皮皱皮弯曲，色泽暗淡，影响产量和质量，一般应土壤相对湿度保持在 80%左右，满足果实发育的需要。

落花、落果 落花、落果是长江中、下游地区辣椒生产中经常遇到的问题。早春低温，棚内光照不足，或密度过大，影响光合作用；夏季高温、干旱，水分供应不足；氮肥过多，引起植株徒长；花器官雌、雄蕊及胚珠发育不良或缺陷都是引起落花、落果的原因。针对上述原因，采取适当栽培措施，包括选择耐低温、耐弱光品种，合理密植，科学施肥，加强水分管理，及时防治病虫害，也可利用植物生长调节剂防止。有时也有落叶现象，除上述原因外，许多病害也能引起落叶。甜椒果实大，叶片稀，雨后天晴，阳光通过水珠聚焦易产生“日烧”，所以甜椒尽量和高秆作物间作，减少阳光直射。

棚室栽培的环境管理 和番茄一样，辣椒的春提前、春早熟、秋延后和越冬栽培都要进行棚膜覆盖。我国南方的大部分地区，这时棚内环境的显著特点是温度低、光照弱、湿度高。采用大棚、中棚加小棚，小棚上盖草帘或大棚内加一层不织布等多层覆盖方法，可以有效的提高棚内的温度，冬辣椒和春提前栽培的大、中棚之间要有足够的距离才能起到双层膜的保温作用；尽量使用透光性和强度都好的多功能复合棚膜，增加棚内光照。在温度较高和光照较好的天气，小棚膜要早揭迟盖；在温度过低的阴冷天气，要迟揭早盖。等到温度稳定回升后，要逐步撤除小棚和大棚，尽量增加植株的光照；畦面要加盖地膜，可以减少土壤水分蒸发，有效地提高土壤湿度，降低空气湿度。黑色和黑灰双面膜还可防生杂草。采用滴灌不但可以降低空气湿度，还可节约用水。土壤湿度过大或地下水位太高，可以挖深棚间分离沟，或在棚内把畦沟挖深，以降低种植畦内的地下水位。

小知识

大棚秋冬茬辣椒的上市供应时间，主要在元旦、春节前后，经济效益十分显著，栽培面积逐年扩大。秋冬茬大棚辣椒的育苗时间在伏天（7、8月份）高温季节，针对这时的气候特点，大多采用遮阳网、棚膜双重覆盖，达到遮阳、降温、保湿、防暴雨的作用。高畦栽培，合理控制水肥是大棚秋冬茬辣椒防病、高产的重要措施。秋季随着温度的降低，先关大棚，后套小棚，小棚上加盖草帘，草帘上还再加一层农膜。

调整植株　辣椒一般长势较旺，为防止倒伏，可在每株辣椒旁插上一根小竹竿，以支撑植株。为了改善通风透光条件，保持理想的个体及群体结构，需对辣椒植株进行调整，植株调整主要包括摘叶、摘心（打顶）和整枝等。摘叶主要是摘除底部的一些病残老叶，整枝是剪掉一些内部拥挤和下部重叠的枝条，打顶是在生长后期为保证营养物质集中供应果实而采取的有效手段。调整植株都要选择晴天进行，有利于伤口愈合，减少病虫害发生和危害。

病虫害防治　辣椒栽培上的主要病虫害有猝倒病、立枯病、病毒病、青枯病、疫病、炭疽病，以及蚜虫、茶黄螨、蓟马等，应及时防治。

采收　辣椒和甜椒都是多次采收的蔬菜，及时采收下层充分长大、有商品价值的果实，有利于上层幼果的生长和开花坐果。采收青椒的基本标准是果皮浅绿并初具光泽，辣椒初次采收一般在定植后30d左右，在开始采收后，每3～5d可采收一次。以生产干椒为目的的辣椒栽培，采收的辣椒要充分红熟。一般来讲，从谢花到青熟大约需要25d，从青熟到红熟大约需要20d，充分红熟的辣椒采用多次采收，分批干制的方法比一次性采收的产量高。

5. 辣椒的再生栽培

辣椒可以利用选留老株的3～4个健壮主枝，在饱满芽前重剪，促使各剪口芽萌发新果枝，重新形成结椒的繁茂骨架，进行再生栽培。在种苗或后茬不济的情况下，这种栽培方式有时也能获得和种植新苗相当的收成。

6. 辣椒秋冬季栽培

大棚辣椒的秋季栽培有两种情况，一种是夏播秋收，另一种是秋播晚秋和冬季采收，甚至可越冬栽培，采收至元旦、春节。

选择品种　秋季栽培的辣椒品种，必须具备耐热、抗病毒病、优质等条件。如万里香、九香、千里香等。

种苗培育 秋季栽培辣椒，其播种期一般应掌握在6月下旬至8月中旬，其中6月下旬至7月中旬播种者，其采收期一般为9月中旬至12月上中旬；7月下旬至8月上中旬播种者，其采收期为10月初至12月，甚至元旦、春节。在我国南方地区，秋辣椒的播种期一般是北早南迟。

整地施基肥 秋冬辣椒生长期长，要施足基肥，基肥可结合整地施入土壤。

遮荫定植 一般苗龄25～30d，有5～6片真叶时即可定植，每畦种两行，株距25～30cm，定植后施点根肥。由于定植时期温度较高，要用遮阳网覆盖（成活后揭去），以防幼苗萎蔫。有条件的地方，应进行隔离栽培，以防蚜虫危害，降低病毒病的发生。

肥水管理 定植后应经常保持土壤湿润，缓苗至植株封垄期间要经常浇水；封垄后，可采用沟灌。进入开花期后，每15～20d可结合浇水进行施肥。

保花保果 秋季栽培辣椒，在开始开花时，由于气温较高，容易落花，应用防落素等生长调节剂点（喷）花，以促进坐果。

覆盖保温 进入10月下旬后，要对大棚进行覆盖保温，包括覆盖搭配裙边。开始时，白天温度较高，应注意通风降温，但到了11月下旬后，外界气温较低，通风一般只能在中午前后进行。进入12月后，除了大棚覆盖外，还需要搭建小拱棚进行多层覆盖，以确保适宜的温度。

病虫害防治 前期特别要注意病毒病（蚜虫）的防治，中后期应特别注意菌核病的防治，其他的病虫害主要有灰霉病、疫病、炭疽病、枯萎病、青枯病、红蜘蛛、蓟马、烟青虫、茶黄螨、小菜蛾等，也应及时防治（包括预防）。

采收 秋季辣椒大棚栽培的采收期一般自9月中旬至10月上旬开始，当辣椒达到其固有的大小、形状、色泽时应及时采收，特别是前期采收更应及时。

7. 彩色甜椒栽培要点

彩色甜椒果实在绿熟期或成熟期呈现出红、黄、橙、白、紫等多种颜色，色泽亮丽，汁多味美，营养价值高，以生食为主。

品种选择 目前的彩色辣椒品种分为转色品种（即幼果绿色，成熟果呈现不同颜色）和本色品种（幼果期就表现出应有的颜色）两种类型。优良品种有：转色品种——橘亚红、红英达、橘细亚、麦卡比等，本色品种——白公主（白色）、紫贵人（紫色）等。

育苗要点 播种前将种子用1%高锰酸钾浸种20～30min后清洗干净，点播于营养钵中。夏秋育苗要用遮阳网或防虫网覆盖保护。出苗前白天温度25～30℃，夜间15～18℃；出苗后白天22～24℃，夜间14～16℃。第1片真叶展开后，白天温度25～30℃，夜间14～18℃。定植前降温进行幼苗锻炼。夏秋季育苗，苗龄40～50d；冬春季育苗，苗龄100～120d。

定植 定植前每亩施优质农家肥4000～5000kg，施肥后深翻、耙平、作畦，要求深沟高畦。行距50～70cm，株距40cm。

田间管理 管理方法与普通青椒基本相似。需补充的是：

整枝：采取单杈整枝或双杈整枝法，每株保留 2～4 个结果枝干，其余的侧枝随长出随抹掉。

吊枝：每枝一根尼龙绳或专用塑料绳，上端系到铁丝上，下端系到结果枝干的基部，将枝干拉起，并均匀分布。

肥水管理：彩色青椒的长势大多偏弱，进入结果期后，应勤追肥，一般低温期 15d 左右、高温期 10d 左右追 1 次肥。追肥以复合肥为主，每次 300kg/hm^2。

采收　彩色辣椒采收青熟果和红熟果均可，应根据市场需求选择采收。

2.4.5　栽培中常见问题及防治对策

辣椒栽培中常见问题时“落花、落果、落叶”现象（通称“三落”），影响辣椒的产量，其产生的主要原因是：

1）温度过高或过低，是引起落花的主要原因。早春落花就是由于低温阴雨、光照不足等引起。

2）栽培管理措施不当，如氮肥施用过多，植株徒长，或栽植过密，通风透光不良，以及氮、磷素营养缺乏等，常会引起落花、落果。

3）栽培环境不利。如 7～8 月份遇高温、干旱，或过干过热后突遇雷雨，导致土壤水分失调，过干、过湿或涝滞均易引起落花、落果及落叶；大棚内通风不良且湿度过大时，辣椒花不能正确授粉也易脱落。四是病虫害的原因。辣椒病毒病、炭疽病、轮纹病（早疫病）等易引起落花落果；白星病、炭疽病、轮纹病、叶斑病及病毒病等易引起落叶；烟青虫、棉铃虫蛀果也易造成果实脱落。

防治对策：一是选用抗病、抗逆性（耐高温、低温等）强的优良品种；二是加强肥水管理，氮、磷、钾配合施肥，氮肥注意不能过多或过少；三是合理密植，及时整枝，设施栽培时加强通风排湿管理，保持良好的通风透光条件；四是早春低温季节应用激素处理，如用 40～50mg/L 的防落素（PCPA）喷花，可防止落花，提高早期产量；五是加强病虫害防治。

拓展知识　**辣椒的药用功能**

果：温中散寒，健胃消食。用于胃寒疼痛，胃肠胀气，消化不良；外用治冻疮，风湿痛，腰肌痛。

根：活血消肿。外用治冻疮。

复习思考题

一、解释术语

番茄有限生长型　番茄无限生长型　黄瓜单性结实

二、填空题

1. 番茄催熟宜在________期采收，鲜食宜在________期采收。

2. 番茄防苗徒长常采用的生长调节剂为________，保花保果剂常采用的生长调节剂为________。

3. 番茄按植株生长习性分为________和________两种类型。

4. 番茄保花保果采用的生长调节剂有番茄灵，使用方法为______________，使用浓度为______________。

5. 保护地番茄保花保果时使用 2,4-D 溶液浓度的一般为________，植株上催红果实时乙烯利浓度为________。

6. 番茄宜均匀灌水，否则易引起______________。

7. 番茄开花结果期，日温________和________则授粉不良，坐果差。

8. 设施番茄一般采用________整枝。

9. 茄子在第一分枝口的花形成的果实叫______________。

三、选择题

1. 番茄出现脐腐病的原因是（　）。

A. 缺钙　B. 缺镁　C. 缺硼　D. 缺锌

2. 使用 2,4-D 防止番茄落花落果的浓度为（　）mg/km。

A. 10～20　B. 20～30　C. 30～40　D. 40～50

3. 茄子嫁接换根可防治（　）。

A. 黄萎病　B. 绵疫病　C. 褐纹病　D. 茶黄螨

4. 番茄催熟最适宜的时期为（　）。

A. 绿熟期　B. 转色期　C. 成熟期　D. 完熟期

5. 番茄在（　）下不能自然转红。

A. <15℃　B. <20℃　C. <25℃　D. <28℃

6. 利用番茄灵喷花，可以防止番茄落花、落果，最佳使用浓度为（　）mg/km。

A. 5～10　B. 15～20　C. 30～50　D. 70～100

7. 番茄采收后就近销售的可在（　）采收。

A. 绿熟期　B. 转色期　C. 坚熟期　D. 完熟期

8. 为使果实整齐一致，大果型番茄每穗宜留果（　）个。

A. 1～2　B. 3～4　C. 5～6　D. 8～10

四、简答题

1. 简述番茄落花落果的原因及其防止方法？

2. 番茄成熟期分为几个时期，各时期的特征是什么？

3. 如何对茄果类蔬菜进行植株调整？

4. 如何防治辣椒的落花、落果、落叶现象？

实训 2　茄果类蔬菜生产

<table>
<tr><td colspan="2">工作任务</td><td colspan="6">番茄/茄子/辣椒</td></tr>
<tr><td>序号</td><td>计划实施步骤</td><td colspan="3">计划实施时间</td><td colspan="3">步骤实施物资准备</td></tr>
<tr><td></td><td></td><td colspan="3"></td><td colspan="3"></td></tr>
<tr><td></td><td></td><td colspan="3"></td><td colspan="3"></td></tr>
<tr><td></td><td></td><td colspan="3"></td><td colspan="3"></td></tr>
<tr><td></td><td></td><td colspan="3"></td><td colspan="3"></td></tr>
<tr><td></td><td></td><td colspan="3"></td><td colspan="3"></td></tr>
<tr><td></td><td></td><td colspan="3"></td><td colspan="3"></td></tr>
<tr><td></td><td></td><td colspan="3"></td><td colspan="3"></td></tr>
<tr><td></td><td></td><td colspan="3"></td><td colspan="3"></td></tr>
<tr><td></td><td></td><td colspan="3"></td><td colspan="3"></td></tr>
<tr><td></td><td></td><td colspan="3"></td><td colspan="3"></td></tr>
<tr><td></td><td></td><td colspan="3"></td><td colspan="3"></td></tr>
<tr><td></td><td></td><td colspan="3"></td><td colspan="3"></td></tr>
<tr><td>制定
计划
说明</td><td colspan="7"></td></tr>
<tr><td rowspan="3">计划评价</td><td>班级</td><td></td><td>组号</td><td></td><td>组长</td><td colspan="2"></td></tr>
<tr><td colspan="2">教师签字</td><td colspan="2"></td><td>日期</td><td colspan="2"></td></tr>
<tr><td colspan="7">评语：</td></tr>
</table>

任务 2.1　茄果类蔬菜种子处理和浸种催芽

实施目的：了解茄果类种子播前处理的作用，掌握茄果类蔬菜种子浸种、催芽的方法。

材料和用具：番茄、茄子、辣椒种子；培养皿、滤纸、纱布、镊子、烧杯、玻璃棒、温度计、电炉、恒温箱等。

各组按下列要求进行操作。

1. 种子消毒

(1) 温汤浸种

先用少量凉水将种子浸没，再倒入热水，用棒状温度计测温度，使水温达到55℃，向一个方向搅拌，当水温降到30℃停止搅拌。茄子种子浸泡8～12h，番茄种子浸泡6～8h，辣椒种子浸泡8～10h。浸泡完毕，茄子、辣椒种子用细沙搓掉种皮上的黏液，用清水把种子分离出来，再淘洗干净即可催芽。番茄种子有茸毛，出水后需要把水攥出，摊开晾一下再催芽。

(2) 药剂浸种

茄果类蔬菜种子浸泡到一定浓度的药液中，经过一定的时间用清水洗净药液，再进行浸种催芽。药液的用量为种子的2倍。

番茄种 ①用40%福尔马林100倍液和10%磷酸三钠溶液，先用清水预浸3～4h，然后再将湿种子放入药液中浸泡15～20min，取出后用湿布包裹放入盆钵内密封2～3h，然后再用清水洗净，即可进行催芽。福尔马林消毒可防治番茄早疫病，磷酸三钠防治病毒病。②将种子用200倍液的稀盐酸浸泡3h，能消灭番茄烟草花叶病毒。③将种子用40℃的温水浸泡3～4h，移入0.1%的高锰酸钾溶液中浸泡30min，取出后用清水洗干净，可减轻番茄溃疡病和花叶病。

茄子种 ①茄子种子用1%高锰酸钾溶液浸泡30min，捞出反复淘洗后再进行温汤浸种，可消除种子表面附着的病原菌。②用有效成分0.1%的多菌灵溶液浸泡1h，洗净后再进行浸种催芽，对防治黄萎病有较好的效果。③用40%的福尔马林溶液浸种15min后捞出，用清水冲洗干净，可防茄子褐纹病和黄萎病。

辣椒种 ①辣椒种子用10%硫酸铜溶液浸种，有防治炭疽病和细菌性叶斑病效果。方法是先用清水浸4～5h，再用药水浸种5min，洗净后催芽。②用浓度为0.2%～0.4%的硫酸锌溶液，在20～25℃条件下浸种12h，可抑制辣椒病毒病的发生。③用冷水浸3～4h后移入50%的多菌灵500倍液中浸1h，用清水洗净，可杀死或纯化辣椒病毒。

2. 浸种催芽

浸种 在催芽前用20～30℃的清水浸泡种子，使种子吸足水分，加快出芽速度。浸种时间长短因种子成熟度和水温而有差异。越是充分成熟的种子，浸种的时间越长，水温低需时间也较长。一般番茄种子需浸种5～6h，辣椒种子需浸种6～8h，茄子种子需浸种10～12h。

催芽 茄果类蔬菜种子发芽需要满足所需温度、水分和氧气，对光照属于好暗性，应放在背光处进行。在水分适宜、透气性良好、25～30℃不见光的条件下发芽最快。把浸完的种子用湿纱布或湿毛巾包起来，放在大碗或小盆中，每天用25～30℃水洗1～2遍。番茄种子最好掺入种子体积3倍的细沙，放入水盆中，每天翻动1～2次，细沙干时补充水分。茄子种子需要变温，每天30℃8h、20℃16h交替进行，出芽整齐。一般情况下，番茄2～3d、茄子和辣椒5～6d即可出芽。

任务记录单

任务名称：		指导教师：	
组号：		组长：	
时间	记录内容		
教师签名		时间	

考核评价单

任务名称		茄果类蔬菜种子处理和浸种催芽			小组组号		
实施日期		茄果类蔬菜种子处理和浸种催芽过程记录共______页					
评价项目		评价内容	分值	教师评价	学生评价	得分	总分
过程评价	工作态度	到岗情况	2%	1%	1%		
		认真负责	3%	2%	1%		
		与人沟通	2%	1%	1%		
		团队协作	3%	2%	1%		
	工作方法	学习能力	3%	1%	2%		
		计划能力	3%	2%	1%		
		解决问题能力	4%	3%	1%		
	实践操作	种子是否消毒	5%	3%	2%		
		精选种子的质量	5%	2%	3%		
		浸种容器和水量的选择	6%	4%	2%		
		投洗种子的次数和方法	5%	4%	1%		
		浸种程度和时间的控制	4%	2%	2%		
		催芽温度设定是否合理	3%	2%	1%		
		催芽温度设定是否合理	3%	2%	1%		
		催芽是否投洗和翻动	4%	2%	2%		
		停止催芽的时间掌握	5%	4%	1%		
成果评价	浸种催芽结果	浸种催芽效果	10%	8%	2%		
		分析浸种催芽方法的合理性	10%	8%	2%		
	实训报告	填写是否正确、规范	20%	16%	4%		

任务 2.2 茄果类蔬菜播种育苗

实施目的： 通过对茄果类蔬菜进行育苗，了解其育苗过程，掌握蔬菜苗床准备及播种技术要点。

材料和用具： 大棚、茄果类蔬菜种子、菜园土、有机肥。

各组按下列要求进行操作。

1. 蔬菜育苗床准备

育苗土配制 育苗土的具体配方根据不同蔬菜和育苗时期灵活掌握，目前播种床土常用的配方为田土 6 份，腐熟有机肥 4 份，菜园土和有机肥过筛后，掺入速效肥料，并充分拌和均匀，堆置过夜。

苗床准备 选用适宜的育苗设施，设施准备好后铺设育苗床，苗床畦宽 1～1.5m；将育苗土均匀铺在育苗床内，播种床铺土厚约 10cm，苗床装填好后整平床面。

2. 播种

播前准备 根据选择的茄果类蔬菜种类，确定适宜的播种时期和播种量，并进行种子处理。

播种 低温季节宜选择暖天上午播种，播前浇透水，水渗下后，在床面薄薄撒盖一层育苗土；茄果类种子较小，一般撒播。催芽的种子表面潮湿，不易散开，应用细沙或草本灰拌匀后再撒；播后覆土，并用薄膜平盖畦面。

3. 播后管理

每天观察出苗情况，并进行记载，同时加强苗期管理。

任务记录单

任务名称：			指导教师：	
组号：			组长：	
时间	记录内容			
教师签名		时间		

考核评价单

任务名称	茄果类蔬菜播种育苗		小组组号				
实施日期		茄果类蔬菜播种育苗过程记录共________页					
评价项目	评价内容		分值	教师评价	学生评价	得分	总分
过程评价	工作态度	到岗情况	2%	1%	1%		
		认真负责	3%	2%	1%		
		与人沟通	2%	1%	1%		
		团队协作	3%	2%	1%		
	工作方法	学习能力	3%	1%	2%		
		计划能力	3%	2%	1%		
		解决问题能力	4%	3%	1%		
	实践操作	准备工作的完整性	2%	1%	1%		
		床土配制的合理性	3%	2%	1%		
		消毒药的选择合理性	2%	1%	1%		
		播种量计算的准确性	5%	4%	1%		
		苗床制作质量	7%	4%	3%		
		底水是否打透	4%	3%	1%		
		播种是否均匀、时间合理	5%	2%	2%		
		覆土厚度是否均匀合理	7%	5%	2%		
		塑料膜覆盖质量	5%	4%	1%		
成果评价	播种育苗结果	出苗质量	10%	8%	2%		
		分析播种方法的合理性	10%	8%	2%		
	实训报告	填写是否正确、规范	20%	16%	4%		

任务 2.3 整地、地膜覆盖、定植

实施目的： 通过对茄果类蔬菜地整地、地膜覆盖和定植，掌握蔬菜地块准备及地膜覆盖、定植技术要点。

材料和用具： 锄头、地膜、茄果类蔬菜幼苗。

各组按下列要求进行操作。

1. 整地做畦

高畦沟植 畦面宽80cm，畦高20～25cm，两条栽植沟中心相距50cm，栽植沟口宽15～20cm、底宽12～15cm。

高垄沟植 垄距60～65cm，垄高20～25cm，栽植沟深20cm、口宽15～20cm、底宽15cm。

施足基肥 在定植前 7～10d，每亩应施腐熟堆厩肥 2000kg 以上，并加复合肥30～50kg，在畦（垄）中开沟深施，保证生长结果的需要。

2. 地膜覆盖

覆盖地膜的方法：喷除草剂后要立即覆膜，人工覆膜时最少应 3 人一组，将地膜的一端先在垄或畦的一起始端埋好踩实后，一人铺展地膜，两人分别在畦两侧培土将地膜边缘压上，地膜要拉紧、铺正，并与垄面紧密接触，将边缘压紧封严。覆盖面积，即透明部分的宽度，要占垄（畦）面的 3/5，流出垄沟用于田间作业和灌水。

3. 定植

1）定植日期内要注意天气预报，将定植日定在冷尾暖头为好，有利于还苗。一般在近中午开始，集中力量，在下午封门前完成一个棚内定植工作。

2）在定植前一天对苗床要适量浇水，以保证定植时起苗尽量多的土，减少秧苗的根系损伤。同时起苗前进行一次药剂防治，一般用多菌灵或百菌清等药剂。

3）破膜，每畦（垄）种两行，番茄亩栽 2500～3000 株，辣椒 3000 株，茄子 2200～2400 株。定植深度保持在苗床位置。植后用腐熟清水肥定根。

任务记录单

任务名称：		指导教师：	
组号：		组长：	
时间	记录内容		
教师签名		时间	

考核评价单

任务名称	整地、地膜覆盖、定植				小组组号		
实施日期		整地、地膜覆盖、定植过程记录共______页					
评价项目	评价内容		分值	教师评价	学生评价	得分	总分
过程评价	工作态度	到岗情况	2%	1%	1%		
		认真负责	3%	2%	1%		
		与人沟通	2%	1%	1%		
		团队协作	3%	2%	1%		
	工作方法	学习能力	3%	1%	2%		
		计划能力	3%	2%	1%		
		解决问题能力	4%	3%	1%		
	实践操作	准备工作完整性	2%	1.5%	0.5%		
		整地的精细程度	3%	2%	1%		
		地膜覆盖质量	5%	4%	1%		
		定植时期合理性	5%	4%	1%		
		底肥使用方法是否合理	3%	2%	1%		
		定植的深度	2%	1.5%	0.5%		
		定植的密度	5%	3%	2%		
		缓苗状况	5%	4%	1%		
		定植熟练程度	10%	6%	4%		
成果评价	定植结果	苗成活率及质量	10%	8%	2%		
		分析定植方法的合理性	10%	8%	2%		
	实训报告	填写是否正确、规范	20%	16%	4%		

任务 2.4 茄果类蔬菜植株调整

实施目的： 通过对茄果类蔬菜进行植株调整，巩固茄果类分枝结果习性知识，掌握茄果类整枝打权方法。

材料和用具： 生长旺盛的番茄、茄子和辣椒植株。

各组按下列要求进行操作。

（1）观察植株类型、植株生长状态

（2）番茄植株调整

整枝 选取无限生长型番茄。

单干整枝：只留主轴，摘除全部侧枝，植株生长弱或生长初期，应于侧枝长到3～6cm时去除，不能过早。

双干整枝：除主轴外还保留第1花序下的第1侧枝，使之与主轴并行生长，其余侧枝全部去掉。

摘心　最后一穗果收获前40～50d进行，并在果穗上部留1～2片叶。

摘叶　根基部的老叶、病叶、黄叶及时除掉。

疏花、疏果　对花序中花数过多的大中型果品种，在花期或幼果期进行疏花或疏果，每穗留3～4个果，畸形果在早期及时疏掉。

（3）辣椒植株调整

如出现植株生长过旺、结果少时，可在门椒采收后，将第一分枝以下的老叶全部打掉，以利通风透气；上部枝叶繁茂的，可将两行植间向内生长并长势较弱的分枝剪掉；后期秋季集中进行一次植株调整，打去第三分枝以下的全部老叶，并适当剪去一部分植株内侧的徒长枝；植株生长旺盛，株形高大，枝条易折，可用畦垄外侧用竹竿水平固定植株，防止植株倒伏。

（4）茄子植株调整

打侧枝　茄子植株长到一定叶片时，顶芽变成花芽，生长点下相邻两个叶芽抽生侧枝，这两个侧枝几乎均衡生长，代替主茎构成双杈分枝。在第一个分枝以下的主干上，每个叶芽都可能发生侧枝，这些侧枝一般要及时去除，不予保留。第一次分杈的两个侧枝往往生长并不均衡，先发生的侧枝习惯上称为主枝，第二条称为侧枝。在进行茄子整枝时，应在第二条枝长出时进行，这时下部各叶片的叶芽都发生侧枝。植株的叶片从下往上越来越大，侧枝越往上长势越旺，除了留下上部两个侧枝外，主干侧枝及时摘除，每个枝条下边各留一叶片，其余叶片全部打掉。

摘老叶　在整枝的同时，还可摘除一部分下部老叶片。适度摘叶可以减少落花，减少果实腐烂，促进果实着色。但摘叶不能过量，因为果实产量与叶面积的多少有密切的关系。尤其不能把功能叶摘去，否则将会造成整枝营养不良而早衰。一般只是摘除一部分衰老的枯黄叶和病虫害严重的叶片，摘除的方法是：当对茄直径长到3～4cm时，摘除门茄下部的老叶；当四亩斗茄直径长到3～4cm时，又摘除对茄下部老叶，以后一般不再摘叶。

摘心　茄子长季栽培时，一般不摘心。在生长期较短的情况下，或保护地栽培空间有限的情况下，可进行摘心。大果型品种在四母斗茄子现蕾后，留1～2片叶摘心，新发侧枝也全部摘除，每株保留7个叶片，使营养集中，加速果实生长，争取早期产量。小型品种也可以在四母斗以上再留一个枝条，即四母斗茄子现蕾后，要留4个枝条，把侧枝全部摘除，以免枝叶郁蔽。

任务记录单

任务名称：		指导教师：	
组号：		组长：	
时间	记录内容		
教师签名		时间	

考核评价单

任务名称		茄果类蔬菜植株调整			小组组号		
实施日期		茄果类蔬菜植株调整过程记录共____页					
评价项目		评价内容	分值	教师评价	学生评价	得分	总分
过程评价	工作态度	到岗情况	2%	1%	1%		
		认真负责	3%	2%	1%		
		与人沟通	2%	1%	1%		
		团队协作	3%	2%	1%		
	工作方法	学习能力	3%	1%	2%		
		计划能力	3%	2%	1%		
		解决问题能力	4%	3%	1%		
	实践操作	准备工作的完整性	2%	1.5%	0.5%		
		整枝的合理性	13%	12%	1%		
		搭架的结实度，通风度	5%	4%	1%		
		引蔓操作熟练程度	5%	4%	1%		
		摘心位置	3%	2%	1%		
		摘老叶时间	2%	1.5%	0.5%		
		总体操作熟练程度	10%	7%	3%		
成果评价	植株调整结果	总体效果	10%	8%	2%		
		分析植株调整方法的合理性	10%	8%	2%		
	实训报告	填写是否正确、规范	20%	16%	4%		

任务 2.5 茄果类蔬菜肥水管理

实施目的： 根据茄果类蔬菜生长情况和生长时期，掌握茄果类蔬菜常用的排灌技术措施和施肥方法。

材料和用具： 茄果类蔬菜植株、化肥、农具。

各组按下列要求进行操作。

1. 番茄肥水管理

施肥上，一是要施足基肥。最好在冬前亩施圈肥 5000kg，深翻 35～40cm。二是在定植时施用磷肥。定沟内每亩施 30～40kg 过磷酸钙做基肥。如果和有机肥混合发酵后施入沟内效果更好。三是在第 1 穗果坐果后进行第 1 次追肥。每亩沟施腐熟粪干 500kg 或碳铵 25～30kg；撒施 100kg 草木灰，草木灰，施后划锄，然后浇水。四是在穗果采收后可进行第 2 次追肥，每亩施碳铵 15～20kg，有条件的也可以冲施部分人粪尿。五是在第 2 穗果采收后进行第 3 次追肥，每亩施碳铵 15kg。

另外，病毒病严重的地区，定植缓苗后早施少量速效氮肥，并配合喷水，促进营养生长可减轻发病。番茄整个生长期内需水量较大，结果期最适宜的土壤含水量为田间挂水量的 75%～90%。但春番茄定植缓苗后，适当控制浇水，多次划锄，可促进根系生长和坐果。第 1 穗果坐果后，气温升高，就要配合追肥，及时浇水。番茄不耐涝，浇水时应避免田间积水，雨后及时排水。喷水可结合进行根外追肥。交替喷 0.5%尿素，0.3%的磷酸二氢钾，或者交替喷 0.5%尿素，1%～2%的过磷酸钙浸出液，2%～5%的草木灰浸出液。

2. 茄子肥水管理

茄子根系发达，生势旺盛，对肥水要求较高，为耐肥、不耐旱、不耐涝作物，必须加强肥水管理。坐果前少施氮肥，坐果后追重肥。追肥一般 5～7d 施一次，也可每采收一次果追一次肥，追肥亩用复合肥 50kg、钾肥 30kg，或淋施人、畜粪尿，或结合培土时亩用复合肥和尿素 50kg，沤熟花生麸 25kg，磷肥和钾肥 50kg，施在株与株之间。采用磷酸二氢钾、绿芬威等叶面肥进行叶面喷施，可促进叶色浓绿，提高果实品质，延长采收期，提高产量。进入盛果期后，应保持土壤湿润适中，切忌忽干忽涝，干旱及营养不足。因茄子采收期长，采收后期为防止形成小果或畸形果，仍然需要保证肥水供应。

3. 辣椒肥水管理

辣椒对水分的要求比番茄、茄子少一些。定植时只可浇足定植沟里水。浇水后不要马上封沟，使其接触面积大，提高地温，4～5d 再顺着定植沟浇 1 次缓苗水，次日平沟，以后要连续进行株间中耕松土 3～4 次，以利保墒，提高土温，又利于蹲苗。至门椒采收前不轻易浇水，确实干旱也只能开沟渗浇，切忌大水漫灌。门椒于摘后开始追

肥浇水，并进行株行培土。每亩可追施尿素10kg。过磷酸钙20kg或复合肥15kg。钾肥对辣椒高产、防病效果十分明显，但要适量施用。进入盛果期再按上述数量追肥3～4次，每次追肥都要结合浇垄间水1～2次。植株封行后，土壤要经常保持湿润状态。汛期遇到大暴雨要及时排涝。另外，盛果期后还可叶面喷施0.2%～0.3%的磷酸二氢钾。

任务记录单

任务名称：		指导教师：	
组号：		组长：	
时间	记录内容		
教师签名		时间	

考核评价单

<table>
<tr><td>任务名称</td><td colspan="3">茄果类蔬菜肥水管理</td><td>小组组号</td><td colspan="3"></td></tr>
<tr><td>实施日期</td><td colspan="2"></td><td colspan="5">茄果类蔬菜肥水管理过程记录共______页</td></tr>
<tr><td>评价项目</td><td colspan="2">评价内容</td><td>分值</td><td>教师评价</td><td>学生评价</td><td>得分</td><td>总分</td></tr>
<tr><td rowspan="13">过程评价</td><td rowspan="4">工作态度</td><td>到岗情况</td><td>2%</td><td>1%</td><td>1%</td><td></td><td></td></tr>
<tr><td>认真负责</td><td>3%</td><td>2%</td><td>1%</td><td></td><td></td></tr>
<tr><td>与人沟通</td><td>2%</td><td>1%</td><td>1%</td><td></td><td></td></tr>
<tr><td>团队协作</td><td>3%</td><td>2%</td><td>1%</td><td></td><td></td></tr>
<tr><td rowspan="3">工作方法</td><td>学习能力</td><td>3%</td><td>1%</td><td>2%</td><td></td><td></td></tr>
<tr><td>计划能力</td><td>3%</td><td>2%</td><td>1%</td><td></td><td></td></tr>
<tr><td>解决问题能力</td><td>4%</td><td>3%</td><td>1%</td><td></td><td></td></tr>
<tr><td rowspan="6">实践操作</td><td>准备工作的完整性</td><td>2%</td><td>1.5%</td><td>0.5%</td><td></td><td></td></tr>
<tr><td>施肥方案制定是否合理</td><td>6%</td><td>3%</td><td>3%</td><td></td><td></td></tr>
<tr><td>有机肥施用量计算</td><td>10%</td><td>8%</td><td>2%</td><td></td><td></td></tr>
<tr><td>化肥使用量计算</td><td>5%</td><td>4%</td><td>1%</td><td></td><td></td></tr>
<tr><td>施肥时期</td><td>15%</td><td>8%</td><td>7%</td><td></td><td></td></tr>
<tr><td>施肥方法及操作</td><td>2%</td><td>1.5%</td><td>0.5%</td><td></td><td></td></tr>
<tr><td rowspan="3">成果评价</td><td rowspan="2">施肥结果</td><td>总体效果</td><td>10%</td><td>8%</td><td>2%</td><td></td><td></td></tr>
<tr><td>分析植株施肥的合理性</td><td>10%</td><td>8%</td><td>2%</td><td></td><td></td></tr>
<tr><td>实训报告</td><td>填写是否正确、规范</td><td>20%</td><td>16%</td><td>4%</td><td></td><td></td></tr>
</table>

任务 2.6 茄果类蔬菜保花保果

实施目的：了解茄果类蔬菜花果脱落的原因，掌握植物生长调节剂在茄果类蔬菜保花保果中的应用方法。

材料和用具：茄果类开花蔬菜植株，2,4-D，PCPA，小型喷雾器、毛笔、染料。

各组按下列要求进行操作。

1. 番茄保花保果技术

(1) 药剂配置

每人配置 50mL 药液，2,4-D 配成 15～25mg/L 药液，防落素（PCPA）配置成 10～50mg/L 药液。

(2) 施用方法

1) 2,4-D 可在植物初花期至盛花期的花朵上施用，将选择的花朵在药液中浸泡一下，每一朵花浸泡 1 次，或用毛笔蘸药涂在花柄离层处。

2）PCPA在番茄一个花序中有3～4朵花已经开放时进行，对同一花序上所有开放的花和未开放的花蕾一起喷洒。

2. 茄子保花保果技术

茄子在生育过程中，有不同程度的落花落果现象。究其原因：除高低温（38℃以上高温或15℃以下低温）影响外，还可能与光照弱、土壤干燥、营养不良及花器构成的缺陷有关。为了防止茄子落花，应根据其发生的原因，有针对性的加强田间管理，改善植株的营养状况，此外生长调节剂也能有效防止因温度引起的落花。

可以用2,4-D浸花，方法是配制30～40g/mL的2,4-D稀释液装于小碗内，然后把花蘸到药液上浸及花柄后立即取出，并把花柄上多余的药液抖掉，以防止花柄上2,4-D浓度过大而造成畸形果。也可以用2,4-D涂花，方法是用毛笔蘸上配好的30～40g/mL的2,4-D溶液涂到花柄上即可。因为2,4-D对茄子的幼叶和生长点有损害作用，不能用于喷花。使用时气温低时浓度高些，气温高时浓度低些，一般上午8时至10时、下午2时至4时进行药液处理，阴雨天不要蘸花，药液现配现用，也可以用30～50g/mL的番茄灵或防落素进行喷花，要喷布均匀。

3. 辣椒保花保果技术

在低温时期，辣椒落花、落果严重，应用药剂进行保花保果。开花期可用20～30mg/kg的2,4-D溶液，或用25～30mg/kg的番茄灵溶液喷花或涂抹花柄。喷药可在上午8～11时进行。

任务记录单

<table>
<tr><td colspan="3">任务名称：</td><td>指导教师：</td></tr>
<tr><td colspan="3">组号：</td><td>组长：</td></tr>
<tr><td>时间</td><td colspan="3">记录内容</td></tr>
<tr><td></td><td colspan="3"></td></tr>
<tr><td></td><td colspan="3"></td></tr>
<tr><td></td><td colspan="3"></td></tr>
<tr><td></td><td colspan="3"></td></tr>
<tr><td></td><td colspan="3"></td></tr>
<tr><td></td><td colspan="3"></td></tr>
<tr><td></td><td colspan="3"></td></tr>
<tr><td></td><td colspan="3"></td></tr>
<tr><td></td><td colspan="3"></td></tr>
<tr><td></td><td colspan="3"></td></tr>
<tr><td></td><td colspan="3"></td></tr>
<tr><td></td><td colspan="3"></td></tr>
<tr><td></td><td colspan="3"></td></tr>
<tr><td></td><td colspan="3"></td></tr>
<tr><td>教师签名</td><td></td><td>时间</td><td></td></tr>
</table>

考核评价单

任务名称	茄果类蔬菜保花保果				小组组号			
实施日期		茄果类蔬菜保花保果过程记录共＿＿＿＿页						
评价项目	评价内容		分值	教师评价	学生评价	得分	总分	
过程评价	工作态度	到岗情况	2%	1%	1%			
		认真负责	3%	2%	1%			
		与人沟通	2%	1%	1%			
		团队协作	3%	2%	1%			
	工作方法	学习能力	3%	1%	2%			
		计划能力	3%	2%	1%			
		解决问题能力	4%	3%	1%			
	实践操作	激素配制浓度是否合理	10%	8%	2%			
		配置使用器具的合理性	5%	4%	1%			
		配置过程的熟练程度	5%	4%	1%			
		激素的应用时期	10%	6%	4%			
		是否有劳动保护意识	2%	1.5%	0.5%			
		激素使用操作正确性	8%	6%	2%			
成果评价	保花保果结果	总体效果	10%	8%	2%			
		有没有落花落果	10%	8%	2%			
	实训报告	填写是否正确、规范	20%	16%	4%			

任务 2.7 茄果类蔬菜病虫害防治

实施目的： 了解茄果类蔬菜主要病虫害发生的原因，掌握各种病虫害综合防治的方法。

材料和用具： 茄果类蔬菜植株，农用喷雾器、各类农药、口罩、乳胶手套、量杯等。

各组按下列要求进行操作。

1. 基本情况调查

1）了解掌握茄果类蔬菜常见病害和常见虫害。

2）了解茄果类蔬菜主要病害的侵染途径、发生发展的规律。

3）了解和掌握茄果类蔬菜主要病害的种类、发生情况和规律。

4）了解当地气候条件对茄果类蔬菜生长发育规律及菜园病虫害发生发展的影响。

5）了解当地常见农药的种类和使用情况。

2. 制定原则和要求

1）贯彻“预防为主，综合防治”的方针，综合运用各种防治措施，控制有效生物危害，并将农药残留降低到规定标准的范围。

2）本着国内人民绿色消费意识的增强和国际贸易农残检测标准的异常严格以及技术绿色壁垒的保护角度出发，提出茄果类生产过程要改进传统方法，向精准方向推进。

3）从当地实际出发，目的明确，内容具体，有一定的可操作性。

任务记录单

<table>
<tr><td colspan="2">任务名称：</td><td colspan="2">指导教师：</td></tr>
<tr><td colspan="2">组号：</td><td colspan="2">组长：</td></tr>
<tr><td>时间</td><td colspan="3">记录内容</td></tr>
<tr><td></td><td colspan="3"></td></tr>
<tr><td></td><td colspan="3"></td></tr>
<tr><td></td><td colspan="3"></td></tr>
<tr><td></td><td colspan="3"></td></tr>
<tr><td></td><td colspan="3"></td></tr>
<tr><td></td><td colspan="3"></td></tr>
<tr><td></td><td colspan="3"></td></tr>
<tr><td></td><td colspan="3"></td></tr>
<tr><td></td><td colspan="3"></td></tr>
<tr><td></td><td colspan="3"></td></tr>
<tr><td></td><td colspan="3"></td></tr>
<tr><td></td><td colspan="3"></td></tr>
<tr><td></td><td colspan="3"></td></tr>
<tr><td></td><td colspan="3"></td></tr>
<tr><td></td><td colspan="3"></td></tr>
<tr><td></td><td colspan="3"></td></tr>
<tr><td></td><td colspan="3"></td></tr>
<tr><td></td><td colspan="3"></td></tr>
<tr><td></td><td colspan="3"></td></tr>
<tr><td></td><td colspan="3"></td></tr>
<tr><td></td><td colspan="3"></td></tr>
<tr><td></td><td colspan="3"></td></tr>
<tr><td></td><td colspan="3"></td></tr>
<tr><td></td><td colspan="3"></td></tr>
<tr><td></td><td colspan="3"></td></tr>
<tr><td>教师签名</td><td></td><td>时间</td><td></td></tr>
</table>

考核评价单

<table>
<tr><td>任务名称</td><td colspan="3">茄果类蔬菜病虫害防治</td><td>小组组号</td><td colspan="4"></td></tr>
<tr><td>实施日期</td><td colspan="2"></td><td colspan="6">茄果类蔬菜病虫害防治过程记录共______页</td></tr>
<tr><td>评价项目</td><td colspan="2">评价内容</td><td>分值</td><td>教师评价</td><td>学生评价</td><td>得分</td><td>总分</td></tr>
<tr><td rowspan="10">过程评价</td><td rowspan="4">工作态度</td><td>到岗情况</td><td>2%</td><td>1%</td><td>1%</td><td></td><td></td></tr>
<tr><td>认真负责</td><td>3%</td><td>2%</td><td>1%</td><td></td><td></td></tr>
<tr><td>与人沟通</td><td>2%</td><td>1%</td><td>1%</td><td></td><td></td></tr>
<tr><td>团队协作</td><td>3%</td><td>2%</td><td>1%</td><td></td><td></td></tr>
<tr><td rowspan="3">工作方法</td><td>学习能力</td><td>3%</td><td>1%</td><td>2%</td><td></td><td></td></tr>
<tr><td>计划能力</td><td>3%</td><td>2%</td><td>1%</td><td></td><td></td></tr>
<tr><td>解决问题能力</td><td>4%</td><td>3%</td><td>1%</td><td></td><td></td></tr>
<tr><td rowspan="3">实践操作</td><td>病、虫害观察正确，态度认真</td><td>13%</td><td>8%</td><td>5%</td><td></td><td></td></tr>
<tr><td>药品选择与病虫害对症，配制药液浓度准确</td><td>15%</td><td>10%</td><td>5%</td><td></td><td></td></tr>
<tr><td>喷药时间正确，喷药均匀，注意个人安全防护</td><td>12%</td><td>6%</td><td>6%</td><td></td><td></td></tr>
<tr><td rowspan="3">成果评价</td><td rowspan="2">病虫害防治结果</td><td>总体效果</td><td>10%</td><td>8%</td><td>2%</td><td></td><td></td></tr>
<tr><td>有无药害</td><td>10%</td><td>8%</td><td>2%</td><td></td><td></td></tr>
<tr><td>实训报告</td><td>填写是否正确、规范</td><td>20%</td><td>16%</td><td>4%</td><td></td><td></td></tr>
</table>

任务 2.8 茄果类蔬菜采收及采后处理

实施目的：了解茄果类蔬菜主要采收及采后处理，掌握各类茄果类蔬菜采收和采后处理的方法。

材料和用具：茄果类蔬菜果实，集装箱、冷库、打蜡机、包装机等。

各组按下列要求进行操作。

1. 采收

茄果类蔬菜必须在适宜的成熟期采收，方能保证品质运人包装厂和贮藏性能，大多数的采菜是人工采收。茄果类蔬菜采收后装人大箱，然后运人工厂。挑选，剔除残品。采收时间均在清晨气温最低时候采收。这时采收的整形，分级蔬菜温度低，可减少预冷的时间和费用，并能保持更好的品质。

2. 按体形大小分级

冷却和暂时性贮藏果莱的包装工作也逐渐由包装厂内进行转移到莱园装箱和运输内。

3. 包装加工或出口

包装不适合较严格的分级蔬菜的包装工作。包装厂收购的蔬菜一开始就注意存放在阴凉的地方，并立即清除残次品，进行分级，然后打蜡，装入商品包装物内，放入冷库冷却贮藏，待上市或出口。

任务记录单

任务名称：		指导教师：	
组号：		组长：	
时间	记录内容		
教师签名		时间	

考核评价单

<table>
<tr><td>任务名称</td><td colspan="4">茄果类蔬菜采收和采后处理</td><td>小组组号</td><td colspan="2"></td></tr>
<tr><td>实施日期</td><td colspan="7">茄果类蔬菜采收和采后处理过程记录共______页</td></tr>
<tr><td>评价项目</td><td colspan="2">评价内容</td><td>分值</td><td>教师评价</td><td>学生评价</td><td>得分</td><td>总分</td></tr>
<tr><td rowspan="11">过程评价</td><td rowspan="4">工作态度</td><td>到岗情况</td><td>2%</td><td>1%</td><td>1%</td><td></td><td></td></tr>
<tr><td>认真负责</td><td>3%</td><td>2%</td><td>1%</td><td></td><td></td></tr>
<tr><td>与人沟通</td><td>2%</td><td>1%</td><td>1%</td><td></td><td></td></tr>
<tr><td>团队协作</td><td>3%</td><td>2%</td><td>1%</td><td></td><td></td></tr>
<tr><td rowspan="3">工作方法</td><td>学习能力</td><td>3%</td><td>1%</td><td>2%</td><td></td><td></td></tr>
<tr><td>计划能力</td><td>3%</td><td>2%</td><td>1%</td><td></td><td></td></tr>
<tr><td>解决问题能力</td><td>4%</td><td>3%</td><td>1%</td><td></td><td></td></tr>
<tr><td rowspan="4">实践操作</td><td>成熟度断定</td><td>7%</td><td>5%</td><td>2%</td><td></td><td></td></tr>
<tr><td>采收操作熟练</td><td>8%</td><td>5%</td><td>3%</td><td></td><td></td></tr>
<tr><td>番茄催熟果实选取正确、药液浓度正确、方法正确</td><td>15%</td><td>9%</td><td>6%</td><td></td><td></td></tr>
<tr><td>预冷操作熟练</td><td>10%</td><td>6%</td><td>4%</td><td></td><td></td></tr>
<tr><td rowspan="3">成果评价</td><td rowspan="2">采收及采后处理结果</td><td>采收和采后处理量</td><td>10%</td><td>5%</td><td>5%</td><td></td><td></td></tr>
<tr><td>总体效果</td><td>10%</td><td>6%</td><td>4%</td><td></td><td></td></tr>
<tr><td>实训报告</td><td>填写是否正确、规范</td><td>20%</td><td>16%</td><td>4%</td><td></td><td></td></tr>
</table>

单元 3

豆类蔬菜生产

知识目标

了解豆类蔬菜的栽培通性，掌握菜豆、豇豆、毛豆的生物学特性、类型品种及栽培季节，掌握菜豆、豇豆、毛豆的大棚早熟栽培技术。

技能要求

掌握菜豆、豇豆、毛豆种子处理、播种育苗、整地、地膜覆盖、定植、植株调整、肥水管理、保花保果、病虫害防治等任务环节。

在我们日常生活中，我们摄入的植物蛋白质主要来源于豆类，其中包括黄豆、豇豆、四季豆等，它们是重要的油料作物（蔬菜）之一，而且他们因为具有根瘤菌的作用，减少了氮肥的施用量，因此广受种植户和科研工作者的注意。

3.1 概 述

3.1.1 豆类的种类

豆类蔬菜是指豆科中以嫩豆荚或嫩豆粒作蔬菜食用的栽培种群（图 3-1）。包括菜豆属的菜豆、红花菜豆；豇豆属的豇豆；大豆属的菜用大豆；豌豆属的豌豆；野豌豆属的蚕豆；刀豆属的蔓生刀豆；扁豆属的扁豆；四棱豆属的四棱豆及黎豆属的黎豆等共 9 个属 11 个种。豆类蔬菜蛋白质含量较多，有丰富的营养价值。这类蔬菜均为蝶形花冠，自花授粉，留种容易。直根系，入土深，具根瘤，能固定空气中氮素。对土壤营养的要求，需氮较少，而需磷、钾较多；土壤排水和通气性良好，pH 在 5.5～6.7 为宜。除豌豆、蚕豆属长日照植物，适合冷凉气候条件外，其他均属短日照植物，喜温暖，不耐寒。

图 3-1 不同豆类蔬菜

3.1.2 豆类的生物学共性

除豌豆、蚕豆属长日照植物，喜冷凉气候外，其他均属短日照植物，喜温暖，不耐寒冷，只要温度适宜，一年四季都可以种植。多数豆类对光照长度要求不严格。

豆类蔬菜供应周期长。如长江流域各省在 3～5 月份有豌豆、蚕豆上市；5～6 月份有菜豆；到炎热的夏季有豇豆、扁豆、毛豆等供应；8～11 月份有菜豆、豇豆、刀豆、扁豆等。南方地区一年四季均可生产。

3.1.3 豆类的栽培学通性

豆类蔬菜种子大，根系发达，但易木栓化，受伤后再生能力差，生产上宜直播或护根育苗。较耐旱，要求土壤排水和通气性良好，pH5.5～6.7为宜，不耐盐碱。忌连作，宜与非豆类作物实行2～3年轮作。根系与根瘤共生。在栽培时比其他作物少施氮肥，多补充P、K肥。

3.2 豇豆生产

豇豆又名豆角、带豆、长豆、角豆、腰豆、裙带豆等，原产亚洲东南部热带地区，是豆科豇豆属普遍豇豆种的一个亚种，为一年生缠绕草本植物，以嫩荚和老熟种子供食。其营养较丰富，新鲜的豆荚含蛋白质、脂肪、碳水化合物、粗纤维、钙、磷、铁、胡萝卜素等营养物质，可鲜食亦可加工。

3.2.1 生物学特性

1. 植物学特征

根 豇豆属深根性植物，根系发达，主根深达60～100cm。单根再生能力弱。根易木栓化，再生能力弱，有根瘤共生，根瘤菌不甚发达。

茎 依生长习性分为蔓性、半蔓性和矮生3种，右旋性缠绕生长。蔓性种其茎蔓的主茎和侧枝的顶芽都是叶芽，能够无限生长，生长期较长，须搭架栽培。矮生种其茎直立，主茎和侧枝生长几节后，其顶芽分化为叶芽，分枝呈丛生状，生长期短，不用支架。半蔓生种介于两者之间。

叶 发芽时子叶出土，出苗后随着养分消耗完毕，子叶会脱落。初生真叶两枚，单叶对生，以后真叶为三出复叶、互生，小叶全缘，无毛。

花 总状花序，蝶形花，自花授粉。在主蔓的叶腋处抽出花梗，具长花序柄。节位高低随品种和栽培季节而异，一般在2～9节范围内。侧枝在1～2节处也可抽出花枝。每花序有花蕾4～6对，常成对开花结荚。

果实 荚果线形，个别成盘曲条形。长短色泽因品种不同而有很大差别。长20～100cm，有浓绿、绿、绿白和紫红等色，每个果荚含种子8～20多粒。

种子 种子无胚乳，长肾形，种皮有紫红色、褐色、白色、黑色、花斑色等。千粒重100～150g。

2. 对环境条件的要求

温度 豇豆喜温耐热，但不耐低温，遇霜即枯死。种子萌发要求在25～35℃范围内，而以35℃时发芽率和发芽势最好，最低发芽温度为10℃，植株生长适温为20～25℃，在35℃以上或15℃以下生长发育受抑制。开花结荚期适温为20～30℃，以25℃左右最适宜。

光照 豇豆对日照长短的反应分为两类，一类对日照长短要求不严格，这类品种在长日照和短日照季节都能正常生长发育，长豇豆品种多属此类。另一类对日照长短要求比较严格的，适宜在短日照季节栽培，如在长日照季节栽培则茎蔓徒长，开花结荚迟。日照长短可以影响分枝习性和着生花序的节位，短日照可以促进主蔓基部节位抽发侧蔓，提早第1花序着生节位；长日照致侧蔓的着生节位显著提高，主蔓上第1花序的着生节位也提高。豇豆是喜光作物，在生长期需要充足的光照，栽培过密或茎叶徒长造成光线不足会引起落花落荚。

水分 豇豆要求有适量的水分，但能耐旱，不耐涝。空气相对湿度70%～80%为宜，高温低湿是落花落荚的主要原因。种子发芽期和幼苗期不宜过湿，以免降低发芽率，或使幼苗徒长，甚至烂根死苗。开花结荚期要求有适当的空气湿度和土壤湿度。雨多、湿度大，或遇干燥的冷风，容易落花落荚。土壤水分过多，不利于根系和根瘤菌活动，甚至烂根发病，引起落花落荚。开花结荚期遇上高温干燥，容易落花落荚。

土壤营养 豇豆对土壤的适应性较广，一般排水良好、土壤疏松的土地均可栽培，在pH为6.2～7的土壤中生长良好。由于根瘤菌不太发达，因此幼苗时要增施磷钾肥以促进根瘤菌发育，同时适当供给氮肥提苗。开花结荚后可增加氮、磷、钾的用量，以起增花保荚的作用。

3.2.2 类型和品种

豇豆种类很多。栽培豇豆分菜用和粮用两类。菜用豇豆品种按第一花序着生节位迟早分为早熟、中熟和晚熟类型。按用途大致可分为取老熟种子为食的硬荚类和做蔬菜用的软荚类两种。一般栽培的豇豆有长豇豆和短豇豆两种。依生长习性分为蔓性、半蔓性和矮生种，其中半蔓性种在我国栽培极少。在我国按荚色可分为青荚、白荚和红（紫）荚3类。

青荚类型（又称青豆角） 茎蔓细，叶片较小，叶色浓绿，荚果细长，绿色。嫩荚肉较厚，质脆嫩，品质佳。能忍受稍低温度，但耐热性稍差，采收期较短，产量较低。主要适于春、秋季栽培。主要品种有广东的铁线青、细叶青、竹叶青，浙江的青豆角、早青红，山东青岛的青丰、大条青，贵州的朝阳线等。

白荚类型（又称白豆角） 茎蔓较粗大，叶片较大而薄，绿色。荚果较肥大，浅绿或绿白色，肉薄质地较疏松，种子容易显露，耐热性较强，产量较高。多适于春夏季种植。主要品种有之豇28～2、秋豇512、扬豇40、高产4号，以及分布各地的红嘴燕等。

红荚类型（又称紫豇豆） 茎蔓较粗壮，茎蔓和叶柄间有紫红色，叶较大，绿色。荚果紫红色，较粗短，嫩荚肉质中等，容易老化，采收期较短，产量较低。主要品种有上海、南京等地的紫豇豆，广东的西圆红，湖北的红鳝鱼骨、紫荚、白露，北京紫豇等。

3.2.3 栽培季节与方式

由于品种耐热性和对日照长短反应不同，应根据各地气候条件来确定栽培季节和

选用不同的品种。长江以南各地，春、夏、秋季均可栽培，生产季节长。春季露地栽培多在3～5月份播种，秋季栽培多在7～8月份播种，春提早栽培于2月下旬～3月下旬播种育苗，3月下旬～4月下旬定植，5～8月份收获。华南地区则从2月开始育苗直至9月上旬都可播种。北方地区主要在4月上旬至5月中旬播种。

3.2.4 栽培技术

1. 培育壮苗

豇豆一般采用直播。为抢早，特别是早春为防低温阴雨烂种、死苗，可采用保温苗床或营养土块（钵）育苗。江浙地区一般在3月下旬、华南地区在2月份播种育苗。育苗前精选种子、灌足底水，每钵播2～3粒，扣棚保温保湿。出土后至移栽前，最好保持在20℃左右。

在定植前4～5d进行囤苗。一般于第1复叶开展前移植。营养钵育苗可适当延迟。选晴天进行定植。豇豆采用直播方法，华南地区春播3～5月，秋播7～8月；长江流域秋播6月下旬至8月初。直播行株距（50～60)cm×(20～40)cm，每穴2～3株，每亩播6000穴左右，约需种子1.2kg。

2. 田间管理

肥水管理 基肥一般每亩施腐熟农家肥2000～3000kg，微生物复合肥40kg，在作畦和培土时分2次施入。追肥要薄施勤施，通常7～10d追肥1次，上竹架前浓度以1%的尿素液为宜，上竹架后浓度可加大，结荚后要重施，每亩施复合肥20kg左右。开花期要控制水分，结荚后要经常保持土壤湿润，烈日时中午也要淋水降温。

插竹引蔓 当幼苗长到20～25cm时就要插竹，插竹多用人字架，可防台风雨的袭击，减少倒伏，引蔓应在晴天下午进行，此时枝条不易折断。

植株调控（整枝） 抹侧芽，将主蔓第1花序以下的侧芽全部抹除。打群尖，生长中后期，主蔓中上部长出的侧枝，及时摘心。打顶尖，主蔓长2m左右时打顶，以促进侧枝各花序上的副花芽形成。

3. 病虫害防治

长豇豆容易发生叶霉病、根腐病、疫病、锈病、豇豆螟、地老虎、蓟马、潜叶蝇和螨类等，应及时防治。

4. 采收

采收时不要损伤花序上的其他花蕾，更不能连花序柄一起摘下。应按住豆荚基部，轻轻向左右扭动，然后摘下。春植豇豆，商品豆荚采收以花序后11～13d为宜，而夏植豇豆花后9～11d便应采收。

3.2.5 栽培中常见问题及防治对策

1. 伏歇

豇豆在生产中第一次产量高峰过后，植株早衰，开花结荚数减少，产量下降严重。这种现象一般出现在伏天，故常称为“伏歇”。“伏歇”产生的主要原因有：一是第一个产量高峰期消耗大量养分后，肥水补充不及时，造成脱肥早衰；二是整枝摘心不及时，通风透光不良；三是高温干旱或雨涝造成严重落叶；四是病虫害导致功能叶受损。防治措施包括：一是底肥要施足，防止追肥不及时造成脱肥，在开花结荚期多次追肥；二是及时整枝摘心；三是高温季节及时补充水分，暴雨后及时排涝；四是加强病虫害防治。

2. 早期落叶

在豇豆采收盛期，有时会因大量落叶致使光合作用减弱，生长势衰减，最终导致产量下降。有时春季豇豆在出苗或定植后也会发生落叶现象。春豇豆苗期落叶的原因是：早春低温导致根系发育不良，生长受到抑制；定植质量不高，缓苗时间长，使幼苗底叶变黄脱落；幼苗出土后遇低温、干旱等不利条件，子叶的营养供应不上而导致落叶。采收盛期落叶的原因是：多雨或干旱造成内涝及营养不足而脱肥以及病虫的危害。防止措施包括：播种不宜过早；加强结荚期的水分管理；开始采收后合理施肥；及时防治病虫害。

小结

本节主要介绍了豇豆的生物学特性和栽培技术。在栽培技术中我们要着重掌握豇豆的田间管理。

拓展知识

豇豆的营养分析

豇豆提供了易于消化吸收的优质蛋白质，适量的碳水化合物及多种维生素、微量元素等，可补充机体的招牌营养素。

豇豆所含B族维生素能维持正常的消化腺分泌和胃肠道蠕动的功能，抑制胆碱酶活性，可帮助消化，增进食欲。

豇豆中所含维生素C能促进抗体的合成，提高机体抗病毒的作用。

豇豆的磷脂有促进胰岛素分泌，参加糖代谢的作用，是糖尿病人的理想食品。

3.3 菜豆生产

菜豆又名四季豆、芸豆、玉豆等，原产中南美洲。属豆科菜豆属，为一年生草本

植物，以嫩荚和干豆粒为食。其营养价值较高，每 100g 鲜品中含蛋白质 1.5g，脂肪 0.2g，碳水化合物 4.7g，粗纤维 0.8g，钙 44mg，磷 39mg，铁 1.1mg，胡萝卜素 0.24mg，维生素 B 10.08mg，维生素 C 9mg，干籽粒中含蛋白质 23.5%，碳水化合物 50.6%。

3.3.1　生物学特性

1. 植物学形态特征

根　菜豆的根易木栓化，再生能力较弱，主根不明显，侧根系发育比地上部分快，根瘤菌发达。

茎　茎为草质茎，多菱形，表面有茸毛，细长多绿色。左旋性缠绕生长，分枝力强。按生长习性分为矮生（有限生长）、蔓生（无限生长）和半蔓性 3 种。矮生种茎直立，节间短，适于早熟栽培。蔓生种主蔓长 3～4m，初生节间短，以后茎节的节间伸长，每个茎节的腋芽可抽出侧枝和花序，左旋向上缠绕生长，需立架栽培。

叶　菜豆子叶出土，第 1 对真叶为对生单叶呈心脏形，第 2 片及以后的叶为三出复叶互生。

花　状花序，每个花序有花 5～6 朵，最多达 10 余朵。蝶形花，花冠有白色、黄色、紫色、红色、粉红色等。自花授粉，但有 0.2%～10%异交率。

果实　荚果多数成对着生，呈圆棍形或扁圆形。外皮有绿色、黄色、红色或略带紫花纹。

种子　种子较大，呈肾形，种皮有白色、黑色、黄色、紫红色及棕色带花纹等。千粒重 300～600g。种子发芽年限 2～3 年。

2. 对环境条件的要求

温度　菜豆喜温不耐霜冻，矮生种耐低温能力比蔓生种强。种子发芽的适温为 20～25℃，高于 35℃和低于 8℃不易发芽。幼苗发育的适温为 18～20℃，低于 13℃时则根部不能形成根瘤。花芽分化的适温为 20～25℃，低于 15℃或高于 27℃则易出现不完全花现象。开花结荚期的适温为 18～25℃。温度过高或过低会影响结荚数和荚果内的种子粒数。

光照　菜豆对日照反应不如其他豆类敏感。大多数对日照长短要求不严格，属中光性，因此南北各地春、夏、秋三季均能相互引种栽培。

水分　菜豆有较强的抗旱能力，但过旱、过涝都不利于根系生长。生长期适宜的土壤湿度为田间最大持水量的 60%～70%，开花结荚期适宜的空气相对湿度为 80%～90%左右。

土壤营养　菜豆适宜于富含腐殖质、土层深厚、排水良好的中性壤土栽培，pH6.2～6.8 为最宜。菜豆植株随着结荚对氮、磷、钾的吸收显著地增加。花芽分化后，氮素促进植株生长，增加花数，结荚较多；但如氮素过多，反而招致落花。

3.3.2 类型和品种

菜豆按豆荚的纤维化程度可分为软荚种（菜用菜豆）和硬荚种（粮用菜豆）两大类。依豆荚颜色可分为绿色种、黄色种、红色种和紫色种。按种子的颜色可分为黑色种、白色种、红色种和黄褐色种及花斑纹种。生产上按其生长习性又分为矮生种（地豆）和蔓生种（架豆），少数中间类型称半蔓性种。

蔓生型 又称“架豆”，主蔓长达 2～3m 或更长，节间长，左旋性攀援生长。属无限生张类型。每个茎节的腋芽均可抽生侧枝或花序，陆续开花节荚，花期较长，豆荚成熟较迟。

矮生型 又称“地豆”或“蹲豆”。植株矮生而直立，株高 30～50cm。基部节间短，上部节间稍长。主茎长至 4～8 节时顶芽形成花芽。属于有限生长类型。生育期短，开花和成熟早，从播种至初收 40～50d，采收期 15～20d。产量低，品质较差。

目前，国内栽培的优良品种非常多。如在南北方推广面积较大的有：意选 1 号、架豆王、芸豆王、双丰 2 号、双丰 3 号、初绿 2 号、台湾 2 号、无筋 2 号、新引 2 号、卡罗特、卡朗、优胜者（77-10）、芸丰（623）、浙江矮早 18、农友早生、抗寒 2 号、青刀豆 27 号、碧龙 1 号、常菜豆 1 号、姑苏早地四季豆等。

3.3.3 栽培季节与方式

春季直播可在 3 月上、中旬进行。长江流域常出现低温阴雨天气，造成春季菜豆烂种、死苗，所以多采用育苗移栽，一般春季早熟栽培在 2 月下旬至 3 月上旬育苗，这样可延长生长季节，提早上市，提高产量。华南地区春季直播在 1～2 月。秋季栽培一般都用直播法，长江流域在 7 月中旬至 8 月初播种，华南地区在 9～10 月播种。

3.3.4 栽培技术

1. 培育壮苗

播种前选粒大、饱满、无病虫的种子，晒 1～2d 再播种，可促使发芽整齐。为了防病，可用 1%福尔马林浸种 20min，后用清水冲洗再播种；也可用种子重量 0.3%的福美双拌种后播种。直播时，每穴 3～4 粒。矮生种行距 33～40cm，穴距 20～26cm；蔓生种行距 65～85cm，穴距 20～27cm，每畦种两行为 1 架。每亩用种量为 2～3kg。

育苗可采用小环棚或冷床育苗，床中可用营养钵或营养土块点播。春季冷床育苗 $5m^2$ 可播种子 5～6kg。出苗后揭膜，注意通风换气，苗龄在 15～20d 带土移栽。

2. 田间管理

肥水管理 播种前要施足基肥，每亩施腐熟农家肥 1000～1500kg，复合肥 30～40kg，石灰 20～30kg；追肥遵循“前轻后重”的原则，即在真叶出现后开始追肥，亩施尿素 2.5kg，施 1～2 次，开花结荚期追肥 3～4 次，每次亩施复合肥 10～15kg，钾肥 10kg，另外，在开花期用磷酸二氢钾 0.3%的溶液喷施茎叶，每隔 6～7d 1 次，或

用5～25mg/kg赤霉素喷茎顶端，能有效地防止落花落荚，增加产量。对菜豆的排灌，与豆角相同，要经常淋水，保持湿润，雨后注意排水。

补苗、中耕、插架、引蔓　对缺苗或基生叶受伤、有病的幼苗应及时补换。中耕松土可快速提高地温和土壤透性，促进根生长和根瘤菌发育。第1次中耕锄草可在直播齐苗后，育苗移栽的应在缓苗后进行；第二次可在现蕾之前进行，蔓生菜豆在抽蔓之前进行。蔓生菜豆一般在抽蔓前进行立架，一般以人字架为好，插架后进行1次人工引蔓。

病虫害防治　菜豆的病害和虫害与豇豆相似，防治方法可参照豇豆部分。另外菜豆易受炭疽病的危害，防治上可用75%百菌清可湿性粉剂500倍液，50%炭疽福美可湿性粉剂300倍液等喷洒。

3. 采收

一般情况下，开花后10～15d可采收嫩荚，若气温较低则在花后约15～20d采收。并可在豆荚由扁变圆，颜色由绿变为淡绿，外表有光泽，种子略为显露或尚未显露时采收。

3.3.5　栽培中常见问题及防治对策

1. 落花落荚

菜豆生产过程中，造成减产的原因很多，而落花落荚是减产的根本原因。菜豆的花芽分化数和开花数都较多，但成荚率很低。

落花落果产生的主要原因有以下几个方面。一是营养因素。初花期，由于营养生长和生殖生长同时进行，花序得不到充分的营养；中期由于花序之间，花序内各花之间以及花与荚之间的养分争夺造成营养不均；生育后期，植株衰弱和不良环境条件也易引起落花。二是环境条件。开花结荚期温度高于30℃或低于15℃均会影响授粉而引起落花。开花期遇雨或高温干旱影响授粉而导致落花；光照不足，光合产物少，导致花器发育不良而脱落。三是栽培管理。初花期浇水过早，使植株过早的进入营养生长和生殖生长并进阶段，茎叶生长和开花结荚间争夺养分的矛盾突出；早期偏施氮肥，使营养生长过旺，花芽分化受限；肥料不足，造成营养不良；栽植密度过大，整枝不及时造成通风透光不良；采收不及时，豆荚消耗过多养分；病虫害严重等均会引起落花落荚。

防止落花落荚的措施：一是要选择坐荚率高的优良品种。二是要适时播种，减轻或避免高低温障害，还可以利用保护设施或合理间套作改善小气候条件。三是要加强田间管理，合理调节营养生长与生殖生长间的平衡关系。如合理密植，及时插架引蔓，适当施用氮肥并增施磷钾肥，花期控制浇水，及时整枝打顶，预防和防治病虫，及时采收。四是在花期喷施5～25mg/L的萘乙酸或2mg/L的对氯苯氧乙酸（俗称防落素）也可减少落花落荚。

2. 果荚过早老化

菜豆以嫩荚为食用器官，果荚老化将大大降低其品质。果荚老化主要与品种和环境因素有关。无纤维型品种不易老化。环境因素中超过31℃或日均温超过25℃的高温最易引起果荚老化，另外，营养不良和水分缺乏也会促使纤维形成。

为防止果荚过早老化，一是选择抗老化品种，二是适期播种，避免在高温季节结荚，同时加强水肥管理；三是在果荚老化前及时采收。

小结

本节着重掌握菜豆的栽培技术，掌握落花落果原因及防治办法。

拓展知识 **菜豆的营养和药用价值**

菜豆是一种难得的高钾、高镁、低钠食品，这个特点在营养治疗上大有用武之地。芸豆尤其适合心脏病、动脉硬化，高血脂、低血钾症和忌盐患者食用。

现代医学分析认为，芸豆还含有皂苷、尿毒酶和多种球蛋白等独特成分，具有提高人体自身的免疫能力，增强抗病能力，激活淋巴T细胞，促进脱氧核糖核酸的合成等功能，对肿瘤细胞的发展有抑制作用，因而受到医学界的重视。其所含量尿素酶应用于肝昏迷患者效果很好。

3.4 毛豆生产

菜用大豆又名毛豆、枝豆，原产我国。属豆科大豆属，一年生草本植物，以食用未成熟的鲜豆粒为主。其营养丰富，每100g嫩豆粒含蛋白质13.6～17.6g，脂肪5.7～7.1g，干物质31～43g，钙100mg，磷219mg，铁6.4mg，胡萝卜素0.2mg。

3.4.1 生物学特性

1. 植物学特征

根 根系发达，主根粗壮。侧根发达，向四面伸长40～50cm，深达1m。根瘤菌发达，主要分布在20cm以内的耕作层中。

茎 茎直立强韧，圆形有不规则棱角，上有茸毛。嫩茎分绿色、紫色两种。一般绿茎开白花，紫茎开紫花。老茎灰黄或棕褐色。

叶 子叶出土，初生单叶1对、互生，以后为三出复叶、互生。小叶有卵圆、椭圆形，叶面披茸毛或无毛。

花 短总状花序，着生在各节叶腋间或顶生，每个花序能结3～5个荚。自花授

粉。花小，白色、淡紫色或紫色。

果　荚果呈矩形扁平，荚面密布白色或棕色茸毛，每荚含种子1～4粒。

种子　种子的大小、形状和颜色因品种而异。有椭圆、圆球、扁圆形。颜色有黄、青、黑褐及带斑纹的双色豆。脐有黄白色、紫色、黑色、褐色，以示品种标志。千粒重100～500g。

2. 对环境条件要求

温度　菜用大豆喜温暖不耐霜冻。种子在10～11℃开始发芽，适温为20～22℃，苗期能忍受短时间的低温，生长期间适温为20～25℃，花芽分化期为25～30d，昼间24～30℃，夜间18～24℃有利于花芽分化。开花结荚期的适温为22～25℃。幼荚到籽粒成熟适温为19～20℃，此期对温度特别敏感，温度高则提早结束生长。

光照　菜用大豆为短日照作物，对日照长短的反应因品种而异。一般来说，南方有限生长类型及早熟品种对光照长短的要求不严格，在春秋两季均可栽培。而北方有限生长类型及晚熟品种属短日照类型。所以北种南移，往往提早开花；而南种北移则往往延迟开花。

水分　菜用大豆是需水较多的豆科蔬菜，但耐涝性差。对水分的要求因生长时期而不同。种子萌发时，水分充足发芽快、出苗齐。在苗期应保持田间最大持水量的60%～65%，分枝期为65%～70%，开花结荚期为70%～80%，鼓粒期为70%～75%。

土壤营养　菜用大豆对土质要求不严。土层深厚、排水良好、富含有机质的砂壤土更有利于菜用大豆的生长发育，适宜生长pH为6.5～7。对养分的需求，在初期（播种后至开花期）吸肥不到总量的15%，开花结荚期吸收养分占总量的80%以上。每生产100kg籽粒，约需氮8.5kg、磷0.84kg、钾3.04kg及多种微量元素。

3.4.2　类型与品种

依菜用大豆的生长习性可分为无限生长类型和有限生长类型。无限生长类型的菜用大豆，茎蔓性，叶小而多，顶芽为叶芽，开花期较长，产量较高，在东北、华北地区栽培较多。有限生长类型的菜用大豆，茎直立，叶大而小，顶芽为花芽，花期较集中，成熟较早，在长江流域分布较多。

依菜用大豆生长期的长短分为早熟、中熟、晚熟三种类型。早熟类型，生育期90d以内，在长江流域春播，5月下旬至6月下旬收获。中熟类型，生育期90～110d，7月上旬至8月上旬收获。晚熟类型，生育期120d以上，9月下旬至10月下旬收获。

我国是菜用大豆的原产地，品种资源丰富。如东北地区推出的黑河系列、铁岭系列、抚顺系列等。

五香毛豆　浙江地方品种。植株直立，高1m左右，晚熟种，荚长约6cm，宽1.4cm，青绿色。每荚有豆粒2～3个，豆粒大，有糯香味，品质优。成熟种子棕褐色，每亩产量400～500kg。

五月拔　浙江地方品种。株高55～60cm，早熟种，荚长5cm，宽1.8cm，每荚有豆粒3个左右，鲜豆粒黄绿色，质脆味佳，品质好。成熟种子黄白色。

慈姑青 上海地方品种。株高 90cm，晚熟种，荚长约 6.2cm，宽 1.4cm。每荚有豆粒 2～3 个，种皮绿色，脐深褐色，质地脆，品质佳。亩产鲜荚 700～800kg。

白水豆 成都地方品种。株高 45～50cm，早熟种，荚长约 6cm，宽 1.2cm，黄绿色。每荚有豆粒 2～3 个，豆粒大，质嫩味美，品质佳。亩产约 750kg（带杆）。

3.4.3 栽培季节与方式

长江以南各地，大多数可以在春、夏、秋季生产菜用大豆。一般春播可在 2 月至 4 月播种育苗或直播；夏播 4～6 月；秋播 6 月下旬至 8 月初播种；华南地区秋播 7～8 月。

3.4.4 栽培技术

1. 培育壮苗

菜用大豆一般都用直播。选好田块，施足基肥和适量的磷钾肥。播种前撒毒饵防地下害虫，每亩可用 3%米乐尔颗粒剂 1～1.5kg 与种子混播。播种前用根瘤菌接种是行之有效的增产措施，可用含根瘤菌的表土直接撒于田块中，或用土壤浸出液接种，亦可用人工培养的优良菌种接种。按穴播种或开沟点播，营养面积（25～35）cm×（16～25）cm，每穴 4～5 粒，留苗 2～3 株。一般每亩早熟种植 2.5 万～3 万株为宜，中熟种 1.8 万～2 万株；晚熟种 1.5 万～1.7 万株。每亩用种量约 3～4kg。

南方春播时常遇低温多雨，为提早上市可采用育苗移栽。在 2 月下旬至 3 月上旬采用小环棚或冷床育苗，亦可用营养钵或营养土块（7～8cm）点播。在真叶展开前，即苗龄 15～20d 左右带土移栽。

2. 田间管理

肥水管理 基肥一般每亩施腐熟堆肥 1000～1500kg，过磷酸钙 30kg 或含磷钾的复合肥 10～15kg，混合撒播于田块，追肥可在定苗后施稀薄人粪尿 2～3 次，促使发根和分枝；生长后期若缺钾，在清晨露水未干时撒施草木灰，每亩 250kg 或用 0.3%磷酸二氢钾水溶液每隔 7d 喷施 1 次，共喷施 2～3 次，均有显著的增产效果。

适时摘心 菜用大豆生长后期开的花往往不能及时成熟，适时摘心可抑制生长，提早成熟，减少落花瘪荚，增加产量。一般对有限生长类型，若长势过旺可于初花期摘心，无限生长类型的晚熟种，应在盛花期后摘心。

3. 病虫害防治

主要病害有褐斑病、黑斑病、孢囊线虫病、菌核病、根腐病、霜霉病、花叶病毒病等。主要害虫有大豆食心虫、豆荚螟、斜纹夜蛾、红蜘蛛等。病虫害应及时防治。

4. 采收

一般待荚壳由绿变黄绿，豆粒饱满而尚保绿色，四周仍带种衣时采收，此时糖分高，品质好。采收时，各地习惯不同，四川采摘叶片连杆带荚一起出售；江南则采摘青荚或剥出豆粒，分1～3次收完。出豆率一般在40%～50%。

小结

本节要着重掌握毛豆的栽培技术，掌握毛豆田间管理技术。

拓展知识　怎样制作黄豆芽

选种：选用发芽率高、发芽势好的新豆种。剔除残破、虫蛀、霉变的种子。用水淘洗干净，去除杂质和漂浮的瘪籽。

浸种、催芽：用清水浸种8～12h，捞出，沥尽多余的水分。装入木桶或竹筐中，木桶底部应有排水孔。木桶或竹筐应事先消毒，装入豆粒厚度以13～16cm为宜，后放入温暖的室内。催芽期保持25℃左右，每隔4～5h淋水1次，保持种子的湿度。种子上用清洁的麻布遮光，有利于保温、保湿。5～7d，芽长7～10cm时即可整体上市。

复习思考题

一、解释术语

伏歇

二、填空题

1. 菜豆依照其生长习性一般分为__________型和__________型。
2. 菜用大豆根系有__________共生，能固定空气中的__________合成氮素物质。
3. 开花结荚期是菜用大豆植株吸收__________和__________的高峰。
4. 长豇豆的花为__________花，是__________授粉作物。
5. 长豇豆根瘤稀少，可在苗期适当追施__________肥和__________肥，促进根瘤生长。

三、选择题

1. 豌豆对（　　）微量元素需要量较多，开花结荚期间进行根外追肥，可有效提高产量和品质。

　A. 硼　　B. 钼　　C. 锌　　D. 硅

2. 豆类蔬菜中适于冷冻气候条件是（　　）。

　A. 菜豆　　B. 豇豆　　C. 蚕豆　　D. 毛豆

四、简答题

1. 豆类蔬菜为何多行干籽直播？若育苗，应注意哪些问题？
2. 豆类直播时，为了保证全苗，应采取哪些措施？

3. 菜豆落花落荚的原因是什么？如何防治？菜豆的肥水管理有何特点？
4. 简述豇豆的整枝的意义和方法？
5. 豇豆早期落叶和后期“伏歇”的原因是什么，如何防治？

实训3　豆类蔬菜生产

工作任务		豇豆/菜豆/毛豆栽培	
序号	计划实施步骤	计划实施时间	步骤实施物资准备
制定计划说明			
计划评价	班级	组号	组长
	教师签字		日期
	评语：		

任务3.1　豆类蔬菜种子处理

实施目的： 了解豆类种子播前处理的作用，掌握豆类蔬菜种子处理的方法。

材料和用具： 各种豆类种子；滤纸、纱布、镊子、烧杯、玻璃棒、温度计、电炉等。

各组按下列要求进行操作。

1. 种子选择

要选择合适的豆类品种，要选籽粒饱满、种皮有光泽、无病虫害危害的种子。陈种子发芽率和发芽势均弱，不宜采用。

2. 种子处理

（1）菜豆

播前要晒种 1～2d，使种子充分干燥，可促进种子吸水发芽。用 0.1%硫酸铜水溶液浸种 15min，捞出后用清水冲洗种子表面的药液，或用 55℃热水烫种 5min，然后加入冷水，达到 25～28℃，泡种 3～4h，捞出种子晾后即可播种。由于菜豆胚根对温度、湿度比较敏感，为避免伤根，一般不进行催芽。

（2）豇豆

干燥处理　将精选好的种子晾晒 1～2d，严禁暴晒。

高温烫种　播前为了杀死附在种皮上的虫卵、病菌，可采用高湿烫种，即将精选好的种子放在盆中，用 90℃左右热水将种子迅速烫一下，随即加入冷水降温，保持水温 25～30℃，并浸种 4～6h，种子捞出稍晾后播种。由于豇豆对温度、湿度变化比较敏感，为避免幼根受伤，一般播前不行催芽。

药剂处理　方法同菜豆种子药剂处理。

任务记录单

任务名称：		指导教师：	
组号：		组长：	
时间	记录内容		
教师签名		时间	

考核评价单

<table>
<tr><td>任务名称：</td><td colspan="3">豆类蔬菜种子处理</td><td>小组组号</td><td colspan="3"></td></tr>
<tr><td>实施日期</td><td colspan="2"></td><td colspan="5">豆类蔬菜种子处理过程记录共________页</td></tr>
<tr><td>评价项目</td><td colspan="2">评价内容</td><td>分值</td><td>教师评价</td><td>学生评价</td><td>得分</td><td>总分</td></tr>
<tr><td rowspan="11">过程评价</td><td rowspan="4">工作态度</td><td>到岗情况</td><td>2%</td><td>1%</td><td>1%</td><td></td><td></td></tr>
<tr><td>认真负责</td><td>3%</td><td>2%</td><td>1%</td><td></td><td></td></tr>
<tr><td>与人沟通</td><td>2%</td><td>1%</td><td>1%</td><td></td><td></td></tr>
<tr><td>团队协作</td><td>3%</td><td>2%</td><td>1%</td><td></td><td></td></tr>
<tr><td rowspan="3">工作方法</td><td>学习能力</td><td>3%</td><td>1%</td><td>2%</td><td></td><td></td></tr>
<tr><td>计划能力</td><td>3%</td><td>2%</td><td>1%</td><td></td><td></td></tr>
<tr><td>解决问题能力</td><td>4%</td><td>3%</td><td>1%</td><td></td><td></td></tr>
<tr><td rowspan="4">实践操作</td><td>种子是否消毒</td><td>20%</td><td>15%</td><td>5%</td><td></td><td></td></tr>
<tr><td>精选种子的质量</td><td>10%</td><td>5%</td><td>5%</td><td></td><td></td></tr>
<tr><td>浸种容器和水量的选择</td><td>15%</td><td>14%</td><td>1%</td><td></td><td></td></tr>
<tr><td>投洗种子的次数和方法</td><td>15%</td><td>10%</td><td>5%</td><td></td><td></td></tr>
<tr><td>成果评价</td><td>实训报告</td><td>填写是否正确、规范</td><td>20%</td><td>16%</td><td>4%</td><td></td><td></td></tr>
</table>

任务 3.2 豆类蔬菜播种育苗

实施目的： 通过对豆类蔬菜进行育苗，了解其育苗过程，掌握蔬菜苗床准备及播种技术要点。

材料和用具： 大棚、豆类蔬菜种子、菜园土、有机肥、营养钵。

各组按下列要求进行操作。

1. 菜豆

(1) 播种

菜豆播种期一般是根据栽培设施条件和上市期来推算的，要求大棚内气温不低于5℃，10cm深处低温不低于10～12℃，并且能稳定1周左右。在长江流域播种期一般为2月上旬至2月下旬。

用营养钵育苗，装入营养土后，每钵放入种子2～3粒，上盖1cm厚细土，并用地膜覆盖保温增湿。白天温度控制在25～30℃，夜间18～20℃，约5～6d后出苗。出苗后，抓紧通风排湿，防治幼苗上胚轴伸长。

(2) 苗期管理

出苗后，要特别注意温度与湿度的管理，出苗率达85%以后要及时通风排湿。通风口要由小到大，逐渐降温，防止大风扫苗。待子叶展平、初生真叶展平后，控制白天温度25～28℃左右，夜间12～13℃，经10d左右的时间，每个营养钵内留2株苗为宜。

用营养钵育苗，营养土容易缺水，要时常观察苗情，及时补充水分。苗床浇水要

选择晴天中午，并拉开营养钵之间的距离，加大通风透光，防止徒长。育苗期间棚室农膜要清洁，早上要及时揭帘。阴雨天也要尽量揭帘，增加光照。苗床内发现病虫害要及时用药，如遇阴雨天气可用烟熏剂。

早春大棚菜豆栽培气温较低，为增加幼苗的抗逆能力，需要进行炼苗，时间3～5d。炼苗时白天提高温度增加通风量，使叶片加大蒸腾作用，夜间适当降低温度，锻炼其耐寒能力。

2. 豇豆

（1）播种

豇豆适合的栽培季节是在温暖和高温季节，长江流域以及南方地区，春、夏和秋季均可栽培。一般夏、秋季大多以直播为主，春季以育苗为主。育苗在保护地内进行，采用营养钵育苗。长江流域一带一般在3月中、下旬播种，华南地区可提早到2月播种。播种量每亩2.5～4kg左右，播种时原则上不浸种，不浇水，以防止春季多雨、床土湿度大而引起烂籽。

（2）苗期管理

豇豆苗龄控制在20～25d，苗期温度白天控制在28～30℃，夜间维持在22～25℃。分苗移栽在秧苗第一对真叶展开前进行。早春大棚豆类栽培气温较低，为增加幼苗的抗逆能力，需进行炼苗，时间为3～5d。炼苗后达到豇豆育苗生长点和最上面的一片叶平齐、叶片色泽深绿为最佳标准。

3. 毛豆

一般采用直播。

任务记录单

任务名称：		指导教师：	
组号：		组长：	
时间	记录内容		
教师签名		时间	

考核评价单

任务名称	豆类蔬菜播种育苗			小组组号				
实施日期		豆类蔬菜播种育苗过程记录共____页						
评价项目	评价内容		分值	教师评价	学生评价	得分	总分	
过程评价	工作态度	到岗情况	2%	1%	1%			
		认真负责	3%	2%	1%			
		与人沟通	2%	1%	1%			
		团队协作	3%	2%	1%			
	工作方法	学习能力	3%	1%	2%			
		计划能力	3%	2%	1%			
		解决问题能力	4%	3%	1%			
	实践操作	准备工作的完整性	2%	1.5%	0.5%			
		营养土配制的合理性	3%	2%	1%			
		消毒药的选择合理性	2%	1.5%	0.5%			
		播种量计算的准确性	6%	4%	2%			
		底水是否打透	4%	2.5%	1.5%			
		播种是否均匀、时间合理	3%	2%	1%			
		覆土厚度是否均匀合理	5%	4%	1%			
		塑料膜覆盖质量	5%	4%	1%			
		苗期管理是否正确	10%	8%	2%			
成果评价	播种育苗结果	出苗质量	10%	8%	2%			
		分析播种方法的合理性	10%	8%	2%			
	实训报告	填写是否正确、规范	20%	16%	4%			

任务 3.3 豆类蔬菜整地、地膜覆盖、定植

实施目的： 通过对豆类蔬菜地整地、地膜覆盖和定植，掌握蔬菜地块准备及地膜覆盖、定植技术要点。

材料和用具： 锄头、地膜、豆类蔬菜幼苗。

各组按下列要求进行操作。

1. 整地做畦

豆类不宜连作，前茬宜选择白菜、葱、蒜头或选择 2～3 年未种豆类作物的田块种植，最好是冬闲地。早耕深翻，促土壤熟化，一般每亩施腐熟的堆厩肥 3000kg、磷酸钙 30～40kg、草木灰或糠灰 50～75kg 或硫酸钾 10～20kg 作基肥。酸性土壤应适当施石灰，然后作成高畦，畦宽 133cm（连沟），并开好深沟。

2. 地膜覆盖

覆盖地膜的方法：喷除草剂后要立即覆膜，人工覆膜时最少应 3 人一组，将地膜的一端先在垄或畦的一起始端埋好踩实后，一人铺展地膜，两人分别在畦两侧培土将地膜边缘压上，地膜要拉紧、铺正，并与垄面紧密接触，将边缘压紧封严。覆盖面积，即透明部分的宽度，要占垄（畦）面的 3/5，流出垄沟用于田间作业和灌水。

3. 定植

当第一对初生真叶至第一片复叶展开时为定植适期，苗龄 20～25d 为宜。定植深度以把纸钵埋没土中为度，定植时要浇定植水。

任务记录单

任务名称：		指导教师：	
组号：		组长：	
时间	记录内容		
教师签名		时间	

考核评价单

任务名称	豆类整地、地膜覆盖、定植			小组组号			
实施日期		豆类整地、地膜覆盖、定植过程记录共____页					
评价项目	评价内容		分值	教师评价	学生评价	得分	总分
过程评价	工作态度	到岗情况	2%	1%	1%		
		认真负责	3%	2%	1%		
		与人沟通	2%	1%	1%		
		团队协作	3%	2%	1%		
	工作方法	学习能力	3%	8%	2%		
		计划能力	3%	2%	1%		
		解决问题能力	4%	3%	1%		
	实践操作	准备工作完整性	2%	1.5%	0.5%		
		整地的精细程度	3%	2%	1%		
		地膜覆盖质量	5%	4%	1%		
		定植时期合理性	5%	4%	1%		
		底肥使用方法是否合理	3%	2%	1%		
		定植的深度	2%	1.5%	0.5%		
		定植的密度	5%	3%	2%		
		缓苗状况	5%	4%	1%		
		定植熟练程度	10%	8%	2%		
成果评价	定植结果	苗成活率及质量	10%	8%	2%		
		分析定植方法的合理性	10%	8%	2%		
	实训报告	填写是否正确、规范	20%	16%	4%		

任务 3.4 豆类蔬菜肥水管理

实施目的：根据豆类蔬菜生长情况和生长时期，掌握豆类蔬菜常用的排灌技术措施和施肥方法。

材料和用具：豆类蔬菜植株、化肥、农具。

各组按下列要求进行操作。

合理浇水时应浇小水，不能大水漫灌。苗期严格控制浇水量，浇透底水和缓苗水后不浇水或少浇水，此时土壤含水量大会影响开花结荚。第一个花序坐住后加大浇水量，促进豆荚生长。进入盛荚期后减少浇水，防止落花落荚。

施生根性肥料为提高根系活力，低温季节应以施用生根性的海藻酸、甲壳素、腐殖酸类肥料为主，促进毛细根生长。尽量减少复合肥的施用，可以使用全水溶性肥料代替复合肥。

控制用肥量在施足基肥的基础上，开花结荚前一般不需要施肥，第一花序坐住后再适当施肥，进入盛荚期后不再大量施肥。后期施肥应少量多次，有利于根系吸收。

任务记录单

<table>
<tr><td colspan="2">任务名称：</td><td colspan="2">指导教师：</td></tr>
<tr><td colspan="2">组号：</td><td colspan="2">组长：</td></tr>
<tr><td>时间</td><td colspan="3">记录内容</td></tr>
<tr><td></td><td colspan="3"></td></tr>
<tr><td></td><td colspan="3"></td></tr>
<tr><td></td><td colspan="3"></td></tr>
<tr><td></td><td colspan="3"></td></tr>
<tr><td></td><td colspan="3"></td></tr>
<tr><td></td><td colspan="3"></td></tr>
<tr><td></td><td colspan="3"></td></tr>
<tr><td></td><td colspan="3"></td></tr>
<tr><td>教师签名</td><td></td><td>时间</td><td></td></tr>
</table>

考核评价单

<table>
<tr><td>任务名称</td><td colspan="2">豆类蔬菜肥水管理</td><td>小组组号</td><td colspan="4"></td></tr>
<tr><td>实施日期</td><td></td><td colspan="6">豆类蔬菜肥水管理过程记录共＿＿＿＿页</td></tr>
<tr><td>评价项目</td><td colspan="2">评价内容</td><td>分值</td><td>教师评价</td><td>学生评价</td><td>得分</td><td>总分</td></tr>
<tr><td rowspan="13">过程评价</td><td rowspan="4">工作态度</td><td>到岗情况</td><td>2%</td><td>1%</td><td>1%</td><td></td><td rowspan="16"></td></tr>
<tr><td>认真负责</td><td>3%</td><td>2%</td><td>1%</td><td></td></tr>
<tr><td>与人沟通</td><td>2%</td><td>1%</td><td>1%</td><td></td></tr>
<tr><td>团队协作</td><td>3%</td><td>2%</td><td>1%</td><td></td></tr>
<tr><td rowspan="3">工作方法</td><td>学习能力</td><td>3%</td><td>8%</td><td>2%</td><td></td></tr>
<tr><td>计划能力</td><td>3%</td><td>2%</td><td>1%</td><td></td></tr>
<tr><td>解决问题能力</td><td>4%</td><td>3%</td><td>1%</td><td></td></tr>
<tr><td rowspan="6">实践操作</td><td>准备工作的完整性</td><td>4%</td><td>2.5%</td><td>1.5%</td><td></td></tr>
<tr><td>施肥方案制定是否合理</td><td>6%</td><td>3%</td><td>3%</td><td></td></tr>
<tr><td>有机肥施用量计算</td><td>10%</td><td>8%</td><td>2%</td><td></td></tr>
<tr><td>化肥使用量计算</td><td>5%</td><td>4%</td><td>1%</td><td></td></tr>
<tr><td>施肥时期</td><td>15%</td><td>8%</td><td>7%</td><td></td></tr>
<tr><td>施肥方法及操作</td><td>2%</td><td>2%</td><td>0.5%</td><td></td></tr>
<tr><td rowspan="3">成果评价</td><td rowspan="2">施肥结果</td><td>总体效果</td><td>10%</td><td>8%</td><td>2%</td><td></td></tr>
<tr><td>分析植株施肥的合理性</td><td>10%</td><td>8%</td><td>2%</td><td></td></tr>
<tr><td>实训报告</td><td>填写是否正确、规范</td><td>20%</td><td>16%</td><td>4%</td><td></td></tr>
</table>

任务 3.5 豆类蔬菜病虫害防治

实施目的： 了解豆类蔬菜主要病虫害发生的原因，掌握各种病虫害综合防治的方法。

材料和用具： 豆类蔬菜植株，农用喷雾器、各类农药、口罩、乳胶手套、量杯等。

各组按下列要求进行操作。

1. 基本情况调查

1）了解掌握豆类蔬菜常见病害和常见虫害。

2）了解豆类蔬菜主要病害的侵染途径、发生发展的规律。

3）了解和掌握豆类蔬菜主要病害的种类、发生情况和规律。

4）了解当地气候条件对豆类蔬菜生长发育规律及菜园病虫害发生发展的影响。

5）了解当地常见农药的种类和使用情况。

2. 制定原则和要求

1）贯彻"预防为主，综合防治"的方针，综合运用各种防治措施，控制有效生物危害，并将农药残留降低到规定标准的范围。

2）本着国内人民绿色消费意识的增强和国际贸易农残检测标准的异常严格以及技术绿色壁垒的保护角度出发，提出豆类生产过程要改进传统方法，向精准方向推进。

3）从当地实际出发，目的明确，内容具体，有一定的可操作性。

任务记录单

<table>
<tr><td colspan="3">任务名称：</td><td colspan="2">指导教师：</td></tr>
<tr><td colspan="3">组号：</td><td colspan="2">组长：</td></tr>
<tr><td>时间</td><td colspan="4">记录内容</td></tr>
<tr><td></td><td colspan="4"></td></tr>
<tr><td></td><td colspan="4"></td></tr>
<tr><td></td><td colspan="4"></td></tr>
<tr><td></td><td colspan="4"></td></tr>
<tr><td></td><td colspan="4"></td></tr>
<tr><td></td><td colspan="4"></td></tr>
<tr><td></td><td colspan="4"></td></tr>
<tr><td></td><td colspan="4"></td></tr>
<tr><td></td><td colspan="4"></td></tr>
<tr><td></td><td colspan="4"></td></tr>
<tr><td></td><td colspan="4"></td></tr>
<tr><td>教师签名</td><td colspan="2"></td><td>时间</td><td></td></tr>
</table>

考核评价单

<table>
<tr><td>任务名称</td><td colspan="3">豆类蔬菜病虫害防治</td><td colspan="2">小组组号</td><td colspan="2"></td></tr>
<tr><td>实施日期</td><td></td><td colspan="6">豆类蔬菜病虫害防治过程记录共______页</td></tr>
<tr><td>评价项目</td><td colspan="2">评价内容</td><td>分值</td><td>教师评价</td><td>学生评价</td><td>得分</td><td>总分</td></tr>
<tr><td rowspan="10">过程评价</td><td rowspan="4">工作态度</td><td>到岗情况</td><td>2%</td><td>1%</td><td>1%</td><td></td><td></td></tr>
<tr><td>认真负责</td><td>3%</td><td>2%</td><td>1%</td><td></td><td></td></tr>
<tr><td>与人沟通</td><td>2%</td><td>1%</td><td>1%</td><td></td><td></td></tr>
<tr><td>团队协作</td><td>3%</td><td>2%</td><td>1%</td><td></td><td></td></tr>
<tr><td rowspan="3">工作方法</td><td>学习能力</td><td>3%</td><td>1%</td><td>2%</td><td></td><td></td></tr>
<tr><td>计划能力</td><td>3%</td><td>2%</td><td>1%</td><td></td><td></td></tr>
<tr><td>解决问题能力</td><td>4%</td><td>3%</td><td>1%</td><td></td><td></td></tr>
<tr><td rowspan="3">实践操作</td><td>病、虫害观察正确，态度认真</td><td>13%</td><td>8%</td><td>5%</td><td></td><td></td></tr>
<tr><td>药品选择与病虫害对症，配制药液浓度准确</td><td>15%</td><td>10%</td><td>5%</td><td></td><td></td></tr>
<tr><td>喷药时间正确，喷药均匀，注意个人安全防护</td><td>12%</td><td>6%</td><td>6%</td><td></td><td></td></tr>
<tr><td rowspan="3">成果评价</td><td rowspan="2">病虫害防治结果</td><td>总体效果</td><td>10%</td><td>8%</td><td>2%</td><td></td><td></td></tr>
<tr><td>有无药害</td><td>10%</td><td>8%</td><td>2%</td><td></td><td></td></tr>
<tr><td>实训报告</td><td>填写是否正确、规范</td><td>20%</td><td>16%</td><td>4%</td><td></td><td></td></tr>
</table>

任务 3.6 豆类蔬菜采收及采后处理

实施目的： 了解豆类蔬菜主要采收及采后处理，掌握各种豆类蔬菜分级和采后处理法。

材料和用具： 豆类蔬菜果实，集装箱、冷库、打蜡机、包装机等。

各组按下列要求进行操作。

1. 采收

豆类蔬菜必须在适宜的成熟期采收，方能保证品质运入包装厂和贮藏性能，大多数的采菜是人工采收。豆类蔬菜采收后装入大箱，然后运入工厂。挑选，剔除残品。采收时间均在清晨气温最低时候采收。这时采收的整形，分级蔬菜温度低，可减少预冷的时间和费用，并能保持更好的品质。

2. 按体形大小分级

按照果品的大小分级进行分级。

3. 包装加工或出口

包装不适合较严格的分级蔬菜的包装工作。包装厂收购的蔬菜一开始就注意存放在阴凉的地方，并立即清除残次品，进行分级，装入商品包装物内，放入冷库冷却贮藏，待上市或出口。

任务记录单

<table>
<tr><td colspan="2">任务名称：</td><td colspan="2">指导教师：</td></tr>
<tr><td colspan="2">组号：</td><td colspan="2">组长：</td></tr>
<tr><td>时间</td><td colspan="3">记录内容</td></tr>
<tr><td></td><td colspan="3"></td></tr>
<tr><td></td><td colspan="3"></td></tr>
<tr><td></td><td colspan="3"></td></tr>
<tr><td></td><td colspan="3"></td></tr>
<tr><td></td><td colspan="3"></td></tr>
<tr><td></td><td colspan="3"></td></tr>
<tr><td></td><td colspan="3"></td></tr>
<tr><td></td><td colspan="3"></td></tr>
<tr><td></td><td colspan="3"></td></tr>
<tr><td>教师签名</td><td></td><td>时间</td><td></td></tr>
</table>

考核评价单

<table>
<tr><td>任务名称</td><td colspan="3">豆类蔬菜采收和采后处理</td><td colspan="2">小组组号</td><td colspan="3"></td></tr>
<tr><td>实施日期</td><td colspan="2"></td><td colspan="6">豆类蔬菜采收和采后处理过程记录共______页</td></tr>
<tr><td>评价项目</td><td colspan="2">评价内容</td><td>分值</td><td>教师评价</td><td>学生评价</td><td>得分</td><td>总分</td></tr>
<tr><td rowspan="10">过程评价</td><td rowspan="4">工作态度</td><td>到岗情况</td><td>2%</td><td>1%</td><td>1%</td><td></td><td></td></tr>
<tr><td>认真负责</td><td>3%</td><td>2%</td><td>1%</td><td></td><td></td></tr>
<tr><td>与人沟通</td><td>2%</td><td>1%</td><td>1%</td><td></td><td></td></tr>
<tr><td>团队协作</td><td>3%</td><td>2%</td><td>1%</td><td></td><td></td></tr>
<tr><td rowspan="3">工作方法</td><td>学习能力</td><td>3%</td><td>8%</td><td>2%</td><td></td><td></td></tr>
<tr><td>计划能力</td><td>3%</td><td>2%</td><td>1%</td><td></td><td></td></tr>
<tr><td>解决问题能力</td><td>4%</td><td>3%</td><td>1%</td><td></td><td></td></tr>
<tr><td rowspan="3">实践操作</td><td>成熟度断定</td><td>13%</td><td>8%</td><td>5%</td><td></td><td></td></tr>
<tr><td>采收操作熟练</td><td>15%</td><td>10%</td><td>5%</td><td></td><td></td></tr>
<tr><td>预冷操作熟练</td><td>10%</td><td>6%</td><td>4%</td><td></td><td></td></tr>
<tr><td rowspan="3">成果评价</td><td rowspan="2">采收及采后处理结果</td><td>采收和采后处理量</td><td>10%</td><td>5%</td><td>5%</td><td></td><td></td></tr>
<tr><td>总体效果</td><td>10%</td><td>6%</td><td>4%</td><td></td><td></td></tr>
<tr><td>实训报告</td><td>填写是否正确、规范</td><td>20%</td><td>16%</td><td>4%</td><td></td><td></td></tr>
</table>

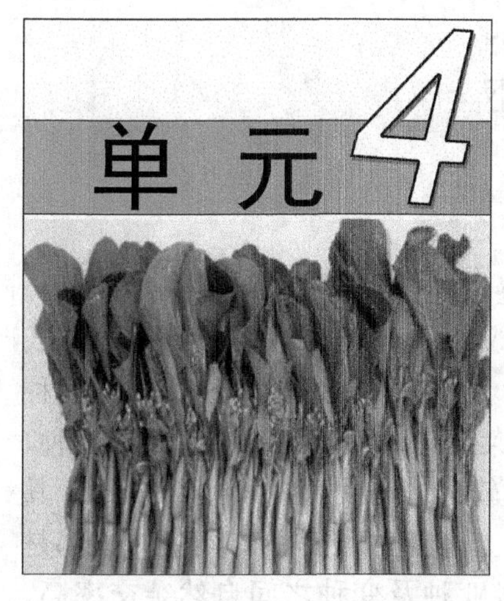

白菜类蔬菜生产

知识目标

掌握白菜类蔬菜的主要种类和共同特性，主要种类的生物学特性，白菜类蔬菜生产基本常识；会根据栽培设施及栽培季节，正确选择白菜类栽培品种；会制定白菜类生产计划，能够正确地进行生产。

技能要求

掌握白菜类蔬菜育苗、肥水管理、病虫害防治。

白菜类蔬菜如大白菜、甘蓝是人们喜爱的蔬菜，它们营养丰富、产量高、经济产值高，深受蔬菜种植户的青睐。

4.1 概　述

4.1.1 白菜类的种类

白菜类蔬菜是指十字花科芸薹属植物，包括芸薹、甘蓝和芥菜 3 个种（图 4-1）。芸薹种包含芜菁亚种、白菜亚种和大白菜亚种。芜菁亚种有明显的叶柄，叶片深裂或全裂，具膨大的肉质根，属根菜类蔬菜。白菜亚种叶片开张，株型较矮小，多数品种叶片光滑，具明显的叶柄，无明显的叶翼。有普通白菜变种、乌塌菜变种、菜薹变种、紫菜薹变种、薹菜变种及分蘖变种。大白菜亚种株型较大，有明显的叶柄和叶翼。其中有散叶变种、半结球变种、花心变种及结球变种。上述亚种及变种的染色体数都是 $2n=2x=20$。并且具有同一个基本染色体组，所以各亚种及变种之间自然杂交率高。甘蓝种包括结球甘蓝、花椰菜、抱子甘蓝、羽衣甘蓝、球茎甘蓝、芥蓝等变种；芥菜包括叶用芥菜、茎用芥菜、根用芥菜和籽用芥菜等变种。

大白菜 乌塌菜 芥菜

小白菜 甘蓝 花椰菜

紫甘蓝 西兰花 菜薹

图 4-1　不同白菜类蔬菜

4.1.2 白菜类的特性

白菜类蔬菜属于喜冷凉的作物，有较强的耐寒性，耐热性弱，适宜栽培的月均温为15～20℃。乌塌菜和薹菜在白菜类中耐寒性最强，普通白菜有些品种较耐热。种子萌动后或幼苗在15℃以下的低温条件下，经过一定时期可完成春化过程。长日照及较高的温度（18～22℃）条件，有利于抽薹、开花和种子成熟。适合于秋季栽培。生物学特性相同或相似，在栽培技术上也有许多相同点。

1）白菜类蔬菜喜温和气候条件，适于在月均温10～22℃的季节栽培。月均温在25℃生长不良。它们大部分有较强的耐寒性，其中大白菜、茎用芥菜、花椰菜等属于半耐寒性蔬菜，能耐轻霜。

2）白菜类蔬菜需要在低温条件下完成春化阶段，长日照条件下完成光照阶段，才能完成整个生育周期。栽培中注意其生长发育规律，避免发生早期抽薹现象，影响产量。

3）根系浅而吸水力弱，叶面积大，蒸腾耗水多，要求较高的土壤含水量和较大的空气湿度，在栽培中应注意及时灌溉。

4）生长速度快、产量高，需要较多的矿质营养，要求肥沃的土壤。施肥以氮肥为主，注意磷、钾肥的配合使用。氮肥可促进叶丛生长，对产量和品质的影响最大；磷、钾有利于叶球的充实，也有利于花薹的分化与发育。

5）此类蔬菜具有共同的病虫害，尤其是病毒病、霜霉病、软腐病、白斑病、黑斑病、黑腐病等，生产上应注意轮作。

6）用种子繁殖，可直播或育苗移栽。

4.2 大白菜生产

大白菜，别名结球白菜、黄芽菜、包心白菜等，是十字花科芸薹属芸薹种的一个变种，以叶球为产品，为一、二年生草本植物。球叶中水分含量大，叶球品质柔嫩，含有碳水化合物、蛋白质、矿物质及维生素等多种营养物质，在我国许多地区主要作为秋冬蔬菜，也有一些适合于春夏栽培的生态类型。

4.2.1 生物学特性

1. 植物学特征

（1）根

大白菜根为浅根性直根系植物。主根较发达，上粗下细，生有大量侧根。主根入土不深，一般在60cm左右，侧根多分布在地表下25～35cm的土层中，根系横向扩展的直径约为60cm。

（2）茎

大白菜茎在不同发育时期有不相同形态，营养生长时期的茎称为营养茎或短缩茎，生殖生长期抽生为花茎。

营养茎 从苗期到营养生长结束，以叶片增长为主，叶片多，排列紧密，节间短。营养茎很短，一般4～7cm，呈球形或短圆锥形，故称为短缩茎。

花茎 在莲座末期至结球初期，茎顶端已发育成花序。通常在贮藏后期和生殖生长期，茎伸长而成为花茎。花茎顶端抽出主茎，叶腋间的芽抽生侧枝。侧枝还可长出一、二级侧枝，基部分枝较长，上部分枝较短，使植株呈圆锥形。花茎高度可达60～100cm。

(3) 叶

有子叶、初生叶、莲座叶、球叶、花茎叶5种形态。

子叶 子叶两枚，肾形，对生，光滑，绿色，有叶柄。种子萌发时子叶出土。

初生叶 子叶展平后，出现的第一对叶片为初生叶。属于真叶，对生，与子叶呈十字形排列，故此期称为“拉十字”。

莲座叶 初生叶出现后到球叶形成前的叶片称为莲座叶。

莲座叶具板状叶柄，有叶翼，叶片宽大，有皱褶，边缘波状。由2～3个叶环组成，2/5或3/8叶序排列。主要功能是进行光合作用，制造养分，是主要的同化器官。

球叶（叶球叶） 是叶的一种变态，是同化产物的贮藏器官，也是产品器官。球叶向心抱合形成叶球，球叶数目因品种而异，30～80片不等。外层的球叶因见光，呈绿色，内层的球叶呈白色或淡黄色。球叶多呈皱褶、抱合状态。球叶的数目和抱合方式因不同生态型、变种、品种而异。球叶互生，抱合方式有褶抱、叠抱、拧抱3种。

花茎叶 着生于花茎或花枝上的叶片称为花茎叶。是生殖生长时期的同化叶，叶片互生，叶腋间发生分枝。叶片较小，呈三角形。叶片抱茎而生，随生长部位升高，叶片渐小。

(4) 花

花为复总状花序，萼片4枚，绿色。花瓣4枚，黄或淡黄色，呈十字形排列。雄蕊6枚，4强2弱，花丝基部生有蜜腺。雌蕊1个，位于花中央，子房上位。属异花授粉作物，虫媒花。

(5) 果

果实为长角果，喙呈细长圆锥形。授粉后30d左右种子成熟，成熟后果皮纵裂、种子易脱落。果实未成熟时绿色，成熟后为枯黄色。

(6) 种子

种子球形，红褐色或褐色，少数黄色，千粒重2～3g，种子使用年限2～3年。

2. 对环境条件的要求

温度 大白菜喜温和冷凉的气候。生长期温度高于25℃，低于10℃均生长不良。种子发芽适宜的温度为20～25℃，发芽最低温度为8～10℃，低温条件下发芽需时间较长。在26～30℃的高温条件下发芽迅速，但幼苗虚弱，发生徒长。

光照 大白菜是需要中等强度光照的蔬菜。合理密植是获得高产的重要措施。但是光照太弱会严重影响植株的生长发育，当植株过密，光照不足时，则会造成叶片变

黄，变薄，叶片趋于直立生长，产量大幅度降低。大白菜为长日照植物。营养生长期间对日照时间要求不严格，但较短日光有利于叶球形成。开花结果期要求较长的日照。

水分　大白菜叶面积很大，是需水量很大的蔬菜。根为浅根性，根系不发达，不能充分利用土壤深层的水分，因此，生育期内应供应充足的水分。幼苗期土壤干旱，极易因高温干旱而发生病毒病，故应经常浇水，降低地温，保持土壤湿润。莲座期浇水应适当，过多易引起徒长，影响根系下扎和包心。结球期应大量浇水，保持土壤湿润，保证叶球迅速生长。应避免忽干忽湿，否则，灌水不均会造成叶球开裂。结球后期及采收期应适当少浇水，防止叶球开裂且便于收获贮藏。

小知识

幼苗期对外界温度条件有较强的适应性。适宜温度为22～25℃，在26～28℃的较高温度下，幼苗虽能生长，但生长不良，易感病毒病。莲座期要求温度条件较严格。适宜的温度为17～22℃，温度过高，莲座叶生长过快，但不健壮；温度过低，莲座叶生长迟缓。结球期对温度条件的要求最严格，适宜的温度为12～22℃。温度过高，光合作用减弱，而消耗作用增强，不利于养分的积累。结球前期要求的温度稍高些，结球后期要求的温度稍低些。结球期提高昼夜温差，以昼温16～25℃、夜温5～15℃时，对增加干物质积累，减少夜间呼吸消耗，提高产量，改善品质极为有利。一般昼夜温差以8～12℃为宜。休眠期要求的温度条件最低，以0～2℃为宜。在－2℃以下的低温条件下，易发生冻害。高于5℃，则呼吸作用旺盛，消耗养分多，花芽会加速分化，侧枝也会萌发。生殖生长期间，返青期和抽薹期需要的适宜温度为12～22℃，开花结果期为17～22℃。适当的高温有利于加速种子的成熟。

营养生长期：种子发芽适宜的温度为20～25℃，幼苗期适宜温度为22～25℃，莲座期适宜的温度为17～22℃，结球期对温度条件的要求最严格，适宜的温度为12～22℃。休眠期要求的温度条件最低，以0～2℃为宜。

生殖生长期：返青期和抽薹期需要的适宜温度为12～22℃，开花结果期为17～22℃。

土壤及营养　大白菜是高产蔬菜，对土壤的要求比较严格，以土层深厚、土质疏松、富含有机质的砂壤土、壤土和黏壤土为宜。适于中性、微酸性或微碱性的土壤栽培。

在肥料三要素中，对氮、钾肥的需要量最大，氮肥对促进植株生长，钾肥有利于同化物质运输，从而提高产量。适当配合磷、钾肥，可提高抗病性、改善品质。对钙的需求较敏感，钙吸收不足，会诱发干烧心等生理病害。

4.2.2　类型和品种

1. 类型

按生育期可分为早熟品种、中熟品种和晚熟品种，早熟品种生育期一般在50～60d左右，中熟品种在70～80d，晚熟品种在90d以上；按生理特性可分为春大白菜、夏大白菜和秋冬大白菜。春大白菜一般生长期短，较耐抽薹，夏大白菜的主要特点是抗热性好。按叶色可分为青帮型、白帮型和青白帮型。一般青帮比白帮品种抗性强，水分少，干物质含量高，耐贮藏。按叶球构成特点，可分为叶数型：球叶数较多但单个叶片较轻，叶中肋较薄，卵圆形多属此类；叶重型：球叶数少，但单个叶片较重，叶中肋较厚，平头型多属此类型；中间型：介于叶数和叶重类型之间；按叶球叶片抱合方式有叠抱、合抱、拧抱等类型。

按照进化过程、叶球形态和生态特性将大白菜亚种分为 4 个变种：散叶变种、半结球变种、花心变种和结球变种，其中结球变种又分为 3 个生态型：卵圆型、平头型、直筒型（图 4-2）。

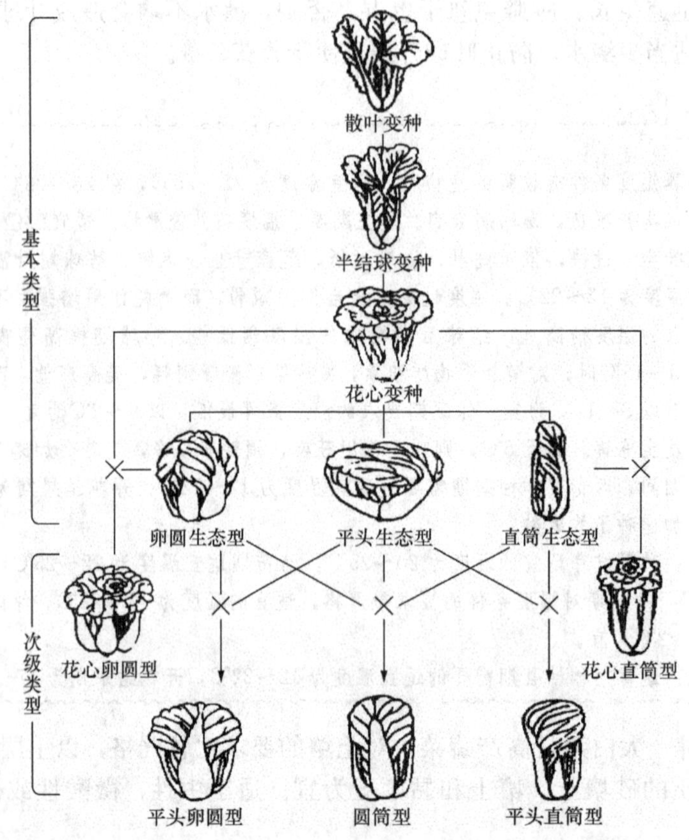

图 4-2　大白菜分类和进化过程示意图（李家文，1981）

（1）散叶变种

大白菜的原始类型，不形成叶球，食用莲座叶，抗逆性强，品质较差，已逐渐淘汰。

（2）半结球变种

叶球松散，球顶开放，呈半结球状态。耐寒性较强，对肥水要求不严格，莲座叶和叶球同为产品。多分布在东北、西北等高寒地区。代表品种有山西大毛边等。

（3）花心变种

植株矮小，能形成坚实的叶球，球顶不闭合，球叶顶端为白色、淡黄色或黄色，且向外翻卷，形成花心。早熟，生长期 60～80d，较耐热，可用于秋季早熟栽培及春季栽培。代表品种有北京翻心白、济南小白心、北京小杂 56 等。

(4) 结球变种

大白菜的高级变种，能形成坚实的叶球，球顶近于闭合或完全闭合。品质好，产量高，耐贮藏，栽培最普遍。该变种又分为以下3个基本生态型：

卵圆型（海洋性气候生态型） 叶球卵圆形，球形指数（即叶球高度与其横截面直径之比）约为1.5，球顶尖或钝圆，球叶褶抱，数目较多，属“叶数型”。多数品种生长期100～110d，少数早熟品种70～80d。适宜于生长在气候温和、空气湿润、天气变化不剧烈的环境中。栽培中心在我国山东半岛，故称为海洋性气候生态型。代表品种有山东福山包头、胶县白菜等。

平头型（大陆性气候生态型） 叶球倒圆锥形，球形指数接近1，球顶平，完全闭合，球叶叠抱，数目较少，属“叶重型”。多数品种生长期100～120d，少数早熟品种70～80d。要求气候温和、昼夜温差较大、光照充足的环境条件，故称大陆性气候生态型，但对气温变化剧烈、空气干燥的环境也有一定的适应性。栽培中心在山东西部及河南中南部。代表品种有山东冠县包头、菏泽包头、河南洛阳包头及山东四号等。

直筒型（交叉气候生态型） 叶球细长呈圆筒形，球形指数大于4，球顶尖，近于闭合，球叶拧抱，有“连心壮”的习性，生长期60～90d。栽培中心在河北东部及天津一带，该类型为海洋性和大陆性交叉气候生态型，对气候有很强的适应性，加之有连心壮的习性，各地引种较易成功。代表品种有天津青麻叶、河北玉田包尖、辽宁河头白菜等。

4.2.3 栽培季节与方式

过去，大白菜栽培主要在秋冬季节进行露地栽培，供应秋季及冬春季节消费。近年，随着蔬菜种植结构的调整，大白菜反季节栽培和周年供应越来越受到重视，因此传统的秋冬季节栽培比重逐年下降，而春大白菜和夏大白菜栽培比重不断提高。

1. 秋冬季大白菜

大白菜喜冷凉气候，因此，不论我国南方还是北方，都把大白菜栽培的正季，即主栽季节选择在气候温和冷凉的秋冬季节。由于地域差别，长江以南地区，越向南播种可以越晚些，越往北播种可越早些。比如在南京地区播种短期在8月中下旬，在华南地区可在9～11月份，在东北地区则要提早到7月中下旬。考虑到大白菜生长适温在10～22℃，在较高温度下，三大病害（霜霉病、病毒病和软腐病）发生严重，而且秋冬季大白菜品种耐热性一般较差，在生长季节允许的情况下，应尽量将播种期推迟。近年已育成一些生长期短的优良杂交种为推迟播种提供了可能。

2. 越冬大白菜

在西南和华南地区，如云南、贵州、四川、福建、广东、广西南部及海南等地均有越冬栽培大白菜的传统。利用冬季温和凉爽气候条件于秋冬季10～11月份直播或育苗，翌年3～4月份采收上市。但这种栽培方式仍要注意冬季抽薹的问题，特别是高山或高原地区，一方面要选用冬性强、耐抽薹品种如贵州黄点心2号、优质1号、福建连江白等，同时可采用地膜覆盖或扣小拱棚等办法进行覆盖保温，以提高品质，保证产量。

3. 春季大白菜

春季大白菜栽培不仅能调剂市场品种，也使大白菜生产者和经营者增加了效益。在江南和华南地区，春大白菜栽培一般在 2 月中旬和 3 月上中旬在塑料薄膜小拱棚中播种育苗，如果采用温室或大棚电热线加温育苗，育苗期还可提前。在 2 月下旬至 3 月下旬即可小拱棚覆盖栽培，根据定植期不同在 4 月下旬到 6 月份采收上市。选择生育期短，冬性强，耐抽薹，结球快，成熟早的品种，如日喀则 1 号、黄点心 2 号、鲁春白 1 号、“94-1”、北京小白口以及日本、韩国引进品种强势、四季王等。

4. 夏季大白菜

大白菜的生物学特性决定夏秋季节历来为大白菜供应淡季。近年随着耐热抗病品种的选择和夏季设施栽培技术的进步，使南方高温地区夏大白菜栽培成为可能，而且由于市场好，价格高，栽培面积不断增加。大白菜夏季栽培可在 5～7 月播种育苗，6～8月定植，8～9 月采收上市。由于夏季气候炎热，高温高湿多暴雨，因此，应选用耐热、抗病、结球性好，生长好，早熟的品种，如夏冠夏丰、小杂 55、小杂 56、夏阳、夏珍白等。在栽培技术方面宜采用设施遮阳育苗，遮阳防雨栽培或高山栽培。

4.2.4 栽培技术

1. 秋冬大白菜栽培

秋冬生产上存在的主要问题：不结球，病虫害严重。

(1) 品种选择

各地在引进和选用大白菜品种时，需注意以下几点：一要考虑到当地的食用习惯，选用适于当地栽培的品种。二是注意当地的气候条件、栽培季节和茬口衔接，选用生长期相当、抗病、丰产、耐贮藏的品种。为实现大白菜稳产、高产，最好选用生长期 80～90d 的品种，适当晚播，易于成功，也便于冬季贮藏。三是避免品种品牌太单一，最好每年种植 2～3 个品种，注意品种搭配，在安排好主栽品种的同时，搭配种植 1～2 个品种，可避免品种因气候不适或突然发病造成严重减产的被动局面，特别在选用杂种一代时尤应该注意这个问题。

(2) 整地、做畦、施基肥

大白菜根系深广，生长量大，最适于土层深厚、富含有机质、保肥、排灌良好的壤土、砂壤土，要求 pH 6.5～7 为宜。大白菜忌与十字花科蔬菜连作，前作以黄瓜、西瓜、葱蒜类、四季豆、豇豆、番茄和水稻为最适，并提倡实行 3 年轮作制。合理的轮作，对于减轻病害的蔓延有重要意义。

整地做畦 精细整地和深沟高畦栽培是实现苗齐、苗全和抗病丰产的重要措施。在整地过程中，必须做到深耕细耙，使土壤达到疏松、田块平整、肥力均匀的目的。

要求深沟高畦，一般畦宽 1.2～1.4m，畦沟深 20～25cm，宽 30cm，双行种植，畦长不超过 30m。

施基肥　秋冬大白菜产量高，生长期长，需施大量的有机肥作基肥。一般每亩田块施入腐熟厩肥 3000～4000kg 和过磷酸钙 25～30kg、钾肥 10kg。基肥的 2/3 可结合耕地撒施后耕翻，其余 1/3 在作畦时结合沟施或穴施。

(3) 播种育苗

大白菜可以直播，也可以育苗移栽。直播根系发达，抗旱适应性强，抗病力较强，植株生长快，有利于完成结球过程，不会因移苗而损坏根系和叶片，减少软腐病侵染的机会，因此，直播的往往比移栽的高产。在前作收获较晚或者因持续高温干旱、低温多雨（春播时）而不能露地直播时，为了争取季节，可采用育苗移栽。

直播法　分为条播和点播两种方法。条播是在畦面，按一定行距开 0.6～1cm 深的浅沟，将种子均匀地播于沟内，盖土平沟，每公顷用种量 2250～3000g。点播是按预定行株距，开浅穴深约 0.5cm，宽 10～15cm，每穴播种子 10～15 粒，盖土不见种子为度，并稍镇压，使种土密接，每公顷播种量 1500g 左右。直播田块要底墒充足，否则要点水播种或播后浇水。在 18～22℃发芽适温下两天齐苗。为防早秋干旱烈日，也可浮面覆盖遮阳网至出土时揭除。直播法要及时间苗，第一次在拉十字，第二次在 4～5 片真叶期，及时间去弱苗、劣苗和病苗，有缺苗时要及时补苗，到团棵期，即可按预定株距定苗。春大白菜栽培如采用直播法，宜用地膜覆盖，再加小棚覆盖。

育苗移栽法　采用营养土块、营养钵或穴盘育苗。培养土用腐熟堆厩肥及园土按 1∶(2～3) 配成，再加 0.1%复合肥掺和混匀，作为育苗床床土。播前整平耙细，浇透水，播种，播后覆土。夏季可用防雨棚遮阳网覆盖，防高温暴雨，及时浇水。一般苗龄 15～18d 即可定植，或者采用同样培养土放在塑料育苗钵中育苗。近年各地应用 128 穴的穴盘进行育苗，较传统育苗省工、省土、节能，可进行高密度优质育苗。在春季大白菜育苗时，多利用温室大棚内进行电热线育苗，将穴盘和营养钵直接放在电热温床上育苗，地温控制在 20℃，气温在 15℃以上的标准下进行管理，以防止早期抽薹的发生。

定植的苗龄，即使营养钵、穴盘育苗，也宜小不宜大，一般苗龄 18～20d 四叶一心至五叶一心期为适期。

(4) 种植密度

合理密植是优质高产的重要措施。它依品种、气候、土壤和肥水条件等而异。中、晚熟每公顷 45 000～52 500 株，大型品种比中、早熟小型品种，莲座叶披展型品种比直立型品种要稀。据长江流域蔬菜高产协作组的连续试验结果表明，晚熟品种莲座叶披展型的每公顷栽 25 000～27 000 株为宜，而莲座叶较直立的则以 31 500～34 500 株为宜，早熟品种中株型小的夏丰、早熟 5 号等每公顷栽 52 500～75 000 株，而株型稍大的鲁白 6 号，以 42 000～45 000 株为适。中熟品种密度，介于早晚熟品种之间。

(5) 肥水管理

根据大白菜的地上和地下部生长动态和需肥需水规律，在充分发挥肥效的前提下，以缓效性基肥为主体，务使全生长期都不缺肥。随着生长量的急增，对氮、钾需求增大，氮、钾营养直接影响莲座叶生长和叶球充实及抗病性的提高。肥水管理依不同生长期分期管理。苗期生长量虽小，根系不发达，吸水肥能力弱，同时南方各地易发生秋旱，要求勤水薄肥，保持土壤湿润，早秋有降低土温和防病之效。结合间苗，依苗情浇施1次提苗肥。莲座期根系和叶片生长量骤增，充足的肥水管理保证莲座叶的强盛生长是优质高产栽培关键。施用追肥总量的40%，宜施用速效性肥料为“发棵肥”，此期如脱肥，则莲座叶生长不良，即使结球期再施肥也不能挽救，故亦称“临界肥”。一般在定苗后结合中耕培土每公顷施腐熟稀粪肥7500～15 000kg或尿素150kg，过磷酸钙150kg，硫酸钾75～150kg，然后灌水1次。以后视土壤墒情，肥水干干湿湿为原则，防止水分过多引起徒长。

结球期生长量最大，是肥水吸收量最多的时期，此时施用追肥总量的50%，重点在结球始期和中期，即所谓“抽筒肥”和“灌心肥”。一般开始包心时，立即追施腐熟粪尿，每公顷22 500kg，尿素150kg，过磷酸钙和硫酸钾各150～225kg，晚熟品种结球过程中，视生长情况，补施灌心肥每公顷复合肥375kg左右，此期要浇大水，经常保持土壤湿润，直到收获前1周停止浇水，以免水分过多，不耐贮藏。

近年来由于大量施用化学肥料引起土壤劣化，出现多种缺素症，例如：

干烧心（心腐病） 主要是由于土壤缺钙或土壤虽不缺钙，但由于过量施化肥（NH_4^+，K^+，Mg^{2+}）引起拮抗作用，干燥或多雨土壤盐渍化，盐分浓度达0.3%以上，都会引起根系的钙吸收障碍。预防方法为注意深耕和排水，多施有机肥，防止过量施用化肥，选用耐缺钙品种，适当提前采收，用200倍氯化钙液在结球始期叶面施2次，有一定效果。

芝麻症 中肋发生许多黑色芝麻点，商品性下降。原因复杂，主要是氮素过剩，结球期硼、铁吸收不足，或锰、铜、锌过量吸收，都会出现此症状。可多施有机肥，避免过量使用化肥和选择抗性强的品种等来防治。

干裂症 中肋内侧发生纵、横向龟裂，后呈木栓化状态，并发生褐变呈干燥状态，主要是缺硼所致。硼素和钙素一样，铵态氮和钾能与其发生拮抗作用。要避免过量施用氮素化肥，缺硼田块可每公顷施硼砂12kg与有机肥料混合使用，选用耐缺硼品种，在结球始期，用200倍硼酸叶面喷施2次，有一定效果。

(6) 病虫防治

我国南方大白菜以软腐病、霜霉病、病毒病和炭疽病危害最严重，宜采用综合防治措施。如实行轮作，避免与十字花科蔬菜连作；选用抗病品种；适期播种；遮阳网、防虫网覆盖育苗；用银灰反光地膜覆盖；深沟高畦；深施多施有机肥，避免植株受伤及配合药剂防治等。幼苗期要防治蚜虫防病毒病。苗期和莲座期重点防霜霉病和炭疽病，可用40%乙磷铝可湿性粉剂200～400倍，或25%甲霜灵可湿性粉剂800倍溶液，或75%百菌清粉剂600～800倍等溶液，每7～10d喷洒1次，连喷2～3次。软腐病的防治可于结球初期，每7～10d喷200～250mg/kg的农用链霉素3～4次。虫害主要有蚜虫、黄条跳甲、斜纹夜蛾、菜青虫、小菜蛾等，可采用Bt乳剂、抑太保等农药和40%乐果乳剂、25%敌杀死、20%氯氰菊酯乳剂和50%辟蚜雾（抗蚜威）等交替使用。

(7) 采收

手压叶球球顶有坚实感即达成熟，可采收。早熟种要及时采收，防止裂球，晚熟种在采收前，为防霜冻有用束叶的，或用稻草等离球顶10～15cm处把外叶捆起，这样既防冻又便于采收。南方可留在田间，依市场需要分期采收上市。大白菜产量较高，早中熟种每公顷产45 000～52 500kg，晚熟种可产75 000kg叶球。

采收方法有“砍菜”和“拔菜”两种方法。砍菜是用刀或铲砍断主根；拔菜是连同主根拔起。

采后处理　砍菜伤口大，收后要晾晒，使伤口干燥愈合，减少贮藏中腐烂损失。拔菜伤口较小也易愈合，但要等根部所带泥土脱落后才能入窖。上市前应去除外部老叶和主根，进行分级包装，做到净菜出售。

贮藏保鲜　大白菜耐藏性较好，可采用堆藏（垛藏）、沟藏、窖藏、机械贮藏和气调贮藏。

小结 ☞

本节主要介绍了白菜类蔬菜的栽培通性，同时介绍了大白菜的栽培技术。要重点把握大白菜的发育过程及栽培技术。

拓展知识　**大白菜的生理障碍**

干烧心，又称顶烧病、内腐病、内部变褐病、缘腐病等，由缺钙引起的生理病害。

裂球与空心叶球开裂原因：①叶球形成后收获不及时；②叶球形成过程中遇到高温后水分过多；③过量施用氮肥。空心发生原因：缺钾、缺钙、缺氧都会造成空心。

不结球：播期不当，过早或过晚；肥水供应不足；前期抽薹等。

4.3　小白菜生产

小白菜也称不结球白菜、白菜、青菜、油冬菜等，是一类普遍栽培的大众化蔬菜。其种类品种多，生长期短，适应性广，高产，易种，可周年生产与供应，是克服蔬菜“淡季”和抗灾救灾的主要蔬菜种类之一。

4.3.1　生物学特性

1. 植物学特征

小白菜与大白菜的主要区别在于叶开张，株型较矮小，多数品种的叶片光滑，叶柄明显，没有叶翼。

根 根为直根系，浅根性，须根较发达，根系再生能力较强，适于育苗移栽。根系主要分布在表土层深度为10～13cm。

茎 茎在营养生长期内为短缩茎，直径为1～3cm。遇高温或过分密植时，植株徒长，短缩茎会伸长。进入生殖生长期，茎伸长而抽薹，花茎上常有2～3次分枝。花茎是菜薹类和薹菜类的主要食用器官，品质柔嫩。

叶 叶分为莲座叶和花茎叶两种。莲座叶着生在短缩茎上，为主要食用部分，又是同化器官。莲座叶多直立，叶序为2/5或3/8，一般有3个叶环。莲座叶呈倒卵形或阔倒卵形，亦有圆形、卵形、椭圆形等。叶长15～30cm，叶片绿色至深绿色。叶全缘波状，多数无毛，少数有茸毛。叶柄肥厚，横切面呈扁平、叶片光滑，多不皱缩，半圆形或扁圆形，一般无叶冀，白、绿白、浅绿或绿色。单株叶数一般十几片，塌菜类可达百片以上。进入生殖生长期，花茎伸长，花茎叶无叶柄，抱茎而生。

花、果实与种子 花为复总状花序，花冠黄色，完全花，花瓣4枚，十字形排列，雄蕊6个，四强雄蕊，雌蕊1个，异花授粉，虫媒花，花期约30d。与大白菜相同。果实为长角果，内含种子10～20粒，成熟角果容易开裂。种子近圆形，红褐或黄褐色，千粒重1.5～2.2g。种子比大白菜的小。

2. 对环境条件的要求

温度 发芽期适宜的温度为20～25℃，生长期适温为15～20℃，－3～－2℃能安全越冬，塌菜类可耐－10～－8℃，25℃以上的高温生长衰弱，易感病毒病。春季低于5℃时，须稍加保护设施。比大白菜温度适应性强，较耐寒耐热，但适于冷凉的气候。

白菜萌动的种子及绿体植株均可在低温条件下通过春化阶段。通过春化阶段要求15℃以下的气温，最适温度为2～10℃，经15～30d即完成春化阶段。但不同种类间差异较大，如菜薹类可以在10～28℃温度下通过春化阶段。

光照 白菜以绿叶为产品，产品形成要求较强的光照条件。在较强的光照下，叶色浓绿，株型紧凑，产量高而品质好。小白菜虽能够耐一定的弱光，但长时间光照不足，会引起徒长，降低产量和品质。光补偿点为1560～2080lx，光饱和点98～135klx。

白菜属长日照作物，通过春化阶段后，在12～14h的长日照条件和较高的温度（18～30℃）下迅速抽薹开花。

水分 白菜根系分布较浅，吸收能力较弱，而叶片柔嫩，蒸腾作用较强，耗水量大，所以需要较高的土壤湿度和空气湿度。在干旱的条件下，叶片小、产量低、品质差。

在不同的生长期，白菜对水分的要求不同。发芽期需水量不大，但要求土壤湿润，以促进发芽和幼苗出土。幼苗期叶面积较小，蒸腾耗水少，但根系很弱，吸收能力也弱，需要土壤见干见湿，供给适当的水分。莲座期叶片多而大，蒸腾作用旺盛，是产品形成期，需水量最大，应保证土壤处在湿润状态。在夏季等高温季节栽培时，应保持地面湿润，勤浇水，以降低地温，防止高温灼根和病毒病的发生。

土壤和营养 小白菜对土壤的适应性较强，但以富含有机质、保水保肥力强的壤土或砂壤土最合适。小白菜的产品，器官主要是叶子，它是植株的同化器官，对肥水

的需要量与植株的生长量是同步的，即植株的生长量越大，对肥水的需要量也就越多。尤其是氮肥，对小白菜的产量和品质影响最大。钾和硼对于小白菜的健壮生长、提高抗病性、增加产量也具有非常重要的作用。

4.3.2　类型和品种

小白菜在植物分类学上有5个变种，即普通白菜、塌菜、分蘖菜、薹菜和菜薹。栽培学上还有许多类型，栽培品种更多。

1. 普通白菜类

株型直立或开展，一般产量高品质好，适应性强，除北方寒冷地区外，适于周年栽培，是白菜中最主要的一类。按其栽培季节，又分为秋冬白菜、春白菜、夏白菜三类。

秋冬白菜　我国南方广泛栽培，品种多。株型直立或束腰，秋冬季栽培，翌春抽薹早。按叶柄色泽分为白梗菜和青梗菜两类。白梗菜代表品种有南京矮脚黄、常州短白梗、广东乌叶白等。青梗菜代表品种有上海矮箕、杭州早油冬、苏州青等。

春白菜　一般在冬季或早春种植，长江中下游地区在3～4月份抽薹，抽薹前采收供应市场。按其抽薹的早晚，又可分为早春菜和晚春菜。早春菜因其主要供应期在3月份、故称“三月白菜”，代表品种有南京亮白叶、无锡三月白、杭州半早儿等。晚春菜因主要供应期在4月份（少数品种可延长至5月初），故称“四月白菜”，代表品种有南京四月白、杭州蚕白菜、上海四月慢等。

夏白菜　为5～9月夏季高温季节栽培与供应的白菜，称“火白菜”、“伏白菜”。直播或育苗移栽，以幼嫩秧苗或成株供食用，具有生长迅速、抗逆性强的特点。代表品种有杭州火白菜、上海火白菜、南京矮杂1号等。

2. 塌菜类

植株塌地或半塌地，叶色浓绿至墨绿，叶面平滑或皱缩。耐寒力强，江南地区多在晚秋播种育苗，经冬季霜雪后，味甜优美，春节前后供应。

按株型分为塌地和半塌地两类。塌地型植株塌地、与地面紧贴，代表品种有常州乌塌菜、上海小八叶、中八叶、大八叶等。半塌地型植株开张角度与地面成45℃以内，如南京瓢儿菜、上海及杭州的塌棵菜、安徽黄心乌等。

3. 分蘖菜类

植株初生塌地，自短缩茎环生塌地基生叶十多片，此后各叶腋产生分蘖，每蘖生叶数片至十多片。耐寒性强，宜作春菜栽培，但栽培不普遍，主要集中于江苏南通地区。

4. 薹菜类

秋播时冬春形成肥大的圆锥形直根，除绿叶为主要食用器官外，直根与花薹幼嫩叶均可供食用。

5. 菜薹类

生产上主要有菜心和紫菜苔，是十字花科芸薹属白菜亚种的同一个变种。

菜心 又名菜薹、菜花等，原产中国，是我国南方的特产蔬菜之一，在广东和广西栽培历史悠久，品种资源丰富，可周年生产供应。我国现在许多大城市如北京、上海、天津、湖南、南京等地均有种植，栽培面积逐年扩大，一般在秋冬播种育苗，冬春收获。国外及中国港、澳地区也食用和栽培，是优质出口蔬菜之一。

紫菜薹 又名红菜薹、红油菜薹等，起源于我国中南部的四川和长江流域，是我国特产蔬菜。主要分布在长江流域，以四川、成都、湖北武汉和湖南长沙等地栽培较多。目前北京等地也有栽培，日本也有少量种植。

4.3.3 栽培季节与方式

白菜的消费特点一是供应与消费时间长，二是对商品性状要求严格。不少城市依当地的气候条件及市场消费习惯形成了一整套能周年生产的品种组合。为实现白菜的周年生产，在不同的季节选用适宜的品种，这是栽培成功的关键。首先要考虑品种的发育特性。例如冬春栽培则宜选冬性强的晚抽薹的春白菜品种，若用冬性弱的品种栽培，极易先期抽薹开花，产量极低。春季平均气温在12～15℃以上，天气转暖后，则可选用冬性弱的秋冬白菜作小白菜栽培。其次要注意选择具多抗性能适应性广的类型品种。当前，要着重选择抗高温、雷暴雨、抗低温、抗病以及晚抽薹等品种，并采取相应的遮阳网、防虫网、防雨棚覆盖等农业技术措施，才能确保不结球白菜的周年均衡优质高产。

白菜品种间对外界环境的适应性广，且在营养生长期间，不论植株大小，均可收获作为产品。因此扩大了栽培季节，可以周年生产与供应。栽培上一般分为以下3季：

1. 秋冬白菜

为最主要生产季节。一般育苗移栽，采收成长植株为主。江淮中、下游是8月上旬至10月上、中旬，华南地区一般自9～10月至12月陆续播种，分期分批定植，自10月开始，陆续采收供应至翌春2月份抽薹开花为止。早播的定植后约30d，迟播的50～60d才能采收，华南地区定植后20～40d即可收获，但产量品质在江淮中、下游地区均以9月上、中旬播者为佳。其中有专供加工腌渍的腌白菜品种。如高桩、瓢羹白等，在江淮中、下游地区宜于处暑至白露间播种，秋分定植，小雪前后采收腌制，质量最佳。耐寒性较强的塌菜品种和一些青梗菜，均宜于9月中、下旬播种，30d苗龄定植，至春节前后供应。

2. 春白菜

这季生产的白菜有“大菜”（有称“栽棵菜”的）和“菜秧”（有的叫“小白菜”、“鸡毛菜”等）之分。大菜是在前一年晚秋播种，以小苗越冬，次春收获成株供应，适

宜播期在江淮中、下游地区为10月上旬至11月上旬，华南地区可延至12月下旬至翌年3月。“小白菜”则是当年早春播种，采收幼嫩植株供食，其供应期为4～5月份，但江淮中、下游地区春分后播种的亦可栽植作“大菜”栽培供应。

3. 夏白菜

以栽培小白菜为主，自5月上旬至8月上旬随时可以播种，播后20～25d收获幼嫩的植株上市。其中7月中、下旬至8月上旬播种的，经间苗上市一批小白菜，或将间出的苗定植到大田为早秋白菜栽培，而留在原地长大的成株上市供应者，称为早汤菜或原地菜、漫棵菜、留菜等，不同地区称呼不一。

白菜在病虫害严重地区，特别要注意轮作，一般和瓜类、豆类、根菜类或大田作物轮种，并注意冻垡晒垡。在近郊人多地少地区，往往同年中在同一块地上连作2～4次白菜。连作必须增施有机肥，注意早耕晒白，加强病虫防治。白菜的间套混作制度比较普遍，常见的如春小白菜或春栽青菜与茄果类、豆类、瓜类、薯类间套作；夏秋白菜与芹菜、胡萝卜混播；秋季早秋白菜与花椰菜、甘蓝、秋马铃薯、韭菜、水葱、枸杞等间作，冬季与春甘蓝、莴笋等间作，此外，还可利用果桑园间作解决早春缺菜问题。利用不同品种与同一品种，在一个地区范围内实行排开播种，分期上市，达到周年供应的目的，这是白菜多次作栽培制度的重要特点。

4.3.4　栽培技术

1. 品种选择

小白菜在不同季节播种，需要采用不同品种。如在冬季、早春气温较低时播种，小白菜要选用冬性强、抽薹迟、耐寒、丰产的品种，如早生华京青梗菜、春水白菜；夏播则要选择耐热、耐风雨的品种，如矮脚黑叶，以获得较高产量。

2. 选地与整地

种植小白菜宜选择前作为非十字花科蔬菜、土壤肥沃、水利条件较好的地块，大田翻耕后，每亩田块施蔬菜专用复合肥50kg作基肥，做成宽2.5m（连沟）的畦，待定植。

3. 播种与育苗

小白菜可直播也可育苗移栽。具体视品种和栽培季节而定。一般春夏和早秋栽培的多行直播。秋冬和早春栽培的，多行育苗移栽。火白菜、矮抗青等适宜直播，迟青菜、四月慢等适宜育苗移栽。直播可以避免伤根，争取早上市，是8～9月高温期间早秋小白菜稳产高产的主要措施之一。育苗则便于创造幼苗的适宜生长环境，有利于争取季节，实现优质高产。

苗床地宜选择未种过同科蔬菜、保水保肥力强、排水良好的壤土。早春和冬季育苗还应选择向阳避风田块做苗床。将育苗地做成宽2m（连沟）的畦，每亩使用腐熟有机肥1000kg。

一般直播的，每亩田块播种量应控制在500～750g。育苗移栽的，每亩田块苗床播750～1500g。播种要均匀和适当稀播，播后踏实。出苗后间苗2～3次，适量追肥。苗6～7片真叶时定植大田。

夏白菜用种量依据栽培目的而定，作为鸡毛菜栽培的每亩用种量2.5～3kg；“一播三卖”的用种量1.2～1.5kg；作菜秧的用种量1kg。可采用防虫网和遮阳网全程覆盖栽培，以达到少用药和不用药的目的。

4. 间苗与定植

播种后2～3d出苗，幼苗开始“拉十字”时进行第1次间苗，宜早不宜迟，间去过密的小苗。当长出4张真叶时进行第2次间苗，淘汰病、弱苗，并根据上市要求保持一定的苗距。这时也可间苗上市。移栽的，苗龄控制在25d左右时定植。根据品种、栽培季节和栽培目的确定合理的密植密度，一般每亩田块栽10000株左右。

5. 肥水管理

在施足基肥的基础上，一般要追肥3～4次，每隔5～7d施1次，每次每亩使用蔬菜专用复合肥6kg。移栽的，定植后3～4d内要连续浇无害化稀水粪，以促进幼苗的发根与成活。浇水掌握轻浇、勤浇的原则。如遇干旱，除加大追肥时用水量外，还要早晚两头浇水，充分满足小白菜对水分的要求。如遇台风暴雨和梅雨季节，要注意及时清沟排水。

6. 防治病虫害

主要病害有软腐病、白斑病、霜霉病、炭疽病、病毒病等，以采用农业综合防治措施为主，辅以药剂防治，可选用的药剂有：甲基托布津、瑞毒霉等。主要害虫有蚜虫、菜青虫、菜螟、小菜蛾等，要从幼苗开始每隔5～7d左右喷20%速灭杀丁乳油2000倍液，或25%菊乐合酯3000倍液。第2次间苗后可改用抑太保2000倍液或Bt乳剂每亩田块100g兑水喷洒。喷药量要充足，力求均匀周到。

7. 适时采收

小白菜的采收时期与产量因生产季节不同而异，采收太早产量低，过迟则品质差，一般是叶柄由青转白时采收。2～3月播种者，播后50～60d可采收；4～5月播种者，播后30～40d可采收；6～8月播种者，播后25～30d可采收。主要应根据市场需要及时采收上市，如遇雷阵雨天气应抢在雨前采收，以减少脱帮、烂菜。

8. 商品化处理

白菜采收后，要随即削根，去除老叶，剔除幼小或感病的植株，分级装箱。特别是夏季采收的鸡毛菜、小白菜，要扎成小把，整齐排放在纸箱内，置于阴凉通风的场所，保持绿叶鲜嫩。有条件的地方可进行预冷处理，将排放整齐的小白菜装入专用的塑料包装袋内，袋口敞开，袋的侧面留有小孔换气，用紫外线灭菌，装入纸箱，用冷藏车恒温运输，在超市销售。

—— **小结** ☞ ——

本节主要介绍了小白菜的栽培要点。着重把握小白菜的茬口安排、栽培技术要点。

拓展知识　**小白菜留种技术**

小白菜留种分为大株留种和小株留种两种方法。

1）大株留种法：江淮地区一般在9月上旬播种，10月上旬定植，于11月间，选择生长健壮、具有本品种特征、无病虫害的优良植株做种株，以50cm×（33～50）cm行株距栽于采种田中，成活后施1次淡粪水。小白菜与大白菜、白菜型油菜、芜菁和其他小白菜品种易串花杂交，因此留种地周围与上述品种应有1000m的隔离区。大株耐寒能力较差，冬季管理上要注意防寒，可采取培土或施用垃圾、厩服等方法保温。耐寒性弱的长梗白菜，如高杆白，可切除叶身或将叶片束起来栽植，并在霜冻前覆草保温。大株留种占地时间长，成本高，但种子纯度好。

2）小株留种法：一般在10月上中旬播种，11月下旬至12月上旬栽植，株行距为16cm×20cm。栽植前和次年2月上旬分别对留种植株进行一次去杂去劣，留下生长健壮、具有本品种特征的做种株。其他田间管理同大株留种法。小株留种成本低，产量高，但种子纯度不及大株留种。白菜种子成熟时果荚开裂，所以在种株中部荚开始转黄时采收种株为宜。一般亩产种60～75kg。

4.4　菜薹生产

菜薹又名菜心，为十字花科芸薹属白菜亚种小白菜的一个变种，一二年生草本植物。原产中国，是我国华南地区的特产蔬菜之一。主要食用菜薹，菜薹质地柔嫩，风味独特，被誉为“菜中之后”，广州一年四季均有栽培，近几年我国各大城市郊区已逐步推广种植。

4.4.1　生物学特性

1. 植物学特征

菜薹根系浅，主要根群分布在3～10cm土层中。植株直立或半直立，叶卵圆或椭圆形，叶柄长，总状花序，有分枝。多数品种开黄花。长角果，种子小，近圆球形，黄褐至褐色，千粒重1.3～1.7g。

2. 环境条件的要求

温度　菜心喜温和气候，生长发育适宜温度15～25℃。不同生长期对温度要求不同，种子发芽和幼苗生长适温25～30℃，叶片生长期生长适温20～25℃，菜薹形成适期15～20℃。昼温20℃，夜温15℃时菜薹发育良好，产量高、品质佳。高于25℃虽生长快，但质粗、味淡。开花结果期最适宜温度为15～24℃。

光照 菜心属长日照植物，但多数品种对光周期要求不严格。花芽分化和菜薹生长快慢主要受温度影响。

水分 菜心根系浅，对水分要求严格，水分不足，生长缓慢，菜薹组织硬化粗糙；水分过多，则根系窒息，严重的会因沤根而死。

土壤及营养 菜心对矿质营养的吸收量，氮、磷、钾三要素之比3.5∶1∶3.4。每生产1000kg菜薹，需氮肥2.2～3.6kg、磷肥0.6～1.0kg钾肥1.1～3.8kg。对土壤的适应性较强，较耐酸性，但以富含有机质、排灌方便的砂壤土或壤土最适。

4.4.2 类型和品种

根据生长期的长短，可将菜薹的品种分为早、中、晚熟3种类型。

1. 早熟类型

植株和菜薹较小，腋芽萌发力弱，采收主薹。较耐热，对低温敏感，20℃以下温度容易提早抽薹。代表品种有：四九菜心、四九菜心19号、黄叶早心等。

2. 中熟类型

植株和菜薹中等，品质佳。主薹采收后可收侧薹，而以采收主薹为主，对低温较敏感。代表品种有：宝青60d、黄叶中心、青梗中心等。

3. 晚熟类型

植株和菜薹较大，腋芽萌发力较强，主薹采收后可收侧薹。较耐低温，在15℃左右温度可正常抽薹，20℃以上，抽薹缓慢，质量不佳。代表品种有：青柳叶迟心、迟心2号等。

4.4.3 栽培季节和茬口安排

菜心一年四季均可生产，按季节分四种。

春季栽培 3～4月份播种，5～6月份采收，病害多，菜薹品质较差，效益较低。

夏季栽培 5～6月份播种，此段时期气候较恶劣，高温高湿，台风暴雨，多易发生病害死苗，须有一定的保护设施。生长周期短产量较低，但效益较好。

秋季栽培 9～10月份播种，气温由高转低适宜菜薹发育，为全年生长最佳期，菜薹品质好，产量高，效益好。

冬季栽培 11月份～翌年2月份播种，易受霜冻危害，植株生长缓慢，一般需要保护地栽培，此期菜薹价格高，特别是春节期间，经济效益可观。

4.4.4　栽培技术与方式

1. 土壤要求与作畦

菜薹在砂壤、壤土和黏土均可生长。畦土要求适当细碎、平整。畦的高低可根据土质、水位和灌溉条件而定。能保持耕作层潮湿，便于浇灌，不会积水便可。

2. 播种育苗与栽植密度

直播和育苗均可。早、中熟品种的生长期短或较短，多行直播；晚熟品种可直播与移植栽培相结合。每亩播种量250～300g。播种前一般不需浸种催芽。宜撒播，播种要均匀。

由于菜薹有2～3片真叶时开始花芽分化，因此，根据不同品种对温度反应的敏感性，确定不同品种的适宜播种期是栽培菜薹的关键技术。在长江流域和华南地区，一般早熟品种生长期短、耐热，因此，对低温敏感的，安排在4～8月播种。中熟品种生长期稍长，对温度的适应性较广，适宜安排在9～11月播种。晚熟品种生长期较长，不耐热，抽薹迟，宜安排在10月至翌年3月播种。

菜薹在夏季，播种后可用短秆草稀疏地撒于畦面，可防止高温、暴雨、土壤板结对幼苗的不利影响。出苗后，子叶开展，及时间苗1～2次，苗距3cm左右。如播种过密，间苗不及时，幼苗胚轴伸长，苗细弱徒长，影响幼苗移栽成活和植株的生长。

培育嫩壮苗应注意苗期的肥水管理。育苗应以基肥为主，每亩田块施腐熟有机肥1000～1500kg、尿素20～30kg。在整地时全层翻入土中。第1片真叶开展后，及时追肥1～2次；同时，全期保持土壤湿润，以利幼苗生长。待幼苗有4～5片真叶时，即可定植。

菜薹的种植密度视品种、栽培季节和生产条件而定。一般早熟品种，以收主薹为主，在夏秋之际栽培，可适当密植，行株距为16cm×13cm；晚熟品种在秋冬季生长，兼收侧薹，宜适当稀些，行株距18～22cm。

3. 田间管理

菜薹的生长期较短，其生长速度随着生长发育的进程而加快。因此，需要不断供应充足的养分和水分。在南方高温多雨季节栽培菜薹，以基肥为主，可以克服多雨不利于追肥的困难。幼苗定植后2～3d，新根已经发生，应及时追肥。追肥应早施、薄施、勤施。随着植株的生长，增加施肥的浓度。注意施好现蕾肥。兼收侧薹的品种，待主薹大部分采收后，再予以追肥，以促进侧薹的生长。

菜薹的根系分布浅，不耐干旱。在生长过程中要求保持充足的水分，需要经常保持土壤湿润，所以要注意浇水。夏季浇水于早晚进行，夜灌冷浇；冬季早晨的温度较低，宜在上午浇水。通过肥水的调节，促进菜薹的生长发育。

4. 病虫害防治

危害菜薹的主要病害有霜霉病、软腐病和菌核病，主要害虫有黄曲条跳甲、菜粉蝶等，应及时防治。

5. 采收

菜薹的采收标准，一般以菜薹的高度和薹叶的先端齐平，初现花蕾，俗称“齐口花”，为采收的适期。优质菜薹的形态标准为薹粗、薹叶细小、初花。采收过早，花薹过嫩，影响产量；采收过迟，菜薹过高，纤维增多，质量则差。

小结

本节主要介绍了菜薹的栽培要点。着重把握菜薹的茬口安排、栽培技术要点。

拓展知识

紫菜薹营养分析

紫菜薹营养丰富，含有钙、磷、铁、胡萝卜素、抗坏血酸等成分，多种维生素比大白菜、小白菜都高。色泽艳丽，质地脆嫩，为佐餐之佳品。

4.5 结球甘蓝生产

结球甘蓝简称甘蓝，别名洋白菜、圆白菜、卷心菜、包菜、莲花白等，是十字花科芸薹属甘蓝种中顶芽或腋芽能形成叶球的一个变种，为二年生植物。以叶球为产品。起源于地中海至北海沿岸，16 世纪传入我国。结球甘蓝产量高，适应性强，耐寒、耐热，营养丰富，耐贮运，世界各地普遍栽培，是欧美国家的主要蔬菜之一。我国各地均有栽培，是华北、东北、西北等地区春、夏、秋的主要蔬菜，华南等地区冬、春季也有大面积栽培。

4.5.1 生物学特性

1. 植物学特征

根 主根基部粗大，根系发达密集，主要根群分布在深 60cm 以内的土层中，以 30cm 深的耕作层中最密集。根系横向扩展较大，半径可达 80cm。根系的再生能力很强，适于移栽。

茎 茎分为短缩茎和花茎两种。营养生长期茎短缩，伸长很少，称为短缩茎。但抱子甘蓝茎高达 50～100cm，顶芽开展，腋芽能形成许多小叶球。进入生殖生长阶段后，结球甘蓝短缩茎顶端抽出花薹称为花茎。花茎上可分枝，并长出新的叶片，形成花序。

叶 不同生育时期可生出形态不同的叶片。子叶是胚性器官，为出苗后第一对叶，呈肾形对生。子叶展开后长出的第一对真叶为基生叶，对生，与子叶垂直，叶柄较长，

卵形或椭圆形，叶缘有锯齿。从基生叶到叶球形成前，叶片以2/5或3/8的叶序生长，着生在短缩茎上，呈莲座状，称“莲座叶”，是强大的同化器官。莲座叶之后进入结球期，长出的叶片中肋向内弯曲，包被顶芽，合抱成为叶球，称为球叶。球叶无叶柄，黄白色。叶球形状有圆锥形、圆球形、扁圆形等。进入生殖生长期，抽生花茎，花茎上的叶为茎生叶，互生，叶片较小，先端尖，基部宽，无叶柄或叶柄很短。

花　为复总状花序，花茎上可发生3～4次分枝。花为完全花，萼片4枚，绿色，花瓣4片，黄色，十字形排列，雄蕊6个，4强雄蕊，蜜腺4个，雌蕊1个。异花授粉，虫媒花。

果　果实为长角果，授粉后40d左右种子成熟，每荚果有种子约20粒。

种子　种子圆球形，红褐色或黑褐色，无光泽，千粒重3.3～4.5g，种子一般使用年限2～3年。

2. 对环境条件的要求

温度　甘蓝为耐寒蔬菜，喜温和冷凉的气候，但适应性较强。生长适温为15～25℃，莲座期为7～25℃，结球期为15～20℃。

甘蓝对高温的适应力较强。幼苗期和莲座期能适应25～30℃的高温，结球期耐高温性下降，高温不利于结球，如遇干旱，会造成叶球松散，品质下降。甘蓝对低温的耐性也较强。6～8片叶的壮苗可耐较长时间－2～－1℃及较短时间的－5～－3℃低温。结球期较耐低温，早熟品种叶球可耐短期－5～－3℃的低温，中晚熟品种叶球可耐短期－8～－5℃的低温。抽薹开花期需要的温度较高，适温为20～25℃。

结球甘蓝为绿体春化型蔬菜，幼苗需要长到一定大小，如早熟品种具有3片叶、茎粗0.6cm以上，中晚熟品种具有6片叶、茎粗0.8cm以上，才能感受低温通过春化。春化的适宜温度为10℃以下的低温，以2～5℃完成春化最快。不同的结球甘蓝品种，通过春化对低温的要求及所需的低温时间存在一定的差异，一般早熟品种要求的温度高、范围宽，中、晚熟品种则相反。春化要求的低温时间，早熟品种为30～40d，中熟品种为40～60d，晚熟品种为60～90d。在适宜的温度范围内，温度越低，通过春化需要的时间越短。

光照　甘蓝适于中等强度的光照，营养生长期给予充足的光照有利于生长。多数品种对光照强度的要求不很严格，因此在多阴雨、光照弱的南方地区和光照强的北方地区都能良好生长。甘蓝的这一特性很适于秋、冬、春保护地栽培。甘蓝属长日照作物，通过春化阶段后，长日照有利于抽薹开花。

水分　甘蓝的外叶大，蒸腾作用强，而根系分布浅，吸收力不强，因此要求湿润的环境。在空气相对温度为80%～90%，土壤湿度（最大田间持水量）70%～80%的条件下生长良好。如果土壤水分不足，空气干燥，则植株生长缓慢，包心延迟，结球松散，严重影响产量和品质。甘蓝不耐涝，雨水过多，排水不良时，根系易变褐死亡。

土壤及营养　甘蓝对土壤的要求不严格，适应性较强。但以土质肥沃、疏松、保水保肥能力强的壤土为佳。适宜的土壤pH为5.5～6.5。在酸性土壤中易发生根肿病，较耐盐碱性。甘蓝为喜肥、耐肥蔬菜，前期需要大量的氮肥，结球期需要较多的钾肥和适量磷肥，整个生育期吸收氮：磷：钾的比例是3：1：4。缺钙易发生干烧心。

4.5.2 类型和品种

结球甘蓝依叶片特征和颜色的不同，可分为普通甘蓝（叶片为淡绿色）、皱叶甘蓝（叶片绿色，叶面皱缩）和紫甘蓝（叶片呈紫红色），我国主要栽培普通甘蓝。普通甘蓝既可按成熟期（从播种到初收：早熟100～120d，中熟120～150d，晚熟150d以上）划分；按叶球形状又可分为以下3种类型：

尖头型 植株较小，叶球近似圆锥形，中柱较长，叶片长卵形，中肋粗，产量低。冬性强，不易先期抽薹，适于春季早熟栽培，代表品种有鸡心、牛心等。

平头型 植株较大，叶球为扁圆形，较大，中柱短缩，中熟或晚熟品种。产量高，品质好，耐贮藏。我国南方各省栽培较多，代表品种有黑叶小平头、黄苗等。

圆头型 植株中等，叶球圆球形，适于早熟或中熟栽培。产量不如平头型品种，但球叶脆嫩，品质好。冬性弱，作春甘蓝栽培时，容易发生先期抽薹，栽培较少。代表品种有金早生、北京早熟、橙海早椰菜等。

按叶片特征分为：

普通结球甘蓝 叶面光滑，无显著皱纹，叶中肋稍突出，叶色绿至深绿。

紫结球甘蓝 叶面与普通结球甘蓝一样，但其外叶、球叶为紫红色，炒食时转为黑紫色，不宜炒食，一般作凉拌鲜食，也有作观赏栽培的。

皱叶结球甘蓝 叶色似普通结球甘蓝，叶片因叶脉间叶肉发达、凹凸不平而使叶面皱缩，球叶质地柔软，风味好，可炒食。

按生长周期长短分类：

早熟品种 从定植到收获40～50d，代表品种有四季39、牛心甘蓝、鸡心甘蓝、中甘12等。

中熟品种 从定植到收获55～80d，代表品种有中甘15、毕甘1号、迎春、西园4号等。

晚熟品种 从定植到收获80d以上，代表品种有中甘9号、华甘2号、黄苗、黑叶小平头等。

4.5.3 栽培季节与方式

甘蓝适应性强，耐寒，较耐热，北方地区主要是春、夏、秋三季露地栽培。近年来，甘蓝保护地栽培逐渐发展，已形成了一年多茬、周年供应的局面。

在南方各省，可以生产两季或三季，6～8月播种，秋冬季收获，称为秋甘蓝或秋冬甘蓝。10月中、下旬播种，幼苗越冬，次年4～6月收获，称为春甘蓝。在3～5月播种，夏季栽培，称为夏甘蓝。一般以秋季栽培最为适宜。利用不同熟性的品种，排开播种，可以周年供应。

秋冬甘蓝栽培播种期有先有后，收获期亦不相同。长江中、下游各省多在7月中旬播种，如适当提早至6月播种，结合遮阳网育苗，可以取得很好的效益，采收一般在10月下旬至11月。如果延迟在8月下旬至9月播种，其收获期则在12月至次年2

月。在广东，早熟品种在秋冬的9～10月播种，比夏秋的7～8月播种更为适宜。播种期应根据市场需要、品种特性、当地气候条件和栽培水平来确定，以达到高产或提早、延后供应的目的。

春甘蓝栽培和秋季栽培时的温度恰恰相反。秋季栽培的温度由高逐渐转向低，所以在顺利地完成营养生长之后，再转向生殖生长，既能达到叶球的收获，也能够完成种子的繁育。春甘蓝越冬栽培的温度由于低温期长，不利于生长，而有利于发育，栽培季节掌握不好，容易引起先期抽薹。播种期应根据各地气候条件，因地制宜，严格掌握。一般说来，长江中、下游大部分地区，以10月中旬前后播种为宜。如重庆地区在霜降播种的，无先期抽薹现象，结球良好。江苏徐州地区于11月上、中旬播种育苗，也可防止先期抽薹，完成结球。江苏北部地区在12月播种育苗。如果采用地膜或小拱棚栽培，播种期可适当提前。

夏甘蓝栽培一般在3～5月播种育苗，5～6月定植，遮阳网栽培，在8～9月蔬菜淡季上市。由于此期气候炎热，不适宜甘蓝生长，所以，产量低、品质差、成本高、病虫害严重。为了克服这些问题，可进行适地生产，如在高山栽培，可在3～4月小拱棚或露地育苗，4～5月定植，6月下旬至10月上旬上市，对于缓解南方秋淡供应可起到重要的作用。

4.5.4 栽培技术

1. 秋冬甘蓝栽培

(1) 播种育苗

甘蓝前期生长缓慢，根系再生力强，适宜育苗移栽。6～7月正值南方的高温季节，此期播种，不但阳光剧烈，温度高，并且还出现阵雨或暴雨，给秋冬甘蓝的育苗工作带来困难。因此，必须采取降温、防暴雨的措施，以保证培育壮苗。近年来，我国南方各地，推广应用遮阳网代替传统的芦帘，进行遮荫育苗，改土壤苗床直播育苗为营养钵或穴盘育苗。

苗床设置 育苗场地宜选地势高燥、排灌方便、通风良好、土质疏松肥沃的地块，前茬应为非同科的蔬菜作物。土地要翻晒，施足充分腐熟的堆肥作基肥，切忌施用未腐熟的有机肥。整地作畦，一般作成宽1～1.3m，高20cm的高畦，进行播种或移苗。

设置凉棚 设置凉棚，以防止剧烈阳光直射，并能适当透过阳光，降低棚内温度，适当提高棚内空气相对湿度，造成适宜于幼苗生长的小气候为原则。

采用小拱棚或大棚进行覆盖遮阳网育苗。大棚覆盖时，仅盖顶不盖边，四周围裙幕全部敞开，以利通风。如有二重幕架的大棚，则可将网固定在二重幕架上，便于开闭揭盖。有条件的可在大棚上用一网一膜覆盖，即将遮阳网盖在薄膜的上面，这样成苗率较单一遮阳网覆盖的可提高20%。还可在遮阳网上盖上防虫网，育苗效果更好。小拱棚覆盖遮阳网时，应在四周留出距地面20～30cm的空隙，使四周能通风。

播种 撒播和条播均可。如用条播，可按行距8～9cm开沟，沟深1cm，均匀播种。当苗发生3片左右真叶时，可按8cm×8cm苗距进行分苗1次。为减轻幼苗根系损伤，及早缓苗，宜采用营养土块、营养钵、塑料钵等保护根系的育苗措施。

穴盘育苗法，是采用132穴的育苗盘，将人工基质填入盘内，基质可用草炭、蛭石、砻糠灰、食用菌培养下脚料等，在每个孔穴中播种，在遮阳网下育苗，浇营养液，1次成苗，进行工厂化育苗。

浇水 为了防止播种后浇水对种子发芽出土的不良影响，可采用播种前灌水抢墒播种的方法。幼苗出土后，灌水量不可过多，对初出土的幼苗，每天浇水1次，以后隔天浇水1次。当幼苗具3片真叶，苗高5cm后，减少浇水次数。夏日浇水宜选“天凉、地凉、水凉”时进行。雨后，苗床湿度过大时，可撒干土吸湿。凉棚育苗，要避免床内湿度过大，以免引起幼苗徒长，甚至出现倒苗的不良现象。

间苗 不分苗假植的，一般分3次间苗。以除去密苗、弱苗、劣苗为原则。最后1次间苗，按6～7cm的株行距留良苗1株。用营养钵或营养土块播种的，每钵（块）留良苗1株。壮苗的标准是子叶平展，基生叶对称而舒展，节间短，茎粗壮，叶片近圆形无缺刻，叶柄短，以及未受病虫危害等。第二、三次间苗后，结合浇水施清水粪提苗，以后按幼苗生长情况和需要追肥。

（2）整地与施基肥

甘蓝怕涝，要求排水良好，宜采用窄高畦栽培。一般畦宽（连沟）1.4～1.5m，沟宽30～40cm，畦高20～25cm。甘蓝对三要素的吸收量以钾最多，氮次之，磷最少。每亩田块宜施腐熟有机肥1500～2000kg作基肥。

（3）及时定植

当甘蓝苗具有7～8片真叶时要及时定植。定植过早，大田幼苗生长期长，不利于管理；定植过晚，幼苗老化，不利于高产稳产。定植时，适宜苗龄为40d左右，气温高苗龄短，气温低苗龄长。栽植距离因品种而异。尖头和圆头型品种可采用宽行60～70cm，窄行40～50cm，株距30～40cm；京丰1号等平头品种，宽行80～90cm，窄行60～70cm，株距50～60cm。

（4）田间管理

秋冬甘蓝要求养料足，应当把追肥的重点放在莲座叶生长的盛期和结球的前期和中期。追肥一般分5次进行，第1次在幼苗定植后新根发生时施“提苗肥”，用量较轻，一般用稀薄的无害化粪肥。在莲座叶生长的初期，施第2次追肥，提高肥料的用量和浓度，一般用稀释的无害化粪肥加氮肥。第3次于莲座叶生长盛期，在行间开沟，将有机肥料和氮、磷、钾化肥混合，施后封土灌水。在结球前期和中期再追肥两次，在结球后期一般停止追肥。在肥料的总用量上，要以氮、钾肥料为主，适当配合磷肥。一般每亩用无害化粪肥1500～2000kg，有机复合肥50～75kg。

灌水结合进行追肥。在定植后气温高、雨量少的时期，要定期灌水。甘蓝喜湿，但也忌渍，每次灌水后须立即排除沟内余水，防止浸泡时间过长，发生沤根。叶球生长完成后，停止灌水，以防叶球开裂。

中耕除草，从定植到植株封行前，约二、三次即可。原则是大雨或灌水后适时中耕除草以防土表板结或杂草滋生，中耕除草时须进行培土。

（5）病虫害防治

甘蓝虫害以菜青虫和斜纹夜蛾的危害特别严重，几乎伴随甘蓝栽培期而发生。可在幼虫2～3龄期，用40％氰戊菊酯乳油、25％天王星乳油或抑太保、卡死克等进行防治。生物农药Bt也有较好的效果。蚜虫对越冬甘蓝幼苗的危害在天气干旱时也相当严重，可用40％乐果、50％抗蚜威等进行防治。危害甘蓝的病害有菌核病、软腐病和黑腐病。在菌核病发病初期，可用40％菌核净可湿性粉剂等防治。黑腐病在全生育期均可发生，感染黑腐病的植株后期易并发软腐病，防治方法可实行轮作，防止害虫和造成机械伤，以免病菌侵入，也要防止流水传染病菌。也可在发病初期用77％可杀得粉剂，或72％农用硫酸链霉素可湿性粉剂防治。

（6）采收

一般说来，当叶球达到紧实时，即可采收，以免发生叶球破裂，被雨水侵袭或冻伤而引起腐烂，影响产量和品质。一般每亩可收叶球3000～4000kg，高产的可达5000～7500kg。

2. 春甘蓝栽培

甘蓝如果在形成叶球之前，受到低温的影响，完成了发育而孕蕾、抽薹、开花和结实，这时不能形成叶球，这种现象称“先期抽薹”。先期抽薹在南方越冬栽培的春甘蓝中较常遇到。因此，防止春甘蓝先期抽薹，是春甘蓝栽培的关键技术。

品种　春甘蓝栽培要选择冬性强、给球早的品种。主要有尖头和平头两种类型。尖头品种有鸡心、牛心、争春、延春；平头品种有黄苗和105×黄苗。

播种、育苗　尖头品种一般采用露地育苗，平头则采用保护地育苗。尖头品种一般在10月上旬播种，平头品种在11月中下旬播种。春甘蓝不宜播种过早，否则会先期抽薹。

采用撒播方式，每亩秧地播种量0.75kg。出苗后，间苗1～2次，适当浇水。尖头品种的苗龄掌握在40～45d，平头品种在60d左右。

整地　前茬出地后，翻耕深15cm左右，做宽2m的畦，开好畦沟和腰沟。每亩施有机肥2000～2500kg作基肥。

定植　尖头品种定植期在11月中下旬，平头在2月中旬至3月上旬。定植时剔除过大苗。尖头品种每亩栽3000～3500株，平头品种每亩栽2500株。定植后浇1～2次水。

田间管理　尖头品种一般年内追1～2次肥，分别在活棵后7d，每亩施用蔬菜专用复合肥10kg左右，以后植株有缺肥现象可酌情再追一次。翌年1月下旬及时追肥，以促进发棵，数量与第1次相同。植株包心时施1次重肥，每亩施用蔬菜专用复合肥15kg左右。平头品种基本与尖头品种相同，施肥量有所增加。春甘蓝从定植至封行，需结合除草松土2～3次。春甘蓝要注意防治小菜蛾和菜青虫，掌握使用浓度和安全间隔期。

采收　尖头品种一般在4月中旬至5月中旬采收，平头品种一般在6月中旬至7月上旬采收。采收时用菜刀去根、适当去外叶，净菜上市。

3. 夏甘蓝栽培

品种的选择 夏甘蓝生长前期，正是梅雨季节，中后期又遇高温、干旱。栽培夏甘蓝首先要选择抗热、耐旱、生长期短的品种，合适的品种有夏光、夏王和日本KK等。

育苗 夏甘蓝露地育苗可在5月上旬至6月上旬播种。播种方法和管理同春甘蓝。

整地 夏甘蓝栽种时正值高温多雨，因此需选择高爽的地块栽培，两畦一深沟。畦宽和施肥等与春甘蓝同。

定植 定植期在6月中旬至7月中旬。每亩定植4000株左右。

田间管理 夏甘蓝生长期短，要及时追肥，促早发。一般追肥3次，在定植后一个月内完成，第1次在活棵后进行，以后隔10d 1次。每亩施用蔬菜专用复合肥10～15kg。

夏甘蓝的供水方式以沟灌为好，灌溉时间以早晨或傍晚为宜。注意防治软腐病和小菜蛾、菜青虫。

采收 夏甘蓝叶球包紧后，容易腐烂，应及时采收，方法同春甘蓝。

小结 ☞

本节主要介绍了结球甘蓝的栽培要点。着重把握甘蓝的茬口安排、栽培技术要点。

拓展知识

甘蓝和紫甘蓝哪个更营养

两者同属甘蓝的不同品种，在营养成分上，甘蓝和紫甘蓝没有太大的差别，但相对于甘蓝来说，紫甘蓝还含有丰富的花青素，它是一种强有力的抗氧化剂，它能够保护人体免受自由基的损伤，有抗衰老的作用。还能增强血管弹性，抑制炎症和过敏，改善关节的柔韧性。此外，紫甘蓝具有特殊的香气和风味，可煮、炒食、凉拌或作泡菜等，因含丰富的色素，是拌色拉或西餐配色的好原料。在炒或煮紫甘蓝时，在操作前，加少许白醋，否则，经加热后就会变成黑紫色。而卷心菜适于炒、炝等，可与番茄一起做汤，也可作馅心。甘蓝能抑制癌细胞，通常秋天种植的甘蓝抑制率较高，因此秋冬时期的甘蓝可以多吃。购买时不宜多，以免搁几天后，减少营养成分。

4.6 花椰菜生产

花椰菜，别名花菜、菜花，为十字花科芸薹属甘蓝种的以花球为产品的一个变种，以花球为产品。起源于地中海东部沿岸，19世纪中叶传入我国南方地区，现在全国各地均有栽培。花椰菜极富营养，且风味独特，对丰富蔬菜花色品种起到了重要的作用。

4.6.1 生物学特性

1. 植物学特征

根 根系强大，须根发达，主要根群分布于30cm表层土壤中。

茎 营养生长期茎稍短缩，茎上腋芽不发达，阶段发育完成后抽生花茎。

叶 莲座叶狭长，浅蓝绿色，有蜡粉。叶向内自然扭曲反卷，可保护花球。

花 由花薹（轴）、花枝和花序原基聚合而成。复总状花序，完全花，4强雄蕊，子房上位。异花授粉，虫媒花。

果实和种子 长角果，能单性结实。种子千粒重2.5～4.0g。

2. 生长发育对环境条件的要求

温度 花椰菜属于半耐寒性蔬菜，喜冷凉气候，忌炎热干旱，其正常适应温度范围为13±7℃。发芽适温为25℃左右，幼苗期生长适温为20～25℃，莲座期生长适温为15～20℃，花球形成期适温为17～18℃，8℃以下花球生长缓慢，0℃以下花球易受冻，24℃以上花球形成受阻，易松散。开花结荚期适温与花球形成期相似，温度高于25℃或过低时，影响正常授粉受精，形成空荚。花椰菜的种子萌动后在5～20℃可通过春化阶段，以10～17℃和较大的幼苗通过春化最快。

光照 花椰菜喜充足的光照，同时具有耐荫的特性。强光易使花球变黄，影响品质，所以应采取措施对花球适当遮荫。

水分 花椰菜生长要求湿润的环境，耐旱、耐涝的能力较弱。莲座期和花球形成期要求水分充足，否则影响植株生长和花球形成。但供水要均衡，尤其在花球形成期，如果水分过多，易造成花球松散、花枝霉烂及沤根。

土壤营养 花椰菜栽培的适宜土壤为肥沃疏松、土层深厚、排水便利、保水保肥能力强的壤土或轻砂壤土，最适土壤酸碱度为pH6.0～6.7。花椰菜喜肥耐肥，整个生长期需肥较多，前期营养生长需氮肥多，花球形成期氮、磷、钾肥应均衡供应。花椰菜对硼、钼、镁等微量元素很敏感，缺硼时生长点萎缩，叶缘卷曲，花茎中空或开裂，花球变锈褐色，味苦；缺钼时叶畸形，呈酒杯状或鞭状卷曲，生长迟缓；缺镁时叶变黄。

4.6.2 类型和品种

按照生育期的长短，可将花椰菜分为3类：早熟品种、中熟品种和晚熟品种。

1. 早熟品种

从定植到开始采收花球需40～60d。植株较小，较耐热，冬性较弱，幼苗茎粗0.8cm时即可接受低温完成春化。花球小，重0.3～1.0kg。主要品种有：雪峰、白峰、夏雪40、夏雪50、祁连白雪、申花4号。

2. 中熟品种

从定植到始收花球需70～90d。植株比早熟品种大，较耐热，适应性广，冬性较强，幼苗茎粗 1.0cm 时，可接受低温完成春化。花球较大，重 1.0kg 以上，品质好，产量高。主要品种有：申花 6 号、厦花 80d、龙丰特大 80d。

3. 晚熟品种

定植后 90d 以上开始采收花球。植株高大，不耐热，较耐寒。冬性较强，幼苗茎粗 1.5cm 以上时才能接受低温完成春化。花球大，单球重 1.5～2.0kg 或 2.0kg 以上，产量高。主要品种有：申花 5 号、神龙特大 180d、220d、240d，一代神良 120d 等。

按花球颜色分类可分为花椰菜和木立花椰菜。

花椰菜 颜色为白色，极早熟品种有夏雪 40、荷兰春早等；中熟品种有津雪 88、祁连白雪、丰花 60 等；晚熟品种有冬花 240 等。

木立花椰菜 有绿菜花和青花菜两种，它与花椰菜的不同处在于：主茎顶端产生的并非由畸形花枝所组成的花球，而是由完全正常分化的花蕾组成的青绿色扁球形的花蕾群。

4.6.3 栽培季节与方式

利用花椰菜早、中、晚熟品种花芽分化对低温要求不一样的特性，可排开播种，基本可做到周年供应。长江中、下流地区春花椰菜于 11 月下旬至 12 月上旬于阳畦内播种育苗，2 月下旬至 3 月上旬定植于露地，5 月上旬至 6 月采收。采用地膜加小拱棚栽培，采收期可提前 1 个月左右。夏花椰菜分别在 6 月上旬至 6 月下旬采取遮阳网育苗，7 月上旬至下旬定植，采收期在 9 月上旬至 10 月上旬，少数可提早到 8 月下旬采收，单产较低。秋花椰菜是各地区主要的栽培类型。一般选用生育期在 80～100d 的中熟品种，80d 品种在 7 月上旬至 8 月上旬采用遮阳网育苗，8 月上旬至 9 月上旬定植，11～12 月采收。冬花椰菜 120d 品种于 6 月下旬至 7 月上旬遮阳网下播种育苗。8 月上、中旬定植于露地，12 月至翌年 2 月采收；冬花椰菜 240d 品种 7 月下旬播种，9 月上旬至下旬定植，4 月上旬至 5 月上旬采收。

北方寒冷地区为春、夏、秋三季栽培，春季 2～3 月播种，6～7 月收获，夏茬 4 月播种 8 月收获，秋茬 6 月播种 9～10 月收获。

4.6.4 栽培技术

1. 育苗

花椰菜育苗的方法与甘蓝基本相同。由于花椰菜种子用量较少，所以育苗技术要精细些。

夏季和秋初天气炎热，又多阵雨，应选择地势稍高、午后无烈日照射而通风凉爽之处作苗床；或于苗床上设置荫棚降温防雨。秋冬季育苗因气温逐渐转凉，可选温暖避风之处作苗床。

播种通常采用撒播，夏季播种宜适当稀些为佳。苗期为 30～60d，播种量为 20～30g/亩。育苗期要注意遮荫挡雨降温，干燥时要经常浇水，幼苗具 3～4 片真叶时进行

假植。如条件适宜，播种后2～3d就出苗，5～6片真叶时便可定植。

2. 定植

花椰菜虽喜湿润环境，但耐涝力较差，所以在多雨的地区及地下水位高的地方，应采取深沟高畦，以利排水，这是栽培花椰菜成功的一个关键。

花椰菜对土壤营养条件的要求比结球甘蓝严格。栽培地应选择壤土至黏质壤土，并施足基肥。早熟品种生长期短，基肥应以速效性氮肥为主。中晚熟品种，基肥应以厩肥并配合磷、钾肥料施用。每亩田块施厩肥2500～5000kg或蔬菜专用复合肥300kg。花椰菜对硼、钼等微量元素十分敏感。缺硼时常引起花轴中心内部空洞，严重时花球变锈褐色，味苦，留种株的花枝不易松散。每亩田块可用硼砂或硼酸50g左右配成水溶液施于定植穴中。植株缺钼时表现为新叶成鞭状，或叶片缺绿，花蕾发育不良。每亩田块可用钼酸铵或钼酸钠10g左右配成水溶液施于定植穴。植株缺镁时会出现叶脉间黄化，用钙镁磷做基肥可以避免黄化。

花椰菜定植的营养面积因品种而异。早熟品种通常在1.7m（连沟）宽畦种3行，按三角形排列；而1.3m宽畦种2行，其株距30～40cm，每亩田块栽2500～3000株；中熟品种一般在1.3m宽畦种2行，株距40～50cm，每亩田块栽2000～2300株；晚熟品种株距50～60cm，每亩田块栽1600～1800株。

3. 田间管理

包括追肥、灌溉、中耕、除草及束叶等。

花椰菜因品种和栽培期的不同，在水肥管理上应有所差异。早熟品种生长期短，而且一般是在高温条件下种植，对水肥要求迫切，因此应用速效性肥料分期勤施。中熟品种，在叶簇生长时期，也应用速效肥料分期勤施；在花球形成时期，气温正适宜于生长发育，应当加重施肥量以促进叶和花球的生长。在长江中、下游各地越冬生长的春花椰菜，在叶簇生长时期，应根据气候情况，注意水、肥管理，促进叶簇生长，为花球的早熟高产打好基础。

在花椰菜临近结花球时，靠花球的一层叶片色泽较浅或蜡粉明显，这是花球发生的标志，应抓紧施1～2次速效肥，能明显地提高花椰菜的产量，并能促进成熟。花椰菜在各个生长时期都应以氮肥为主，当进入花球形成期，应适当增施磷、钾肥料。一般早熟品种每亩田块用腐熟的粪肥1300～2000kg或氮、磷、钾复合肥50kg。中晚熟品种在早熟品种的基础上适当增加钾肥和氮肥的用量。硼和钼对花球形成有重要作用，在植株生长期间可用0.1%～0.2%的硼砂和钼酸铵喷雾进行根外追肥。

花椰菜喜湿润，在全部生长过程中需要水分较多，叶簇旺盛生长和花球形成时期，是水分临界期，如不能及时满足其对水的需求，往往影响花球长大。因此，在高温久旱时，必须及时灌水，及时将余水排除，以免浸泡时间过长，引起沤根现象。春花椰菜一般不须灌水，在雨多的地区，须加强排水防渍。

中耕除草培土及病虫害防治工作，与甘蓝相同。

束叶是保证花椰菜品质的技术之一，一般在花球露出时进行。束叶的方法是用花球外面的几片大叶将花球包裹，再用稻草等物轻轻捆扎一圈，捆扎时注意不得损伤叶片，这种方法在霜冻明显地区多行之。华南地区多采用把接近花球的大叶折断覆盖在花球上的办法。

4. 采收

自出现花球到采收的天数，因品种和气候而异。早熟品种在气温比较高时，花球形成快，20d左右便可采收。中晚熟品种，在晚秋和冬季常需1个月左右，而晚熟品种在春季自现花球到采收需20d以上。

花椰菜花球的形成，在植株个体之间有时很不一致，应分期采收。采收的标准是花球充分长大，表面圆正，边缘尚未散开者为佳。采收时，在花球下带几个叶片同时割下，这样可以保护花球，以便于包装运输。花椰菜的产量因品种和栽培季节、管理水平而异。一般早熟品种每亩田块产量750～1500kg。中晚熟品种2500kg左右，高产的达4000kg以上。

4.6.5 栽培种常见问题及防治对策

在花椰菜生产上，有时会遇到早花、青花、毛花、紫花及茎中空的现象，严重地影响花椰菜的品质，要注意解决以上问题。早花即早结球，结小球。有时花球面上出现青色或毛状物等，称为青花和毛花。有时花球表面有不均匀的紫色，称为紫花。

花椰菜出现早花的原因，主要是植株尚在幼小时期过早地遇到低温，诱导了花球过早分化与形成。早熟品种可能是播种过迟，或是在留种过程中未注意按品种天数进行选择，致使冬性强和弱的种子混收混打造成的。所以要了解品种特性，注意掌握播种期。同时，加强田间管理，及时供应水肥，使植株在一定的生长期限内完成营养生长。

花椰菜出现毛花的原因，可能是花球裸露的花枝顶端，因气候的影响无规则的伸展所致。这种现象在大田栽培中经常发生。主要原因是气候因子还是隐性基因的作用还不清楚。根据品种特性掌握好适宜的播种期可以较少发生这种现象。

青花是花球产生绿色的小苞片、萼片等甚至有小花蕾，这些组织是不正常的，即非顺序性的突然进行花芽分化的结果。产生的原因可能是花球发育过程中处于低温、雾天的环境所致。因此，冬季多雾的地区，播种期应调节好。紫花是在花球形成后遭遇突然的低温有关，花球组织内糖甙转化为花青素所致。这与某些品种特性也有关系。

茎中空是由于缺素引起，特别是在花球形成过程中缺硼，茎、叶、球都会出现缺素症状，花球开始出现水浸状、表面脱色，最后茎出现中空，腔壁颜色发褐，继续发展会使内部花球的花蕾、花枝腐烂，也使花球出现中空。防治办法是叶面喷洒0.1%～0.2%的硼酸。

小结 ☞

本节主要介绍了花椰菜的栽培要点。着重把握花椰菜的茬口安排、栽培技术要点。

拓展知识　彩色花椰菜

彩色花椰菜为十字花科甘蓝类草本植物。包括紫球花椰菜、黄球花椰菜、淡绿球花椰菜等，是从花椰菜中选出的一类品种。花椰菜成熟的花球横径一般为20～30cm，直径10～20cm，由肥嫩的主轴和众多的肉质花梗组成。彩色花椰菜除了按普通花椰菜栽培，作商品销售外，还可以进行上盆作家庭小菜园栽培或观赏栽培，前景看好。

黄色的、紫色的、宝塔形的彩色花椰菜，与常规的白花椰菜、青花椰菜不同，为餐桌增添了一道靓丽的风景线。不但食用价值高，而且营养较白花菜丰富，每100g鲜球中，含蛋白质2.4%、糖类3%、维生素C 88mg。

4.7　青花菜生产

青花菜又名茎椰菜、木立花椰菜、花菜薹、绿花菜、西兰花、意大利芥蓝菜。青花菜由甘蓝演化而来，演化中心为地中海东部沿岸地区。青花菜栽培历史较短，但发展较快，英国、意大利、法国、荷兰等国广为种植。19世纪初传入中国，台湾省栽培较为普遍。近年来在我国大中城市发展较快，栽培面积和地区越来越广泛，其发展前景非常广阔。青花菜质地脆嫩，营养丰富，可炒食、做汤，味道鲜美，其鲜菜和速冻加工产品畅销国外，是一种非常有发展前途的蔬菜。

4.7.1　生物学特性

1. 植物学特征

根　主根明显，根系发达。

茎　植株高大，茎粗且长，节间距离宽。

叶　叶色较深，蓝绿色，蜡质层较厚，紫色品种，其茎叶微紫。叶形有阔叶型和长叶型两种。叶柄明显、狭长，有裂片状叶翼少许。一般植株长20片真叶左右，才能形成花球。

花　花球既是贮藏器官，又是生殖器官，花球呈绿色、紫色和白色。主轴形成球状主花球，收获主花球后，各叶腋产生侧花球。花球包括肥嫩的主轴、肉质花梗，以及绿色或紫色未充分发育的花蕾。复总状花序。

种子　种子较饱满，千粒重3.5～4g。

2. 生长发育对环境条件的要求

温度　喜暖凉气候。与花椰菜相比，植株强健，耐寒耐热，适应性广，抗逆性强，容易栽培。种子发芽适宜温度为25～30℃，植株生长适温为18～20℃。要求昼夜温差

3～5℃，花蕾发育适温为15～18℃；温度25℃以上植株容易徒长，温度5℃以下则生长迟缓。花芽分化感应低温需要一定大小的幼苗，不同品种对低温感应要求不一样。一般以2～3℃诱导最好，有的品种对21～22℃的低温也能满足，有一些早熟品种不经过低温也能进行花芽分化，夏季栽培能照常形成花球。一般早熟品种在10叶以上，平均温度22℃以下，20d后开始花芽分化。中熟品种要在16～21℃，才能进行花芽分化。晚熟品种则需要感受8℃以下低温，才能进行花芽分化。低温，花球易变紫色；温度回升，又会从紫色逐渐返回绿色。花球经数次霜冻也无妨，但品质和产量以秋冬季形成的花球最好。青花菜也需要有一定大小的植株在一定的低温条件下，完成春化分化花芽，从而形成花球。

光照 要求有充足的光照，但对光照时间的长短并无严格的要求。长日照不能使青花菜的花芽分化期提前，但对极早熟品种，则可促进其花蕾的发育。青花菜属长日照作物，但不同品种要求有差异。夏季，虽能形成花球，但较小，而且会出现花蕾变黄或部分干枯，影响品质和产量。

水分 青花菜根系发达，但入土不深，故不耐旱。同时，其叶片多而大，光滑无毛，蒸腾量大，对土壤水分要求较高。喜湿润的环境，适宜的空气湿度为80%～90%，土壤相对湿度70%～80%。

土壤及营养 青花菜对土壤适应性广。凡是排灌方便的土壤，都适宜栽培青花菜。高温期宜选择肥沃、排水良好的壤土或黏壤土，冷凉期则选择有机质丰富的砂质壤土或冲积土。此外，青花菜适合在微酸性至中性土壤上栽培，适应pH5.5～8.0，以pH6.0最好。

青花菜对氮、磷、钾的吸收，以氮最多，钾次之，磷最少，其吸收比例因生长期而异。植株和各个器官的氮、磷、钾、钙和镁含量随生育过程逐渐降低，吸收量则逐渐增加，其中花球分化发育期间的吸收量占总吸收量的75%～80%。钾肥是青花菜优质高产的关键肥料，其与氮或氮磷组合施用，对源库比例、产量、Vc含量及叶绿素含量等具有加成作用。但在一定的钾肥水平下，提高氮肥的施用量是有必要的。同时青花菜对硼、钼、镁等微量元素需要量较多，且反应敏感。如生育期间缺硼，会引起花蕾表面黄化变褐，花薹基部产生裂洞。

4.7.2 类型和品种

目前青花菜品种主要从国外引进，国内育成的品种较少。品种不同，花蕾形状不同，据此可分为紧球、疏球、攒蕾球3种。按生育期，其播种到采收在90～105d的为早熟品种；生育期在105～120d的为中晚熟品种。生产上按栽培季节分春、夏、秋3种类型。

春青花菜早熟、耐寒，冬性强；夏青花菜早熟，耐热；秋青花菜产量高，品种多。

4.7.3 栽培季节与方式

在长江中、下游地区，栽培季节一般可分春季栽培、夏季栽培和秋季栽培。春青花菜的播种期，应将结球期尽量放在0℃以上的季节，一般在1月中旬至3月中旬，采

用温床或大棚电热线加温播种育苗，苗龄30～40d，地膜或地膜加小拱棚栽培，5～6月采收上市。夏季栽培于3月上旬至5月中旬小棚、大棚或露地育苗，4月上旬至6月下旬定植，遮阳网栽培，5月中旬至9月上旬采收。此期栽培病虫害严重，产量较低，最好采取适地栽培，若在海拔800m以上高山栽培，选用中熟或早熟品种，于3月下旬至5月中旬，7～9月可采收上市。秋季栽培又分早秋栽培和秋季栽培。早秋栽培利用极早熟或早熟品种的耐热、顶花球专用品种，于6月上旬至7月中旬，采用遮阳网育苗，苗龄25～35d，9月上旬至11月可采收。秋季露地栽培播种适期为7月中旬至9月上旬，遮阳网育苗，8月下旬至10月上旬定植，10月下旬至翌年3月采收，如在冬季采用大棚保温栽培，还可延长其供应期。利用不同季节栽培，基本可以实现青花菜的周年供应。

4.7.4　栽培技术

1. 育苗

青花菜抗性和适应性较花椰菜强，育苗方法同结球甘蓝。

2. 定植

栽培青花菜应施足基肥，巧施追肥。基肥每亩田块有机复合肥100kg。高畦栽培。主枝型品种定植株行距为60cm×50cm；侧枝型品种为65cm×70cm。早熟品种春播以株行距50cm×45cm较好，秋播则以60cm×45cm好；中熟品种株行距为65cm×(55～65) cm。定植宜浅，浇足水。

3. 田间管理

肥水管理　青花菜需肥较多，特别是顶、侧花球兼用种和中晚熟品种，生育期和采收期都长，消耗养分更多。除施足基肥外，生育期间还要多次追肥。定植成活后，要勤施薄肥促壮苗。缓苗后10～15d，每亩田块施尿素10kg；开始现蕾前，施蔬菜专用复合肥15kg，并配合进行1～2次根外追施0.1%硼酸与钼酸铵溶液，以防止花球花茎空心或腐烂。花球形成期增施钾肥，有显著的增产效果。顶花球收获后，可根据地力条件和侧花球生长情况适量追肥。通常应在每次采摘花球后施薄肥1次，以便收获较大的侧花球和延长收获期，提高产量。整个生育期应保持土壤湿润，特别是花球发育期，雨天要及时排水。

中耕除草和培土　未覆地膜的地块，定植后应及时中耕松土，为防止伤根，中耕除草应在定植后1个月内完成。一般结合追肥中耕2～3次，在追肥前松土除草，追肥后及时培土。培土的作用是减少肥料流失和挥发，使主茎基部萌发不定根，增加吸收养分数量，促进茎干粗壮，防止植株倒伏。覆盖栽培时，畦沟也应及时除草中耕。

去除侧枝　顶花球专用种，在花球采收前，应摘除侧芽；顶、侧花球兼用品种，侧枝抽生较多，一般选留健壮侧枝4～5个，抹掉细弱侧枝，可减少养分消耗。另外，在秋季栽培时，日平均气温降至10℃以下，花球不再膨大，为使养分供给主花球生长，也应尽早除去。在生产上有采收两个花球的栽培，其做法为：在定植后 3 片真叶时摘心，所发生的 2 个侧枝继续生长，收 2 个花球，可大大提高产量，花球大小无明显差异。但采收期比不摘心的晚 1～2d。

4. 采收

青花菜的采收适期较短，必须及时采收。采收太早，花蕾尚未充分发育，花球太小，产量低；采收太迟，则花球已松开，影响品质和价值。故应在花球发育相当大，各小花蕾尚未松开之前采收。

小结

本节主要介绍了的栽培西兰花要点。着重把握西兰花的茬口安排、栽培技术要点。

拓展知识 西兰花的抗癌作用

西兰花的抗癌作用是近些年来西方国家及日本科学家研究的重要内容。日本国家癌症研究中心公布的抗癌蔬菜排行榜上，西兰花名列前茅。美国《营养学》杂志上，也刊登了西兰花能够有效预防前列腺癌的研究成果。西兰花的抗癌作用，主要归功于其中含有的硫葡萄糖甙，据说长期食用可以减少乳腺癌、直肠癌及胃癌等癌症的发病几率。

4.8 茎用芥菜生产

茎用芥菜又名青菜头、菜头。以膨大的肉质茎供食。茎用芥菜有茎瘤芥、笋子芥和芽芥菜 3 个变种。茎瘤芥的腌制加工成品称为榨菜。茎用芥菜是普通芥菜在四川盆地分化而成的一个变种，其主产区为重庆和浙江。此外，我国南方许多省市均有引种栽培。

4.8.1 生物学特性

茎用芥菜一般作为二年生蔬菜栽培，秋季播种，冬季或次春采收食用器官，然后在春夏开花结实。若播种过早，食用器官常不易肥大，提前于当年开花结实，成为一年生作物。

1. 植物学性状

根 直根系，主要根群分布 30cm 深的耕层内。

茎 茎生长初期为短缩茎，有不明显的节，上生叶片，并具腋芽。在生长的中后期，茎伸长、膨大，并在节间形成瘤状突起。它的 3 个变种——茎瘤芥、笋子芥及芽芥菜的形态各异，但其茎部都发育成膨大的肉质茎。

叶　茎用芥菜出苗后，首先发生两片子叶，继而发生两片基生叶形成十字形，以后的真叶互生，一般每5片叶形成一个叶环。叶环数的多少和着生方向因品种和播种期而异，但第2至第4叶环为主要功能叶。

花、果实及种子　复总状花序，完全花，花冠黄色。长角果，每果实内有种子10～20粒，种子圆或椭圆形，红褐、暗红或红色，千粒重1g左右。

2. 生长发育对环境的要求

温度　茎用芥菜喜冷冻与湿润的环境，较不耐霜冻、炎热和干旱。苗期对温度的适应范围较广，较耐热和耐寒。其生长适温为15～25℃，其中，第一叶环形成期适温为20～25℃，第二叶环形成期为15～20℃。瘤茎膨大最适宜的均温为8～13.6℃。在0℃以下肉质茎易受伤害。花芽分化的适宜气温为旬平均20℃左右；现蕾、抽薹开花的最适宜的旬平均气温为20～25℃。

日照　茎用芥菜对日照要求不高，但光照时数对其生长发育有一定的影响。在温度低、日照少，特别是昼夜温差大的环境下，有利于养分转运贮藏而形成肥大的肉质茎。茎用芥菜花芽分化对光照时数要求不严格，而在现蕾、抽薹、开花结实时期，则需要温暖的长日照条件。

水分　茎用芥菜喜湿润环境，对水分总量要求不高，但比较严格。因它的根系不很发达，不耐涝，故既要求土壤排水良好，又要经常保持土壤的湿润。水分过少会影响根系和植株营养生长，还会使蚜虫增多，不利于抑制病毒病。同时，也会影响品质。水分过多又会使植株柔弱徒长，软腐病加重。

土壤和营养　茎用芥菜宜选保水保肥力强、便于排灌的壤土，对土壤养分要求较高，对氮、磷、钾三要素都有一定的要求。三种肥料的效应为氮＞钾＞磷，但不能偏施氮肥，以防徒长和瘤状茎空心。此外，植株正常的发育对钙、镁、硫、硼、铁等也有一定的要求。

4.8.2　类型和品种

茎用芥菜主要有茎瘤芥、笋子芥和芽芥菜3个变种。

1. 茎瘤芥

茎肥大并有瘤状突起，特别适合于加工成榨菜，也可鲜食。其茎可分为缩短茎及膨大茎两部分。缩短茎为子叶节以上至最低功能叶节的一段。膨大的肉质瘤茎又简称瘤茎或肉质茎、膨大茎，生产上称菜头或青菜头，是缩短茎以上着生功能叶的一段。瘤茎短而肥大，柔嫩多汁，是鲜食及加工的主要部分，为做榨菜的原料，故有人也称鲜茎瘤芥为榨菜。瘤茎的形状有纺锤形、近圆球形、扁圆球形、羊角形等。优良品种有草腰子、三转子、浙桐1号、半碎叶种。

2. 笋子芥

笋子芥又称棒菜、菜头或笋子青菜，其膨大茎伸长呈不同形状的棒形，肥大肉质，直立，茎上无明显的瘤状突起，形如莴苣，供鲜食用。品种有白甲菜头。

3. 芽芥菜

芽芥菜又称儿菜、抱子芥、抱儿菜。在膨大茎上，叶腋的侧芽发达，呈肥大的肉质腋芽。以腋芽和膨大的茎供食用。品种有临江儿菜、川农1号。

4.8.3 栽培技术

1. 适期播种

适期播种是茎用芥菜高产优质和防治病虫害的关键性措施。播种过早和苗期高温、干旱易感染病毒病，且肉质茎初冬膨大，在寒冷地区会受冻；播种过迟，产量低，幼苗定植迟，根系分布浅，发育不良，也易受冻。长江以北的郑州、洛阳一带8月下旬播种，11月底采收；长江中下游9月下旬至10月中旬播种，翌年3月下旬至4月上旬采收。武汉、宜昌、涪陵地区在9月上旬播种，12月底收获。

生产上多育苗移栽。苗床要远离萝卜、白菜等病毒源植物，并采用防虫网覆盖，以降低蚜虫的危害。适当稀播，定植每亩田块用种量40～50g。2片真叶时第一次间苗，3～4片真叶再间苗一次，5～6叶定植。苗龄30～35d。

2. 整地作畦施基肥和定植

榨菜种植宜选保水保肥力强又便于排灌的壤土。要求深沟高畦，施足基肥，生产上为提高榨菜的加工品质，适当地推迟播种，增加密度。移栽适期在播后35～40d当苗具4～5片真叶之时。密植范围在每亩田块12 000～20 000株。

3. 田间管理

定植缓苗后，松土除草1～2次。追肥宜前期、后期轻施，中期重施，使空心减少，提高产量和品质。生长前期多施氮肥，促进叶丛生长，到肉质茎膨大期应多施钾肥，促进养分向肉质茎运转。一般追肥3次，第一次在定植成活后至第一叶环形成前，第一叶环至二、三叶环形成时施第二次肥，肉质茎大量生长前再追肥一次。

4. 病虫害防治

主要是防治蚜虫和病毒病。应注意轮作，防治蚜虫及做好培肥管理工作，提高植株的抗病力。带土移栽要注意少伤根，必要时改育苗移栽为直播，这样均可减轻发病。

5. 适时采收

4月上旬，肉质茎充分膨大，花薹高达5～10cm即可采收。采收过迟，则菜头纤维发达，易空心，导致产品质量下降。

小结

本节主要介绍了的根用芥菜栽培要点。着重把握根用芥菜的茬口安排、栽培技术要点。

拓展知识

榨菜腌制方法

冬末春初，将菜头（膨大茎）切块（或小头整体）上架，风脱水至无硬心。每100kg生菜收蔫菜约40kg。蔫菜每100kg用盐4kg，入池。穿卫生保护鞋踩紧，至菜身来汗。腌3天后起池，围起过夜，又入池，每100kg加盐5kg，踩紧如前。腌7d起池，剔除菜筋，用原盐水洗净，入围屯，堆积压出浮水，次日装坛。装坛时每100kg加盐6kg，混合香料0.05kg（其中：八角55%、山茶10%、甘草5%，沙头4%、朴桂8%、白胡椒2%、姜片5%）、花椒0.05kg、辣椒粉1.8kg，与菜拌匀，分次装入压紧，排除坛内空气。坛口撒少量食盐和香料，然后封闭坛口（留一小气孔）贮存；继续腌制发酵。

以上是四川榨菜的典型制作工艺。浙江榨菜是用盐脱水，其他做法基本相同。

4.9　芥蓝生产

芥蓝别名芥兰、白花芥蓝，为十字花科芸薹属一、二年生草本植物，以肥嫩的花薹和嫩叶为产品，是我国特产蔬菜之一。营养丰富，质地脆嫩，风味独特。芥蓝起源于我国南方地区，主要分布在广东、广西、福建及台湾等地。北京、上海、南京、济南、杭州等地也有少量栽培。

4.9.1　生物学特性

1. 植物学性状

芥蓝为浅根性蔬菜，根的再生能力较强，主要根群分布在15～20cm土层中。一般株高40～50cm，开展度35～45cm，茎绿色直立短缩，初生花茎肉质，节间较疏，绿色，称为菜薹，为食用器官。单叶互生，叶色浓绿，表面有蜡粉，卵形、椭圆形或近圆形，叶面光滑或皱缩，叶柄绿色。复总状花序，完全花，花白色或黄色。异花授粉，虫媒花。角果，种子近圆形，褐色或黑褐色，千粒重3.5～4.0g。芥蓝的生育周期包括发芽期、幼苗期、叶丛生长期、菜薹形成期、开花结果期。

2. 生长发育对环境条件的要求

芥蓝种子发芽和幼苗生长的适温为25～30℃，叶丛生长和菜薹形成的适温为15～25℃，较大的昼夜温差对菜薹形成有利。气温30℃以上、15℃以下均影响菜薹的发育。早、中熟品种在27～28℃的较高温度下能迅速分化花芽，降低温度对花芽分化无明显的促进作用。而对晚熟品种，较低的温度和较长的低温时间可促进花芽分化。芥蓝为长日照植物，但对日照长度要求不严。叶丛生长和花薹的形成要求光照充足。芥蓝宜在疏松肥沃易于排灌的砂壤土或壤土上栽培，耐肥，喜湿，怕旱，忌涝。整个生育期内对钾的吸收量最大，其次是氮，磷最少。

4.9.2 类型和品种

芥蓝分白花芥蓝和黄花芥蓝。黄花芥蓝栽培较少，而白花芥蓝栽培面积大，分布较广，可分为以下3种类型：

早熟品种 较耐热，产量较高。在华南地区夏秋播种，9～12月收获。代表品种有：细叶早芥蓝、皱叶早芥蓝、柳叶早芥蓝。

中熟品种 耐热性不如早熟品种，耐寒性不如晚熟品种。华南地区多在9～11月播种，11月至翌年2月采收，也可以晚春栽培。代表品种有：荷塘芥蓝、登峰中熟芥蓝、福建芥蓝、台湾中花等。

晚熟品种 不耐热，较耐寒，不宜早播，冬性强。10～12月播种，翌年1月至4月采收。代表品种有：铜壳芥蓝、皱叶迟芥蓝、三元里迟芥蓝等。

4.9.3 栽培技术

芥蓝多采取育苗移栽，也可以直播。夏季苗期注意遮阳防雨，冬季注意保温。幼苗5～6片真叶、苗龄20～30d时定植。定植前施足基肥，定植密度早熟品种株行距15～20cm见方，中晚熟品种20～25cm见方。定植3～5d后浇缓苗水，中耕，缓苗后，每隔1周结合浇水追施尿素等速效氮肥，植株现蕾时适当增加速效氮肥追施量，并配施复合肥。主薹采收后结合浇水进行1次大追肥，以利侧薹生长。叶生长期土壤应见干见湿，花薹形成期土壤相对湿度以80%～85%为宜。注意在雨后及时排水防涝。

主薹与外叶等高并初花时为适宜的采收时期。主薹采收时保留4～5片基叶割下菜薹，以利侧薹生长，约20d左右可收获侧薹，侧薹采收时留基部1～2叶，使其再形成侧薹。

—— 小结 ☞

本节要着重掌握芥蓝的栽培技术，掌握芥蓝田间管理技术。

拓展知识　芥蓝的药用价值

芥蓝菜对肠胃热重、熬夜失眠、虚火上升，或因缺乏维生素C而引起的牙龈肿胀出血，很有效。坊间流行将芥蓝茶切片，煮成清汤，带温饮用，如牙血较严重的话，可加入西洋菜和莲藕同煮。

芥蓝菜含丰富的维生素A、维生素C、钙、蛋白质、脂肪和植物糖类。有润肠去热气，下虚火，止牙龈出血的功效。

但是，吃芥蓝的前提是要适量：数量不应太多，次数也不应太频繁。因为中医认为，芥蓝有耗人真气的副作用。久食芥蓝，会抑制性激素分泌。中医典籍《本草求原》就曾记载，芥蓝“甘辛、冷，耗气损血”。

复习思考题

一、解释术语

拉十字现象　叶球指数　关键肥（临界肥）

二、填空题

1. 大白菜结球变种的叶球抱合方式__________、__________和__________。

2. 结球白菜分为__________、__________、__________三种基本生态类型。

3. 大白菜三大病害为__________、__________和__________。

4. 花椰菜花球长至直径____cm时需折叶盖花，目的是________________。

5. 花椰菜出现早花和小花，主要是由于__________、__________及__________原因。

6. 普通甘蓝按叶球形状可分为__________、__________和__________三种，其中__________多为早熟小型品种，适宜春季栽培。

7. 结球甘蓝为__________春化型蔬菜，一般以________℃完成春化最快，在适宜的温度范围内，温度越低，通过春化需要的时间越__________。

8. 普通白菜与大白菜的主要区别在于叶__________，株型较__________，多数品种的叶片光滑，叶柄__________，没有__________。

三、选择题

1. 花椰菜对矿质元素有特殊的要求，缺（　　）元素时，常引起花茎中空或开裂，花球变锈褐色，味苦。

A. N　　B. K　　C. B　　D. P

2. 结球期使用过多造成不结球的肥料是（　　）。

A. N　　B. P　　C. K　　D. Ca

3. 大白菜出现干烧心的原因为（　　）。

A. 缺Ca　　B. 缺Mg　　C. 缺B　　D. 缺Mo

四、简答题

1. 简述秋大白菜高产优质的栽培技术。
2. 简要说明大白菜春、夏栽培的技术要点。
3. 怎样防止春甘蓝未熟抽薹?
4. 如何实现结球甘蓝周年供应?
5. 总结白菜类蔬菜水肥管理特点。
6. 分析茎用芥菜生产上存在的主要问题，提出克服的措施。
7. 比较花椰菜和结球甘蓝栽培技术上的异同点。
8. 如何防止花椰菜的小花、毛花、绿花、青花、紫花及茎中空的现象?
9. 简述青花菜的栽培技术要点。
10. 简述芥蓝的栽培技术。
11. 简述乌塌菜的栽培技术。
12. 如何实现小白菜周年供应?

实训4 白菜类蔬菜生产

工作任务		大白菜/小白菜/结球甘蓝/花椰菜栽培	
序号	计划实施步骤	计划实施时间	步骤实施物资准备

制定计划说明					
计划评价	班级		组号		组长
	教师签字			日期	
	评语：				

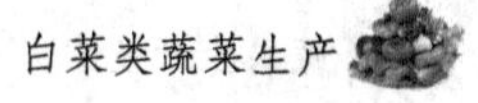

任务 4.1　白菜类蔬菜种子处理和浸种催芽

实施目的： 了解白菜类种子播前处理的作用，掌握白菜类蔬菜种子浸种、催芽的方法。

材料和用具： 大白菜、小白菜、甘蓝种子等；培养皿、滤纸、纱布、镊子、烧杯、玻璃棒、温度计、电炉、恒温箱等。

各组按下列要求进行操作。

1. 种子消毒

温汤浸种　先用少量凉水将种子浸没，再倒入热水，用棒状温度计测温度，使水温达到55℃，向一个方向搅拌，当水温降到30℃停止搅拌。浸泡完毕，种子用细沙搓掉种皮上的黏液，用清水把种子分离出来，再淘洗干净即可催芽。

2. 浸种催芽

浸种　在催芽前用20～30℃的清水浸泡种子，使种子吸足水分，加快出芽速度。浸种时间长短因种子成熟度和水温而有差异。越是充分成熟的种子，浸种的时间越长，水温低需时间也较长。

催芽　白菜类蔬菜种子发芽需要满足所需温度、水分和氧气，对光照属于好暗性，应放在背光处进行。在水分适宜、透气性良好、25～30℃不见光的条件下发芽最快。把浸完的种子用湿纱布或湿毛巾包起来，放在大碗或小盆中，每天用25～30℃水洗1～2遍。

任务记录单

任务名称：		指导教师：	
组号：		组长：	
时间	记录内容		
教师签名		时间	

考核评价单

任务名称	白菜类蔬菜种子处理和浸种催芽			小组组号			
实施日期		白菜类蔬菜种子处理和浸种催芽过程记录共____页					
评价项目	评价内容		分值	教师评价	学生评价	得分	总分
过程评价	工作态度	到岗情况	2%	1%	1%		
		认真负责	3%	2%	1%		
		与人沟通	2%	1%	1%		
		团队协作	3%	2%	1%		
	工作方法	学习能力	3%	8%	2%		
		计划能力	3%	2%	1%		
		解决问题能力	4%	3%	1%		
	实践操作	种子是否消毒	5%	3%	2%		
		精选种子的质量	3%	2%	1%		
		浸种容器和水量的选择	5%	4%	1%		
		投洗种子的次数和方法	5%	4%	1%		
		浸种程度和时间的控制	7%	5%	2%		
		催芽温度设定是否合理	7%	5%	2%		
		催芽是否投洗和翻动	3%	2%	1%		
		停止催芽的时间掌握	5%	4%	1%		
成果评价	浸种催芽结果	浸种催芽效果	10%	8%	2%		
		分析浸种催芽方法的合理性	10%	8%	2%		
	实训报告	填写是否正确、规范	20%	16%	4%		

任务 4.2 白菜类蔬菜播种育苗

实施目的： 通过对白菜类蔬菜进行育苗，了解其育苗过程，掌握蔬菜苗床准备及播种技术要点。

材料和用具： 大棚、白菜类蔬菜种子、菜园土、有机肥。

各组按下列要求进行操作。

1. 蔬菜育苗床准备

育苗土配制 育苗土的具体配方根据不同蔬菜和育苗时期灵活掌握，目前播种床土常用的配方为田土 6 份，腐熟有机肥 4 份，菜园土和有机肥过筛后，掺入速效肥料，并充分拌和均匀，堆置过夜。

苗床准备 选用适宜的育苗设施，设施准备好后铺设育苗床，苗床畦宽 1～1.5m；

将育苗土均匀铺在育苗床内，播种床铺土厚约10cm，苗床装填好后整平床面。

2. 播种

播前准备　根据选择的蔬菜种类，确定适宜的播种时期和播种量，并进行种子处理。

播种　低温季节宜选择暖天上午播种，播前浇透水，水渗下后，在床面薄薄撒盖一层育苗土；白菜类种子较小，一般撒播。催芽的种子表面潮湿，不易散开，应用细沙或草本灰拌匀后再撒；播后覆土，并用薄膜平盖畦面。

3. 播后管理

每天观察出苗情况，并进行记载，同时加强苗期管理。

任务记录单

任务名称：		指导教师：	
组号：		组长：	
时间	记录内容		
教师签名		时间	

考核评价单

任务名称	白菜类蔬菜播种育苗			小组组号				
实施日期		白菜类蔬菜播种育苗过程记录共________页						
评价项目	评价内容		分值	教师评价	学生评价	得分	总分	
过程评价	工作态度	到岗情况	2%	1%	1%			
		认真负责	3%	2%	1%			
		与人沟通	2%	1%	1%			
		团队协作	3%	2%	1%			
	工作方法	学习能力	3%	1%	2%			
		计划能力	3%	2%	1%			
		解决问题能力	4%	3%	1%			
	实践操作	准备工作的完整性	3%	2%	1%			
		床土配制的合理性	4%	2%	2%			
		消毒药的选择合理性	3%	2%	1%			
		播种量计算的准确性	5%	3%	2%			
		苗床制作质量	5%	4%	1%			
		底水是否打透	3%	2%	1%			
		播种是否均匀、时间合理	7%	5%	2%			
		覆土厚度是否均匀合理	5%	4%	1%			
		塑料膜覆盖质量	5%	4%	1%			
成果评价	播种育苗结果	出苗质量	10%	8%	2%			
		分析播种方法的合理性	10%	8%	2%			
	实训报告	填写是否正确、规范	20%	16%	4%			

任务 4.3 白菜类蔬菜整地、地膜覆盖、定植

实施目的：通过对白菜类蔬菜地整地、地膜覆盖和定植，掌握蔬菜地块准备及地膜覆盖、定植技术要点。

材料和用具：锄头、地膜、白菜类蔬菜幼苗。

各组按下列要求进行操作。

1. 整地做畦

苗床设置 畦面宽80cm，苗床宽1.6m左右、长8～12m、高13cm左右，两条栽植沟中心相距10cm，栽植沟深0.8～1cm。

施足基肥 在定植前7～10d，每亩应施腐熟堆厩肥2000kg以上，并加复合肥30～

50kg，在畦（垄）中开沟深施，保证生长结球的需要。

2. 地膜覆盖

覆盖地膜的方法：喷除草剂后要立即覆膜，人工覆膜时最少应3人一组，将地膜的一端先在垄或畦的一起始端埋好踩实后，一人铺展地膜，两人分别在畦两侧培土将地膜边缘压上，地膜要拉紧、铺正，并与垄面紧密接触，将边缘压紧封严。覆盖面积，即透明部分的宽度，要占垄（畦）面的3/5，留出垄沟用于田间作业和灌水。

3. 定植

1）定植日期内要注意天气预报，将定植日定在冷尾暖头为好，有利于还苗。

2）在定植前一天对苗床要适量浇水，以保证定植时起苗尽量多的土，减少秧苗的根系损伤。同时起苗前进行一次药剂防治，一般用多菌灵或百菌清等药剂。

3）破膜，定植深度保持在苗床位置。

任务记录单

任务名称：		指导教师：	
组号：		组长：	
时间	记录内容		
教师签名		时间	

考核评价单

任务名称	白菜类蔬菜整地、地膜覆盖、定植			小组组号			
实施日期		白菜类蔬菜整地、地膜覆盖、定植过程记录共______页					
评价项目	评价内容		分值	教师评价	学生评价	得分	总分
过程评价	工作态度	到岗情况	2%	1%	1%		
		认真负责	3%	2%	1%		
		与人沟通	2%	1%	1%		
		团队协作	3%	2%	1%		
	工作方法	学习能力	3%	1%	2%		
		计划能力	3%	2%	1%		
		解决问题能力	4%	3%	1%		
	实践操作	准备工作完整性	2%	1.5%	0.5%		
		整地的精细程度	3%	2%	1%		
		地膜覆盖质量	5%	4%	1%		
		定植时期合理性	5%	4%	1%		
		底肥使用方法是否合理	3%	2%	1%		
		定植的深度	5%	3.5%	1.5%		
		定植的密度	7%	5%	2%		
		缓苗状况	5%	4%	1%		
		定植熟练程度	10%	6%	4%		
成果评价	定植结果	苗成活率及质量	10%	8%	2%		
		分析定植方法的合理性	10%	8%	2%		
	实训报告	填写是否正确、规范	20%	16%	4%		

任务 4.4 白菜类蔬菜肥水管理

实施目的： 根据白菜类蔬菜生长情况和生长时期，掌握白菜类蔬菜常用的排灌技术措施和施肥方法。

材料和用具： 白菜类蔬菜植株、化肥、农具。

各组按下列要求进行操作。

白菜类蔬菜对肥水的需求量较大。小白菜一般从定植后 3～5d 开始追施缓苗肥，使植株迅速生长。每隔 5～7d 追肥一次，至采收前 15～20d 停止施肥。一般每亩施尿素 10～20kg。大白菜肥水主要在莲座期，每亩施入充分腐熟的粪肥 1000kg，磷酸二铵 2kg，硫酸钾 20kg。结球甘蓝是耐肥力强的蔬菜，除应施足基肥外，还注意追肥。花椰菜结球期施复合肥 1～2 次，每亩施用 20kg。

任务记录单

任务名称：			指导教师：
组号：			组长：
时间	记录内容		
教师签名		时间	

考核评价单

任务名称	白菜类蔬菜肥水管理			小组组号			
实施日期		白菜类蔬菜肥水管理过程记录共____页					
评价项目		评价内容	分值	教师评价	学生评价	得分	总分
过程评价	工作态度	到岗情况	2%	1%	1%		
		认真负责	3%	2%	1%		
		与人沟通	2%	1%	1%		
		团队协作	3%	2%	1%		
	工作方法	学习能力	3%	1%	2%		
		计划能力	3%	2%	1%		
		解决问题能力	4%	3%	1%		
	实践操作	准备工作的完整性	2%	1.5%	0.5%		
		施肥方案制定是否合理	6%	3%	3%		
		有机肥施用量计算	10%	8%	2%		
		化肥使用量计算	5%	4%	1%		
		施肥时期	15%	8%	7%		
		施肥方法及操作	2%	1.5%	0.5%		
成果评价	施肥结果	总体效果	10%	8%	2%		
		分析植株施肥的合理性	10%	8%	2%		
	实训报告	填写是否正确、规范	20%	16%	4%		

任务 4.5 白菜类蔬菜病虫害防治

实施目的：了解白菜类蔬菜主要病虫害发生的原因，掌握各种病虫害综合防治的方法。

材料和用具：白菜类蔬菜植株，农用喷雾器、各类农药、口罩、乳胶手套、量杯等。

各组按下列要求进行操作。

1. 基本情况调查

1）了解掌握白菜类蔬菜常见病害和常见虫害。

2）了解白菜类蔬菜主要病害的侵染途径、发生发展的规律。

3）了解和掌握白菜类蔬菜主要病害的种类、发生情况和规律。

4）了解当地气候条件对白菜类蔬菜生长发育规律及菜园病虫害发生发展的影响。

5）了解当地常见农药的种类和使用情况。

2. 制定原则和要求

1）贯彻“预防为主，综合防治”的方针，综合运用各种防治措施，控制有效生物危害，并将农药残留降低到规定标准的范围。

2）本着国内人民绿色消费意识的增强和国际贸易农残检测标准的异常严格以及技术绿色壁垒的保护角度出发，提出白菜类生产过程要改进传统方法，向精准方向推进。

3）从当地实际出发，目的明确，内容具体，有一定的可操作性。

任务记录单

<table>
<tr><td colspan="3">任务名称：</td><td colspan="2">指导教师：</td></tr>
<tr><td colspan="3">组号：</td><td colspan="2">组长：</td></tr>
<tr><td>时间</td><td colspan="4">记录内容</td></tr>
<tr><td></td><td colspan="4"></td></tr>
<tr><td></td><td colspan="4"></td></tr>
<tr><td></td><td colspan="4"></td></tr>
<tr><td></td><td colspan="4"></td></tr>
<tr><td></td><td colspan="4"></td></tr>
<tr><td></td><td colspan="4"></td></tr>
<tr><td></td><td colspan="4"></td></tr>
<tr><td></td><td colspan="4"></td></tr>
<tr><td></td><td colspan="4"></td></tr>
<tr><td></td><td colspan="4"></td></tr>
<tr><td>教师签名</td><td colspan="2"></td><td>时间</td><td></td></tr>
</table>

考核评价单

任务名称	白菜类蔬菜病虫害防治			小组组号			
实施日期		白菜类蔬菜病虫害防治过程记录共_______页					
评价项目	评价内容		分值	教师评价	学生评价	得分	总分
过程评价	工作态度	到岗情况	2%	1%	1%		
		认真负责	3%	2%	1%		
		与人沟通	2%	1%	1%		
		团队协作	3%	2%	1%		
	工作方法	学习能力	3%	1%	2%		
		计划能力	3%	2%	1%		
		解决问题能力	4%	3%	1%		
	实践操作	病、虫害观察正确，态度认真	13%	8%	5%		
		药品选择与病虫害对症，配制药液浓度准确	15%	10%	5%		
		喷药时间正确，喷药均匀，注意个人安全防护	12%	6%	6%		
成果评价	病虫害防治结果	总体效果	10%	8%	2%		
		有无药害	10%	8%	2%		
	实训报告	填写是否正确、规范	20%	16%	4%		

任务 4.6　白菜类蔬菜采收及采后处理

实施目的： 了解白菜类蔬菜主要采收及采后处理，掌握各种白菜类蔬菜分级和包装的方法。

材料和用具： 白菜类蔬菜，集装箱、冷库、打蜡机、包装机等。

各组按下列要求进行操作。

1. 采收

白菜类蔬菜必须在适宜的成熟期采收，方能保证品质运入包装厂和贮藏性能，大多数的采菜是人工采收。白菜类蔬菜采收后装入大箱，然后运入工厂。挑选，剔除残品。采收时间均在清晨气温最低时候采收。这时采收的整形，分级蔬菜温度低，可减少预冷的时间和费用，并能保持更好的品质。

2. 按体形大小分级

按照球菜的大小进行分级。

3. 包装加工或出口

包装不适合较严格的分级蔬菜的包装工作。包装厂收购的蔬菜一开始就注意存放在阴凉的地方，并立即清除残次品，进行分级，装入商品包装物内，放入冷库冷却贮藏，待上市或出口。

任务记录单

任务名称：		指导教师：	
组号：		组长：	
时间	记录内容		
教师签名		时间	

考核评价单

任务名称	白菜类蔬菜采收和采后处理		小组组号				
实施日期		白菜类蔬菜采收和采后处理过程记录共____页					
评价项目	评价内容		分值	教师评价	学生评价	得分	总分
过程评价	工作态度	到岗情况	2%	1%	1%		
		认真负责	3%	2%	1%		
		与人沟通	2%	1%	1%		
		团队协作	3%	2%	1%		
	工作方法	学习能力	3%	1%	2%		
		计划能力	3%	2%	1%		
		解决问题能力	4%	3%	1%		
	实践操作	成熟度断定	5%	3%	2%		
		采收操作熟练	20%	15%	5%		
		预冷操作熟练	15%	10%	5%		
成果评价	采收及采后处理结果	采收和采后处理量	10%	5%	5%		
		总体效果	10%	6%	4%		
	实训报告	填写是否正确、规范	20%	16%	4%		

根菜类蔬菜生产

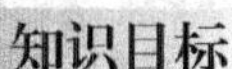

掌握根菜类主要种类和共同特性，主要种类的生物学特性，根菜类蔬菜生产基本常识；会根据栽培设施及栽培季节，正确选择根菜类栽培品种；会制定根菜类生产计划，能够正确地进行生产。

技能要求

根菜类蔬菜选种培育、整地作畦、植株调整、肥水管理、病虫害防治、采后处理等。

根菜类蔬菜是重要的蔬菜之一，根菜类萝卜营养丰富，是全国人民喜爱的食品，根菜类中牛蒡是一种重要的出口创汇蔬菜。

5.1 概　述

5.1.1 根菜类蔬菜的种类

根菜类蔬菜指以膨大的肉质直根为食用部分的蔬菜。包括萝卜、芥菜（常见的有根用芥菜，俗称“大头菜”）、辣根、葛、胡萝卜、大头菜、芜菁、芜菁甘蓝、根用甜菜、根芹菜、美洲防风、牛蒡、菊牛蒡、婆罗门参等（图 5-1）。目前我国南方主要栽培的是萝卜、胡萝卜，其余多数主要作为特菜栽培。萝卜起源，多数学者认为是从地中海沿岸及东南亚温暖海岸的野生种演变而来，是最古老的栽培植物之一。胡萝卜原产阿富汗山麓地带，9～10 世纪经伊朗、土耳其传入欧洲，在 13 世纪从伊朗传入中国，然后经中国传入日本。是世界分布最广的根菜。

生长期中喜温和冷凉的气候。在生长的第一年形成肉质根，其薄壁组织细胞发达，适于贮藏大量的营养物质，如维生素、矿物质、糖、淀粉等，到第二年抽薹开花结实。一般在低温下通过春化阶段，长日照下通过光照阶段。要求轻松深厚的土壤，用种子繁殖。产品耐贮运，可生食、炒食、腌渍和腌制，是人们喜爱的蔬菜之一。一些名优种类及其加工品（如云南黄芥菜、云南萝卜丝、重庆涪陵榨菜等）还是重要的出口商品。

根菜类蔬菜富含碳水化合物、维生素 C、与矿物质，可以调节生理机能。胡萝卜营养价值最高，为主根系蔬菜，适于土层深厚、肥沃、疏松、排水良好的砂壤土栽培。土壤瘠薄、黏重、多沙砾，易产生畸形根，影响品质。均为异花授粉作物。

图 5-1　不同根菜类蔬菜

5.1.2 根菜类的特性

根菜类中，栽培最普遍的是萝卜和胡萝卜。根菜类主要原产温带，属耐寒性或半耐寒性的一二年生蔬菜，在低温下通过春化阶段，在长日照条件下通过光照阶段。根菜类蔬菜营养价值高，如萝卜有清热解毒、润肺止咳、通便利尿、助消化之功效；牛蒡对促进人体血液循环、防止脑中风、肾脏病、痔疾、便秘、降低血糖等有良效；胡萝卜富含多种胡萝卜素，可防止夜盲症和呼吸道疾病，增强对致病菌感染的抵抗能力，能健脾化滞，对消化不良、久痢、咳嗽、预防心血管疾病和抗癌有很好的作用；中国自古药用，有利尿、兴奋神经之功效。同时，根菜类蔬菜在我国传统的酱菜加工中占重要地位。另外，还可为养殖业提供营养丰富、鲜嫩多汁的青饲料。

根菜类蔬菜在我国栽培历史悠久，在长期的栽培过程中，形成了一些名优品种，如北京的心里美、山东的潍县萝卜等。

根菜类蔬菜栽培有以下共同特性：

1）根菜类蔬菜是深根性植物，并以肉质根为产品，适宜在土层深厚、肥沃疏松、排水良好的砂壤土栽培。

2）肥沃疏松、排水良好的砂壤土栽培。

3）生产上多用种子直播，不耐移植。

4）多为耐寒性或半耐寒性二年生蔬菜，在低温下通过春化阶段，在长日照下通过光照阶段。

5）春化阶段，在长日照下通过光照阶段。

6）均属于异花授粉植物，采种时需严格隔离。

7）同科的根菜有共同的病虫害，不宜连作。

5.2 萝卜生产

萝卜为十字花科萝卜属能形成肥大肉质根的一二年生草本植物，别名莱菔、芦菔。原产我国，栽培历史悠久，适应性强，世界各地广泛种植。欧美国家主要栽培小型萝卜，亚洲国家主要栽培大型萝卜。在我国北方地区，秋萝卜的栽培面积仅次于大白菜，是主要秋冬蔬菜之一。萝卜的肉质根营养丰富，并含有淀粉酶，生食有助于消化。此外，肉质根中还含有杀菌物质，可祛痰、止泻、利尿，因而有较高的药用价值。萝卜可做水果生食，还可以腌渍酸萝卜条、萝卜丁，干制成萝卜干、萝卜丝，还可在宴席上作为雕花材料。

5.2.1 生物学特性

1. 植物学特征

（1）根

深根性植物，宜选择土层深厚富含有机质、保肥保水力强、排水容易的土壤栽培。

直根形态 根菜类的肉质直根在外行上分为3个部分。

根头部（顶部） 为短缩的茎部，由幼苗的上胚轴发育而成。上生叶和芽。

根茎部 由幼苗的下胚轴发育而成，此部没有叶，一般无侧根。

根部（真根） 由幼苗的初生根肥大而成，上生侧根。十字花科及藜科根菜的侧根皆为二列，伞行科为四列。根头、根颈与真根在功能上构成统一体，是储藏养分的器官。

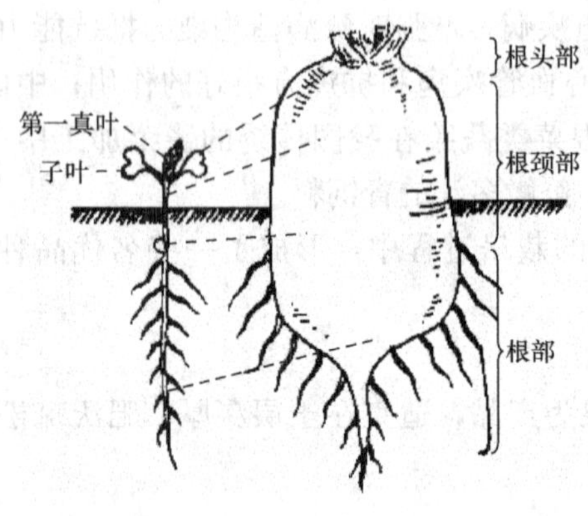

图5-2 萝卜的肉质根

(2) 茎

茎在营养生长期短缩，生殖生长期抽生花茎，花茎可分枝。在进入生长期后，由顶芽抽生花茎（称为主枝），主枝腋芽可发生侧枝，主侧枝上着生花。

(3) 叶

萝卜子叶两片，肾形，第1对真叶匙形，莲座叶着生于短缩茎上，有板叶和花叶两种。叶丛在营养生长期着生于短缩茎上，其形状、大小、色泽和伸展方式因品种而异。叶丛有直立、半直立、平展、塌地等。叶姿直立型的适合于密植，平展型的应稀植。

(4) 花

花为复总状花序，完全花，花色有白、粉、淡紫色，白花为白萝卜，紫花为青萝卜，淡紫花或白花为红萝卜。异花授粉，虫媒花，为天然异交作物。

(5) 果实、种子

果实长角果，成熟时不易开裂。每果含种子3～8粒。种子为不规则圆球形，浅黄至暗褐色，千粒重7～15g。种子使用年限为1～2年，但发芽力可保持5年。生产上宜选用1～2年的新鲜种子。

2. 对环境条件的要求

温度 萝卜为半耐寒性蔬菜，适宜在温和凉爽的气候条件下生长。种子发芽适温为20～25℃，幼苗期对温度适应能力广而强，在25℃的高温与－3～－2℃低温下还能生长，成长的植株适应性差。茎叶生长的温度为5～25℃，适温为15～20℃。而肉质根生长温度为6～20℃，适温为18～20℃。通过春化的温度范围为1.0～24.6℃，在1～5℃最易通过，所以在春栽萝卜时，一定要选择冬性强，形成肉质根快的品种，否则很易先期抽薹。关于地温，以20～23℃最适合，最高界限为33℃，幼根从6℃开始伸长，8℃开始发生根毛，15～20℃迅速伸长，25～28℃最为适宜。在适温范围内提高地温可以促进根系发育。所以，早春番茄定植时，地温必须稳定在8℃以上。

光照 萝卜要求中等强度光照。若光照不足，肉质根膨大慢，产量低，品质差。萝卜属于长日照植物。通过春化的植株，在长日照及较高温度下，花芽分化及花枝抽生都较快，因此，在萝卜春日照时会发生“未熟抽薹”现象。

水分　萝卜喜湿怕涝不耐旱。适于肉质根生长的土壤湿度为60%～80%。空气湿度为80%～90%。萝卜叶大，蒸腾作用强，耗水量大，且肉质根含水量高，须根又多分布于浅土层，吸水能力差，故萝卜栽培上要有充足的水分供应。据报道，一株肉质根为1kg的萝卜，其一生所需水分约5kg。但是，在萝卜生长期间，水分不能太多，尤其是田间不能长时间积水。所以土壤湿度对萝卜生长影响很大，肉质根会因为土壤渍水易导致烂根或黑心，土壤过于干燥则会导致辣味重，而水分供应不均匀则会导致开裂。

土壤营养条件　萝卜对土壤条件的要求比较严格。种植萝卜的地块要求富含有机质，土层深厚，土壤的保水性和通透性较好，深根性品种对于土壤的要求尤其重要。但土壤质地过软过松，相对持水性能较差，萝卜易空心，表皮光质较差，而易干燥的土壤会使萝卜肉质硬化，苦味增加。适宜的土壤pH为5.3～7.0。萝卜生长期长需肥量大，要求氮、磷、钾均衡供应。吸收以钾最多，其次为氮、磷、钙、镁。在肉质根膨大期，对磷、钾的吸收量增长最快，故生长盛期不能偏施N肥，其吸收的比例是N∶P∶K＝2.1∶1∶2.5而适量的硼对改善萝卜的品质有利，缺硼易引起“新腐病”。

5.2.2　类型和品种

我国萝卜品种很多，依据根形可分为长、圆、扁圆、纺锤、圆锥形等；依根的皮色可分为红、绿、白、紫等色；依用途可分为菜用、水果及加工腌制等；依生长期可分为早、中、晚品种；可根据栽培季节将其分为秋冬萝卜、冬春萝卜、春夏萝卜、夏秋萝卜和四季萝卜。

秋冬萝卜　通常夏末秋初播种，秋末冬初收获，生长期60～120d。此类萝卜多为大中型品种，品种多，生长条件适宜，因而产量高，品质好，耐贮运，是我国栽培较普遍的类型。分青萝卜、红萝卜、白萝卜3类品种群。代表品种有：北京心里美、德日2号、大红袍、通圆红1号、通圆红2号、京红1号、浙长大萝卜、美浓早生、浙萝1号等。长江流域一般立秋至处暑播种，11～12月份大量上市。南方主栽品种有：火车头萝卜、武清1号、浙大长萝卜、丰光萝卜、酒罐萝卜、太湖晚长白萝卜等。

冬春萝卜　晚秋初冬10月间播种，露地越冬，2～4月间收获，生长期120～150d。这类萝卜的特点是耐寒性强，春化严格，抽薹迟，不易空心。主栽品种有：冬萝卜、冬春1号、冬春2号、武汉春不老萝卜、成都春不老萝卜和宁白三号等。

春夏萝卜　3～4月播种，4～5月收获，生育期40～70d。此类萝卜多为中型萝卜，产量较低，供应期短，且易先期抽薹。所以选育高产，较耐寒，供应期长及抽薹晚的品种，是这类萝卜亟待解决的问题。主要栽培品种有：春红1号、春红2号、三月萝卜、醉仙桃、泡里红、南农四季1号和2号、春白萝卜等。

夏秋萝卜　夏季（7月上旬）播种，秋季（8月下旬始收）收获，生长期50～70d。较耐热、耐湿，抗病虫能力强，不易糠心，生长期短。主栽品种有：夏抗40d、半节红、心里美、双红1号、短叶13号、东方惠美和中秋红萝卜。

四季萝卜　多数为小型品种，周年均可播种，但以春播为主。极早熟，生长期20～45d。肉质根小，适于生食和腌渍。耐热耐寒，适应性强，不易抽薹，品质好，产量低。主要品种有：上海小红萝卜、南京杨花萝卜、江津胭脂萝卜、哈尔滨算盘子萝卜（又叫樱桃萝卜）、荸荠扁萝卜等。

近年来为适应国际市场需求，我国相继从韩国引进白光、世农 R706、大一早光、大一春和田、寒玉、汉白玉、特新白玉、白玉春、美白春、长春大根、大棚大根等，从日本引进了玉大根、跃进系列、真太忍、耐病忍太、理想系列、天春大根、四月白、立春大根等。

5.2.3 栽培季节与方式

南方地区一年四季均可栽培，北方大部分地区可春、夏、秋三季栽培，但以秋冬萝卜为主要栽培茬次。萝卜宜以非十字花科蔬菜轮作，前茬以瓜类、葱蒜类、茄果类、豆类蔬菜为好，实行粮菜轮作的前茬可选小麦、大豆、玉米等。

5.2.4 栽培技术

(1) 土壤要求和茬口安排

要选择土层深厚的砂壤土，避免连作，黄瓜后作安排早熟的早秋萝卜，豇豆的后作安排晚熟的秋冬萝卜。

(2) 整地施肥作畦

前茬忌十字花科蔬菜及番茄、辣椒等茄果类蔬菜，最好是瓜类或豆类蔬菜。整地要细致，要早耕多翻，结合施基肥进行深翻，打碎耙平。每亩田块施入腐熟厩肥2500～5000kg，土、肥混合均匀，整平后，北方多起垄栽培，垄高 20～30cm，垄距40～60cm，也可以做成平畦，畦宽 1.2～1.5m；南方则作成深沟高畦。

(3) 播种

适宜播种期为 8 月上旬至 9 月上旬播种前精选种子，选粒大饱满的新种子穴播或条播。播种时土壤干燥，可先浇水，待水渗入土中后再播种。穴播是按株距开穴，每穴播种子 5～8 粒，种子要散开一些，播后覆土 2～3cm，并稍加镇压。条播是在垄背中间开浅沟，均匀地将种子播入沟内，播后覆土镇压。大型品种一般行距 40～50cm，株距 30～40cm，中型品种行距 20～25cm，株距 15～20cm。

(4) 田间管理

及时间苗、结合中耕培土 掌握早间苗，多次间苗，晚定苗的原则。苗齐后进行第 1 次间苗，苗距 3～4cm，2～3 片真叶时第 2 次间苗，苗距 10～12cm，5～6 片真叶时定苗，大型品种苗距为 20～30cm，中型品种苗距为 15～25cm。小水勤浇，保持土壤湿润，雨后及时排水防涝，促进幼苗生长。

中耕除草 幼苗期至封垄期前中耕 2～3 次，保持土壤疏松透气，防止板结。定苗后结合中耕进行培土，促使肉质根充分发育。中耕时勿伤及根系，以免引起歧根。

追肥、灌水 追肥要早，土壤保持湿润。萝卜施肥的原则是基肥为主，追肥为辅，盖子肥长苗，追肥长叶，基肥长头。前期以促为主，浇水 2～3 次，促进莲座叶生长；中后期应适当控水，多中耕松土，防止叶徒长。肉质根露肩后，结合中耕浇水进行大追肥，每亩田块施入草木灰 100kg，微生物复合肥 30～40kg，可于行间撒施。这一时期水肥供应要均匀，否则易发生裂根。一般每5～7d浇1次水，半个月左右追1次复合肥。

(5) 病虫害防治

虫害有蚜虫、菜青虫、菜螟、斜纹夜蛾，病害主要有黑腐病、病毒病、黑心病、霜霉病等。

(6) 采收

当萝卜肉质根充分膨大、叶色开始转变为黄绿色时，即可采收。应选择在晴天采收，适时采收。采收过早产量较低，过迟则易空心，品质下降，收后应立即削去顶部叶片，以减少水分的蒸发和发芽糠心，要轻放，不可碰伤，否则不耐贮藏。

5.2.5 栽培萝卜中常见的问题及防治措施

先期抽薹 先期抽薹是指肉质根尚未充分肥大就出现花薹，甚至开花。先期抽薹造成肉质根肉质疏松、空心，无食用价值。主要原因是播种过早、品种选择不当、管理不到位等。防治方法：选择冬性强品种，采用新种子，适期播种，加强水肥、病虫害管理等。

畸形根 一般在土质过硬，主根生长受阻情况下会引起弯曲根。因主根生长点受到破坏或者主根生长受阻，侧根膨大，会形成分叉肉质根。具体原因是土壤耕层太浅，坚硬或石砾块阻碍肉质根的生长；使用陈种子；育苗移栽造成的主根受损；施入未腐熟的有机肥或浓度过大的肥料；病虫害伤害胚根等。防治方法：选用优质新种子，选择土层深厚疏松沙壤或壤土，有机肥充分腐熟，播种密度适中，采用直播或带土坨移栽，追肥要适量均匀，灌水适时和及时防治病虫害等。

裂根 即肉质开裂，主要原因是肉质膨大期肥水供应不均匀。如前期的干燥、后期多水，或前期多水、后期干燥。此外，氮肥过多、管理不到位、收获过晚等也会造成裂根。防治方法：干旱时，及时灌水；水分过多时，及时排水；适时适量补充氮肥，加强管理，及时采收。

空心 又称糠心，是指肉质根的木质部中心部分出现空洞现象，主要发生在露肩时期。在肉质根生长盛期，正是植株呼吸作用和蒸腾作用旺盛之时，肉质根迅速膨大，水肥消耗量大，若遇高温干旱，浇水不及时，木质部的一些远离疏导组织的薄壁细胞，缺乏营养物质和水分供应，造成细胞中糖分消失，可溶性固形物含量减少，产生细胞间隙而造成空心。种植生长速度快、肉质松软的品种；播种期过早，营养面积过大；早期抽薹开花；偏施氮肥、钾肥不足；收获过迟；贮藏时覆土过干、高温干燥、贮存期过长等，都能使萝卜大量失去水分而空心。防治方法：选择肉质密实的品种，排水及时，均匀施肥，水肥供应及时足量，及时采收，增施钾肥，合理密植和适期播种。

黑心 肉质根外表正常，但内部变黑，因缺氧导致的呼吸困难而成。主要原因是土壤条件，如土壤板结、土壤含水过多、有机肥没有充分腐熟等。防治方法：严格控制土壤板结，加强水分管理，施用充分腐熟的有机肥和及时防治黑腐病等。

辣味和苦味 萝卜肉质根中含有辣芥油，其含量适中时，萝卜风味好，含量过多则辣味加重；凡气候炎热、干旱或有机肥不足时，都易使萝卜中辣芥油含量增加。天气炎热或施用氮肥过多而磷、钾肥不足，肉质根内易产生一种含氮的碱性化合物即苦瓜素，使萝卜出现苦味。防治方法：选用优良品种，重视有机肥的施用，增施磷、钾肥，适期播种，加强温度、水肥管理和及时防治病虫害等。

小结

本节主要介绍了萝卜的栽培技术。重点要把握萝卜的整地作畦和田间管理。

拓展知识

萝卜的吃法

萝卜不可以同橘子一起吃。萝卜中含有大量胡萝卜素，胡萝卜素虽然能够明眼、治疗眼睛，但是同橘子吃就会生病。

萝卜会产生一种抗甲状腺的物质硫氰酸，如果同时食用大量的橘子、苹果、葡萄等水果，水果中的类黄酮物质在肠道经细菌分解后就会转化为抑制甲状腺作用的硫氰酸，进而诱发甲状腺肿大。

发病特征：脸色时而发白，时而发黄，体温上下不定，呕吐，发冷汗，虚弱等。

5.3 胡萝卜生产

胡萝卜又叫红萝卜、黄萝卜、丁香萝卜，是伞形科胡萝卜属二年生草本植物，原产阿富汗。胡萝卜营养价值极高，人称“小人参”，色泽鲜艳，质脆味美。其肉质根富含胡萝卜素、糖、淀粉及钾、钙、磷、铁等矿质养分，尤其是胡萝卜素的含量高，比番茄高5～7倍。胡萝卜素在人体内经消化水解成为维生素，可防治夜盲症和呼吸道疾病。胡萝卜可鲜食、加工（胡萝卜汁、胡萝卜酱、脱水保鲜、提炼胡萝卜素等）。胡萝卜适应性强，栽培容易，病虫害少，耐贮藏和运输，对调节市场供应有很大的作用。国际市场对胡萝卜需求量猛增，目前我国的栽培面积居世界第一。

5.3.1 生物学特性

1. 植物学特征

根 胡萝卜为直根系深根性蔬菜，深度可达2m以上，水平伸展1～1.5m，主要根群分布在20～90cm土层中，较耐旱。肉质根为食用器官。

茎 营养生长期茎短缩，其上着生叶片，生殖生长期抽生花茎，花茎可分枝，能力极强，主茎各节皆可抽生侧枝，侧枝上又生次侧枝。

叶 叶丛生于短缩茎上，三回羽状复叶。叶柄细长，叶色浓绿，叶面积小，密生绒毛，耐旱。

花 复伞形花序，每个花序上有上千朵小花，完全花，白色或淡黄色，雌雄同株异花。异花授粉，虫媒花，易天然杂交。

果实和种子 双悬果，黄褐色。以果实做播种材料。果实表面有纵沟，成熟时分裂为二，果皮革质有刺毛，并含挥发油，吸水困难，出土能力弱，发芽率低，一般为70%。种子无胚乳，千粒重1.1～1.5g，种子使用年限为2～3年。

2. 对环境条件的要求

温度 胡萝卜为半耐寒性蔬菜，其耐寒性、耐热性比萝卜稍强，因此可比萝卜早播种、晚收获。种子发芽适温为20～25℃，幼苗即耐低温又耐高温，播种后适温下约5d即可出苗。叶生长适温为白天23～25℃，夜间15～18℃。肉质根膨大适宜的昼温为18～23℃，夜温为13～18℃，地温16～18℃。气温在28℃以上、3℃以下，肉质根停止膨大。肉质根的颜色对低温敏感，温度为15～21℃对胡萝卜素形成有利，根色好。肉质根生长缓慢，高温下形成的肉质根肉质粗糙，品质差。

胡萝卜为绿体春化型蔬菜，植株在发生约10片叶以后，在2～6℃的低温条件下经50～100d通过春化。南方有少数品种可在种子萌动及较高的温度条件下通过春化。

光照 胡萝卜喜欢光照充足，光照充足，光合作用强，同化产物多，肉质根膨大快；光照不足植株生长不良，肉质根膨大受阻，产量低，品质差。胡萝卜为长日照植物，完成春化的植株在14h以上的长日照条件下通过光照阶段，抽薹开花结实。

水分 胡萝卜根系发达，是根菜类中最耐旱的蔬菜。发芽期要求土壤湿润以利于出苗。肉质根膨大期需水多，但应均衡供水，防止过干过湿，出现裂根或劣质根现象。幼苗期和莲座期要求促控结合。

土壤营养 胡萝卜对土壤的要求与萝卜相似，以在土层深厚、土质疏松、易于排灌、pH6～8的砂壤土或壤土中栽培为宜。胡萝卜生育前期需氮多，对磷也有一定的需求，到肉质根膨大期需钾增多，N：P：K＝2.5：1：4。叶面喷施硼肥可改进胡萝卜的品质，并有一定的增产作用。

5.3.2 类型和品种

胡萝卜按照其肉质根的形状可分为长圆锥形、短圆锥形、长圆柱形3个类型，按其肉质根皮色可分为红、黄、紫3类。在选择品种时，应选叶丛小、肉质根肥大、形状整齐、表面光滑、髓部小、肉质细密、多汁、含糖分和胡萝卜素量多、不易开裂或分叉、不易抽薹、丰产、抗病的优良品种。

长圆锥形 多为中晚熟品种，红色或紫红色，根细长，先端尖，味甜，耐贮藏，肉质根长25～50cm，常用品种有：汕头红、成都小缨子、大理红萝卜等。

短圆锥形 早熟，耐热，产量低，春季栽培抽薹迟，肉质根长15～20cm，常用品种有：山东烟台五寸、江苏四季胡萝卜、山西二金红胡萝卜等。

长圆柱形 晚熟，根细长，肩部粗大，根头略粗，根尖钝圆，肉质根长30～40cm，常用品种有：上海长红、浙江东阳黄种胡萝卜、黑田五寸、杭州红心等。

5.3.3 栽培的季节与茬口安排

胡萝卜一般分为春、秋两季栽培，以秋季栽培为主。少数地区有春、夏、秋三季栽培和春季薄膜覆盖栽培等多种方式。胡萝卜幼苗生长缓慢，秋播时间应比萝卜早。东北及高寒地区一般在6月份开始播种，西北及华北地区多在7月上中旬播种，长江中下游地区一般在7月下旬至8月上旬播种，华南地区9～10月下旬播种。

秋胡萝卜适宜前茬为甘蓝、番茄、黄瓜、大蒜、洋葱、菜豆、豇豆及小麦、豌豆等。春萝卜前茬一般为菠菜、不结球白菜、秋甘蓝等。

5.3.4 栽培技术

胡萝卜通常作秋季栽培，但近年来随着人们对于反季节蔬菜的需求增加，市场价格高，同时为满足出口创汇需要，许多地区进行反季节栽培（春种夏收），获得了较好的经济效益。

1. 整地施基肥作畦

胡萝卜耐旱性较强，怕积水，因此应选择土层深厚、疏松肥沃、排水良好的壤土或砂壤土。精细整地，结合深翻，每亩施入腐熟厩肥3000～4000kg、微生物复合肥30～50kg，深翻25～30cm，使土肥充分混匀。整平耙细，做垄栽培，垄距60cm，高20cm，双行种植，株行距11cm×20cm（或40cm），每亩种植20 000株。

2. 品种选择

选用早熟、抗病、耐寒、丰产、春季栽培不易抽薹等品种。如黑田五寸、四季胡萝卜、惊红五寸、春早红2号等，其中黑田五寸类品种栽培较多，因属秋播品种，要注意其适应性。

3. 播种

胡萝卜肉质根适宜在冷凉的气候条件下生长。但胡萝卜的幼苗耐旱与耐热性比萝卜强，且生长期长，故可利用幼苗耐热的特性提前播种春胡萝卜在长江流域一般在早春2～3月份直播，5～6月份采收上市。宜在5cm土层温度稳定在6～8℃以上播种。播前进行浸种催芽，以提高发芽率和出苗速度。撒播或条播均可，一般以撒播为多。

4. 田间管理

由于苗期正值高温雨季，易生杂草，应及时中耕除草。当幼苗出齐后，应及时间苗定苗，除去太密的苗、杂苗、劣苗和病苗，以防幼苗拥挤，光照不足。幼苗1～2片真叶时进行第1次间苗，3～4片真叶时第2次间苗，5～6片真叶时定苗，苗距：小型品种10cm，大型品种13～15cm。出苗前应保持土壤湿润以利于出苗。苗期注意雨后及时排水。叶生长盛期应适当控水，防止幼苗徒长，肉质根膨大期土壤应保持湿润，一般保持60%～80%的土壤湿度。如供水不足，则根瘦小而粗糙；供水不匀，则引起肉质根开裂。生长后期应停止浇水。浇水应避开中午高温时期，最好在早晚进行，防止裂根。胡萝卜的生长期长，除施足基肥外，还要追肥2～3次，第1次在间苗后20～25d，第2次在定苗后进行。肉质根膨大时，可追施适量的腐熟人粪尿或磷、钾肥，以利于肉质根的形成。此期如果土壤干燥已引起肉质根木栓化，侧根增多；过湿则使肉质根腐烂；忽干忽湿则造成肉质根开裂，降低产量和品质。

5. 收获

胡萝卜宜在肉质根充分肥大成熟时收获，一般于播种后90～100d即可收获，成熟的标志：叶片停止生长，无新叶产生。收获太晚会导致肉质根发硬，商品性下降。

6. 病虫害防治

主要病害：软腐病、黑腐病、霜霉病、叶枯病。主要虫害：蚜虫、茴香凤蝶，可用20%灭幼脲、20%虫酰肼、10%溴虫腈、5%氟啶脲等防治。

5.3.5　栽培中常见问题及防治对策

春胡萝卜栽培中常见的问题主要有先期抽薹、分叉、裂根、弯曲、瘤状突起、青肩、长须根、颜色变异和肉质根中心柱增粗等。先期抽薹、分叉、裂根、弯曲等问题及防治参考萝卜相关内容。

1. 瘤状突起

当胡萝卜肉质根侧根发达时，致使表面隆起成瘤包状，表皮不光滑，影响商品质量。发生原因主要是栽培地块黏重，通透性不良；施肥过多，特别是氮肥过多，致使生长过旺，肉质根膨大过速等。防治措施：选用图层深厚、疏松透气、排水良好的砂壤土栽培，合理施肥，特别注意肉质根膨大期氮肥不能过多。

2. 青肩

植株生长后期培土少，或土层过浅，露出肉质根肩部。发生原因主要是生育不良，病虫害等使茎叶变少；生育中、后期高温干燥，大雨造成土壤流失等。防治措施：选择土壤深厚的土壤栽培，田间管理中应注意病虫害的防治，保持田间水分均匀，并加强中耕培土。

3. 长须根

主要原因是土壤紧实或排水不良，通气性差。防治措施：选择适当土壤，适当浇水，深耕细耙，中耕松土。

4. 颜色变异

发生原因主要是耕层太浅，根膨大期不注意培土或播期太晚，使肉质根膨大期处于在7～8月份高温期，导致胡萝卜素、茄红素的积累受阻，产生颜色变异，发白或发黄。防治措施：深耕细耙、中耕松土、垄播等措施可使胡萝卜颜色变深，根皮光滑，增施钾、镁也可提高胡萝卜素含量，改善肉质根颜色。

5. 肉质根中心柱增粗

发生原因主要与品种、株行距过大、氮肥过大。防治措施：选择优良品种，间苗间距要适当，补充氮肥适中等。

小结

本节主要介绍了胡萝卜的栽培技术。重点要把握胡萝卜的整地作畦和田间管理。

拓展知识

胡萝卜的食疗价值

美国科学家研究证实：每天吃两根胡萝卜，可使血中胆固醇降低10%～20%；每天吃三根胡萝卜，有助于预防心脏疾病和肿瘤。中医认为胡萝卜味甘，性平，有健脾和胃、补肝明目、清热解毒、壮阳补肾、透疹、降气止咳等功效，可用于肠胃不适、便秘、夜盲症（维生素A的作用）、性功能低下、麻疹、百日咳、小儿营养不良等症状。胡萝卜富含维生素，并有轻微而持续发汗的作用，可刺激皮肤的新陈代谢，增进血液循环，从而使皮肤细嫩光滑，肤色红润，对美容健肤有独到的作用。同时，胡萝卜也适宜于皮肤干燥、粗糙，或患毛发苔藓、黑头粉刺、角化型湿疹者食用。

复习思考题

一、解释术语

先期抽薹　糠心　破肚　露肩

二、填空题

1. 根据肉质根的解剖学构造，萝卜的主要食用部分为________，胡萝卜的主要食用部分为________。

2. 根菜类蔬菜肉质根在外部形态上可分为3个部分即________、________、________，分别是由________、________、________发育而成的。

3. 肉质根辣味过浓是由于________含量过高所致，苦味是由于肉质根含有________所致。

4. 肉质根的中心部分发生空洞的现象称为________，与________、________等有关。

5. 胡萝卜生育前期需________肥多，对________肥也有一定的需求，到肉质根膨大期需________肥增多，叶面喷施________肥可改进胡萝卜的品质，并有一定的增产作用。

6. 引起胡萝卜肉质根开裂的原因主要是________。

7. 胡萝卜肉质根的颜色对________敏感。

8. 胡萝卜是________科________属________年生草本植物。

三、选择题

1. 萝卜开裂的主要原因是（　　）。

A. 耕作层太浅　　B. 施未腐熟有机肥

C. 水分供应不均　　D. 土壤中砖块

四、简答题

1. 萝卜辣味、苦味、糠心、裂根、未熟抽薹的产生原因及防止措施。
2. 简述萝卜的生长发育规律，以及春萝卜栽培技术。
3. 如何实现萝卜周年栽培技术？
4. 简述胡萝卜的田间管理技术。
5. 根菜类蔬菜对施肥有哪些要求？

实训 5　根菜类蔬菜生产

<table>
<tr><td colspan="2">工作任务</td><td colspan="4">萝卜/胡萝卜栽培</td></tr>
<tr><td>序号</td><td>计划实施步骤</td><td colspan="2">计划实施时间</td><td colspan="2">步骤实施物资准备</td></tr>
<tr><td></td><td></td><td colspan="2"></td><td colspan="2"></td></tr>
<tr><td></td><td></td><td colspan="2"></td><td colspan="2"></td></tr>
<tr><td></td><td></td><td colspan="2"></td><td colspan="2"></td></tr>
<tr><td></td><td></td><td colspan="2"></td><td colspan="2"></td></tr>
<tr><td></td><td></td><td colspan="2"></td><td colspan="2"></td></tr>
<tr><td></td><td></td><td colspan="2"></td><td colspan="2"></td></tr>
<tr><td></td><td></td><td colspan="2"></td><td colspan="2"></td></tr>
<tr><td>制定
计划
说明</td><td colspan="5"></td></tr>
<tr><td rowspan="3">计划评价</td><td>班级</td><td>组号</td><td></td><td>组长</td><td></td></tr>
<tr><td>教师签字</td><td></td><td>日期</td><td colspan="2"></td></tr>
<tr><td colspan="5">评语：</td></tr>
</table>

任务 5.1 根菜类蔬菜整地、地膜覆盖、播种

实施目的：通过对根菜类蔬菜地整地、地膜覆盖和播种，掌握蔬菜地块准备及地膜覆盖、播种技术要点。

材料和用具：锄头、地膜、根菜类蔬菜种子等。

各组按下列要求进行操作。

1. 整地做畦

前茬忌十字花科蔬菜及番茄、辣椒等茄果类蔬菜，最好是瓜类或豆类蔬菜。整地要细致，要早耕多翻，结合施基肥进行深翻，打碎耙平。每亩田块施入腐熟厩肥2500～5000kg，土、肥混合均匀，整平后，北方多起垄栽培，垄高 20～30cm，垄距40～60cm，也可以做成平畦，畦宽 1.2～1.5m；南方则作成深沟高畦，做畦，一般畦宽 1.5m（连沟），畦高 15～20cm。

2. 地膜覆盖

覆盖地膜的方法：喷除草剂后要立即覆膜，人工覆膜时最少应 3 人一组，将地膜的一端先在垄或畦的一起始端埋好踩实后，一人铺展地膜，两人分别在畦两侧培土将地膜边缘压上，地膜要拉紧、铺正，并与垄面紧密接触，将边缘压紧封严。覆盖面积，即透明部分的宽度，要占垄（畦）面的 3/5，流出垄沟用于田间作业和灌水。

3. 播种

破膜，每畦（垄）种两行。穴播，北山萝卜每穴播 5～6 粒，和风、夏抗 40、太白穴播 2～4 粒，每亩用种量 100～150g，行距 40cm，穴距 20cm。

任务记录单

<table>
<tr><td colspan="2">任务名称：</td><td colspan="2">指导教师：</td></tr>
<tr><td colspan="2">组号：</td><td colspan="2">组长：</td></tr>
<tr><td>时间</td><td colspan="3">记录内容</td></tr>
<tr><td></td><td colspan="3"></td></tr>
<tr><td></td><td colspan="3"></td></tr>
<tr><td></td><td colspan="3"></td></tr>
<tr><td></td><td colspan="3"></td></tr>
<tr><td></td><td colspan="3"></td></tr>
<tr><td></td><td colspan="3"></td></tr>
<tr><td></td><td colspan="3"></td></tr>
<tr><td></td><td colspan="3"></td></tr>
<tr><td>教师签名</td><td></td><td>时间</td><td></td></tr>
</table>

考核评价单

任务名称	根菜类蔬菜整地、地膜覆盖、定植			小组组号				
实施日期		根菜类蔬菜整地、地膜覆盖、定植过程记录共______页						
评价项目	评价内容		分值	教师评价	学生评价	得分	总分	
过程评价	工作态度	到岗情况	2%	1%	1%			
		认真负责	3%	2%	1%			
		与人沟通	2%	1%	1%			
		团队协作	3%	2%	1%			
	工作方法	学习能力	3%	1%	2%			
		计划能力	3%	2%	1%			
		解决问题能力	4%	3%	1%			
	实践操作	准备工作完整性	2%	1.5%	0.5%			
		整地的精细程度	3%	2%	1%			
		地膜覆盖质量	5%	4%	1%			
		播种时期合理性	5%	4%	1%			
		底肥使用方法是否合理	3%	2%	1%			
		播种的深度	5%	3.5%	1.5%			
		播种的密度	5%	3%	2%			
		缓苗状况	5%	4%	1%			
		播种熟练程度	7%	5%	2%			
成果评价	定植结果	成活率及质量	10%	8%	2%			
		分析作畦方法的合理性	10%	8%	2%			
	实训报告	填写是否正确、规范	20%	16%	4%			

任务 5.2 根菜类蔬菜肥水管理

实施目的：根据根菜类蔬菜生长情况和生长时期，掌握根菜类蔬菜常用的排灌技术措施和施肥方法。

材料和用具：根菜类蔬菜植株、化肥、农具。

各组按下列要求进行操作。

在整地前一次性施入，每 180m² 田块施 300kg 腐熟有机肥加 3kg 复合肥。需要特别强调的是，所用的有机肥必须经过充分腐烂、发酵，切不可使用新鲜有机肥，否则极有可能出现主根肥害、腐烂的现象；基肥宜结合土壤翻耕于播种前 7～10d 施入。施肥的原则是基肥为主，追肥为辅，盖子肥长苗，追肥长叶，基肥长头。前期以促为主，浇水 2～3 次，促进莲座叶生长；中后期应适当控水，多中耕松土，防止叶徒长。肉质根露肩后，结合中耕浇水进行大追肥，每亩田块施入草木灰 100kg，微生物复合肥30～40kg，可于行间撒施。这一时期水肥供应要均匀，否则易发生裂根。一般每 5～7d 浇 1

次水，半个月左右追1次复合肥。

任务记录单

任务名称：			指导教师：
组号：			组长：
时间	记录内容		
教师签名		时间	

考核评价单

任务名称	根菜类蔬菜肥水管理			小组组号			
实施日期		根菜类蔬菜肥水管理过程记录共________页					
评价项目	评价内容		分值	教师评价	学生评价	得分	总分
过程评价	工作态度	到岗情况	2%	1%	1%		
		认真负责	3%	2%	1%		
		与人沟通	2%	1%	1%		
		团队协作	3%	2%	1%		
	工作方法	学习能力	3%	1%	2%		
		计划能力	3%	2%	1%		
		解决问题能力	4%	3%	1%		
	实践操作	准备工作的完整性	2%	1.5%	0.5%		
		施肥方案制定是否合理	6%	3%	3%		
		有机肥施用量计算	10%	8%	2%		
		化肥使用量计算	5%	4%	1%		
		施肥时期	15%	8%	7%		
		施肥方法及操作	2%	1.5%	0.5%		
成果评价	施肥结果	总体效果	10%	8%	2%		
		分析植株施肥的合理性	10%	8%	2%		
	实训报告	填写是否正确、规范	20%	16%	4%		

任务 5.3　根菜类蔬菜病虫害防治

实施目的：了解根菜类蔬菜主要病虫害发生的原因，掌握各种病虫害综合防治的方法。

材料和用具：根菜类蔬菜植株，农用喷雾器、各类农药、口罩、乳胶手套、量杯等。

各组按下列要求进行操作。

1. 基本情况调查

1）了解掌握根菜类蔬菜常见病害和常见虫害。

2）了解根菜类蔬菜主要病害的侵染途径、发生发展的规律。

3）了解和掌握根菜类蔬菜主要病害的种类、发生情况和发生的规律。

4）了解当地气候条件对根菜类蔬菜生长发育规律及茶园病虫害发生发展的影响。

5）了解当地常见农药的种类、和使用情况。

2. 制定原则和要求

1）贯彻“预防为主，综合防治”的方针，综合运用各种防治措施，控制有效生物危害，并将农药残留降低到规定标准的范围。

2）本着国内人民绿色消费意识的增强和国际贸易农残检测标准的异常严格以及技术绿色壁垒的保护角度出发，提出根菜类蔬菜生产过程要改进传统方法，向精准方向推进。

3）从当地实际出发，目的明确，内容具体，有一定的可操作性。

任务记录单

任务名称：		指导教师：	
组号：		组长：	
时间	记录内容		
教师签名		时间	

考核评价单

<table>
<tr><td>任务名称</td><td colspan="2">根菜类蔬菜病虫害防治</td><td colspan="2">小组组号</td><td colspan="4"></td></tr>
<tr><td>实施日期</td><td></td><td colspan="7">根菜类蔬菜病虫害防治过程记录共______页</td></tr>
<tr><td>评价项目</td><td colspan="2">评价内容</td><td>分值</td><td>教师评价</td><td>学生评价</td><td>得分</td><td>总分</td></tr>
<tr><td rowspan="10">过程评价</td><td rowspan="4">工作态度</td><td>到岗情况</td><td>2%</td><td>1%</td><td>1%</td><td></td><td rowspan="13"></td></tr>
<tr><td>认真负责</td><td>3%</td><td>2%</td><td>1%</td><td></td></tr>
<tr><td>与人沟通</td><td>2%</td><td>1%</td><td>1%</td><td></td></tr>
<tr><td>团队协作</td><td>3%</td><td>2%</td><td>1%</td><td></td></tr>
<tr><td rowspan="3">工作方法</td><td>学习能力</td><td>3%</td><td>1%</td><td>2%</td><td></td></tr>
<tr><td>计划能力</td><td>3%</td><td>2%</td><td>1%</td><td></td></tr>
<tr><td>解决问题能力</td><td>4%</td><td>3%</td><td>1%</td><td></td></tr>
<tr><td rowspan="3">实践操作</td><td>病、虫害观察正确，态度认真</td><td>13%</td><td>8%</td><td>5%</td><td></td></tr>
<tr><td>药品选择与病虫害对症，配制药液浓度准确</td><td>15%</td><td>10%</td><td>5%</td><td></td></tr>
<tr><td>喷药时间正确，喷药均匀，注意个人安全防护</td><td>12%</td><td>6%</td><td>6%</td><td></td></tr>
<tr><td rowspan="3">成果评价</td><td rowspan="2">病虫害防治结果</td><td>总体效果</td><td>10%</td><td>8%</td><td>2%</td><td></td></tr>
<tr><td>有无药害</td><td>10%</td><td>8%</td><td>2%</td><td></td></tr>
<tr><td>实训报告</td><td>填写是否正确、规范</td><td>20%</td><td>16%</td><td>4%</td><td></td></tr>
</table>

任务 5.4 根菜类蔬菜采收及采后处理

实施目的： 了解根菜类蔬菜主要采收及采后处理，掌握各种分级和包装的方法。

材料和用具： 根菜类蔬菜果实，集装箱、冷库、打蜡机、包装机等。

各组按下列要求进行操作。

1. 采收

根菜类蔬菜必须在适宜的成熟期采收，方能保证品质运人包装厂和贮藏性能，大多数的采菜是人工采收。根菜类蔬菜采收后装入大箱，然后运入工厂。挑选，剔除残品。采收时间均在清晨气温最低时候采收。如遇雨天且田间排水不畅，极易发生肉质根腐烂现象，故需及时采收。

2. 按体形大小分级

按长度分级，大：16cm～18cm；中：14cm～16cm；小：12cm～14cm。

3. 包装加工或出口

包装不适合较严格的分级蔬菜的包装工作。包装厂收购的蔬菜一开始就注意存放在阴凉的地方，并立即清除残次品，进行分级，装入商品包装物内，放入冷库冷却贮藏，待上市或出口。

任务记录单

任务名称：			指导教师：
组号：			组长：
时间	记录内容		
教师签名		时间	

考核评价单

任务名称	根菜类蔬菜采收和采后处理			小组组号			
实施日期		根菜类蔬菜采收和采后处理过程记录共＿＿＿＿页					
评价项目	评价内容		分值	教师评价	学生评价	得分	总分
过程评价	工作态度	到岗情况	2%	1%	1%		
		认真负责	3%	2%	1%		
		与人沟通	2%	1%	1%		
		团队协作	3%	2%	1%		
	工作方法	学习能力	3%	1%	2%		
		计划能力	3%	2%	1%		
		解决问题能力	4%	3%	1%		
	实践操作	成熟度断定	8%	5%	3%		
		采收操作熟练	15%	10%	5%		
		品种分级等的合理性	7%	6%	1%		
		采收时间适宜度	10%	6%	4%		
成果评价	采收及采后处理结果	采收和采后处理量	10%	5%	5%		
		总体效果	10%	6%	4%		
	实训报告	填写是否正确、规范	20%	16%	4%		

单元6

绿叶类蔬菜生产

知识目标

了解绿叶蔬菜的主要种类、生育共性与栽培共性；掌握莴苣、芹菜、菠菜等主要绿叶蔬菜的生物学特性、品种类型、栽培季节及茬口安排。

技能要求

掌握莴苣、芹菜、菠菜等主要绿叶蔬菜的播种育苗、整地、地膜覆盖、定植、肥水管理、病虫害防治、采收及采后处理等任务环节。

绿叶菜类品种多，是人们餐桌上不可缺少的蔬菜之一，它包括常见的莴苣、菠菜、茼蒿、芹菜等。在生产过程中多是以小品种的形式出现，小面积、小范围的种植。

6.1 概 述

绿叶蔬菜主要以柔嫩的绿叶、叶柄和嫩茎为食用部分的速生蔬菜。这类蔬菜包括的科、属、种多，形态、结构、风味各异，适应性广，生长期短，采收期灵活。在蔬菜的周年均衡供应，品种搭配，提高复种指数，提高单位面积产量及经济效益等方面都占有不可代替的重要地位。

我国栽培的绿叶蔬菜种类多，资源丰富。世界各国栽培的绿叶蔬菜约 15 科 40 多种。我国有 13 科 20 余种（图 6-1）。主要包括：莴苣、芹菜、菠菜、茼蒿、芫荽、茴香、叶恭菜、冬寒菜、苦买菜、荠菜、菊苣、蒌蒿、金花菜、榆钱菠菜、蕹菜、苋菜、番杏、落葵、菜苜蓿、紫背天葵等。主要以嫩叶、嫩茎或嫩梢供食用，也有主要以叶柄供食的如芹菜，或主要以茎部供食的如莴苣。

小知识

绿叶菜类蔬菜富含各种维生素和矿物质，含氮物质丰富，是营养价值比较高的蔬菜，其中维生素 C 含量在 30mg/100g 以上的有荠菜、冬寒菜、菜苜蓿、落葵、芫荽、苋菜、菠菜等。所以，每天应食用 400～500g 的绿叶蔬菜，以保证维生素 C 的需求。绿叶蔬菜中的胡萝卜素的含量也比较高，如菠菜、芹菜、蕹菜、落葵、冬寒菜、芫荽、茴香、荠菜、菜苜蓿等，每 100g 含胡萝卜素都在 2mg 以上，因此能更好地满足人体胡萝卜素的需求。另外，在绿叶蔬菜中还含有叶酸、胆碱、钙、铁、磷等，是孕妇和哺乳母亲的重要食品。绿叶蔬菜都具有治病食疗的功效，被国外誉为“绿色的精灵”，说明绿叶蔬菜对人体健康的重要性。

绿叶蔬菜类在生物学特性及栽培技术上有以下共同特点：

绿叶蔬菜对温度要求分为两类，一类原产在亚热带，需要温和气候，喜冷凉的绿叶蔬菜，生长适温为 15～20℃，适宜于秋播秋收，春播春收或秋播翌年春收。如莴苣、芹菜、菠菜、茼蒿、芫荽等，在冷凉的条件下栽培，产量高，品质好，在高温或高温干旱条件下品质降低，如菠菜叶变小变薄，涩味增加，莴苣叶片变小变粗糙，且微带苦味。另一类原产在热带，喜温怕冷的绿叶蔬菜，生长适温为 20～25℃，10℃以下停止生长，遇霜易冻死，如苋菜、蕹菜、落葵等，但较耐夏季高温，适宜春播夏收，或夏播夏收，对增加夏季叶菜种类，特别是对解决早秋淡季有重要作用。

多数绿叶蔬菜根系较浅，在单位面积上种植株数较多。由于生长迅速，生长期短，所以在单位时间内形成单位重量的产品，吸收的营养元素都较之大得多，对土壤和水肥条件要求较高。基肥、追肥都应施用速效性，要求勤施薄施，以保证不断生长的需要。氮肥充足，叶片柔嫩多汁而少纤维，氮肥不足，植株矮小，叶少，色黄而粗糙，失去食用价值。

图 6-1 不同绿叶类蔬菜

6.2 莴苣生产

莴苣是菊科莴苣属一、二年生蔬菜作物。按食用部分可分为叶用莴苣和茎用莴苣。叶用莴苣生菜、鹅仔菜、莴仔菜，茎用莴苣别名莴苣笋、青笋、香莴苣。莴苣原产地中海沿岸，由野生种演变而来。莴笋在我国南北各地普遍栽培。在长江流域是3～5月

春淡季供应的主要蔬菜之一；温暖地区利用不同品种排开播种，分期收获，几乎可以周年供应。叶用莴苣在世界各国普遍栽培，主要分布于欧洲和美洲。我国过去以广东、广西尤其是台湾种植普遍。20世纪90年代以来，叶用莴苣在全国各大、中城市中都有了发展。

6.2.1　生物学特性

1. 植物学特征

根　莴苣的根为直根系，直播的主根长可达150cm，经育苗移栽以后主根多分布在20～30cm的土层内，侧根发生很多，须根发达。

茎　莴苣的茎为短缩茎，但莴笋在植株莲坐叶形成后，茎伸长肥大为笋状，是由胚轴发育的茎和花茎所形成。茎的外表为绿色、绿白色、紫绿色、紫色等，茎内部肉质，有绿、黄绿、绿白等色。

叶　叶为根出叶，互生于短缩茎上，叶面光滑或皱缩，绿色、黄绿色或绿紫色，叶形有披针形、长椭圆形、长倒卵圆形等形状。叶用莴苣在莲座叶形成后，心叶因品种的不同，结成圆球、扁球、圆锥、圆筒等形状的叶球，叶缘波状、浅裂、锯齿形。

莴苣内含乳白色汁液、其成分有糖、甘露醇、树脂、蛋白质、莴苣素、橡胶和各种矿物盐。

花　莴苣花为圆锥形头状花序，每花序有小花20朵左右，淡黄色，自花授粉，有时通过昆虫异花授粉，一般开花后11～15d种子成熟。

果实、种子　种子为植物学上的瘦果，小而细长，为灰黑色或黄褐色，成熟后顶端有伞状冠毛，可随风飞散，采种应在飞散之前、以免损失。种子千粒重0.8～1.2g。

2. 对环境条件的要求

温度　莴苣喜冷凉，忌高温，稍耐霜冻。种子发芽的最低温度为4℃，但需时间较长，发芽的适宜温度15～20℃，4～6d可以发芽，30℃以上种子进入休眠状态，发芽受阻碍。所以在炎热高温的季节播种时，种子须进行低温处理，如在5～18℃下浸种催芽，种子发芽良好。

莴苣在不同的生长时期所要求的温度不同。幼苗可耐－5～－6℃的低温，但成株的耐寒力减弱。幼苗生长的适宜温度为12～20℃，当日平均温度达24℃左右时生长仍旺盛，但温度过高，地表温度高达40℃时，幼苗根轴因受灼伤而倒苗。莴笋茎叶生长时期适宜的温度为11～18℃，较低的夜温和日夜温差较大有利于茎部的肥大。如果日平均温度达24℃以上，夜温长时间在19℃以上时，易发生徒长导致茎部细长的现象。较大的植株遇0℃以下的低温会受冻害而死亡。开花结实期要求较高的温度，在22.3～28.8℃的温度范围内，温度愈高，开花到种子成熟所需的时间愈短，低于15℃时，开花结实受到影响。

结球莴苣对温度的适应范围较莴笋小，既不耐寒又不耐热。结球莴苣结球期的适温为白天20～22℃，夜间12～15℃。温度过高，日平均温度超过20℃以上，就会造成生长不良，出现徒长，不易形成叶球，或因球内温度过高引起心叶坏死腐烂。不结球莴苣对温度的适应范围介于莴笋与结球莴苣之间。

光照 莴苣为喜光性植物，光照充足，生长健壮，叶片肥厚，嫩茎粗大。发育上为长日照植物，种子是需光种子，适当的散射光可促进发芽。

水分 生长各阶段要有适宜的水分，才能正常生长。如幼苗期，勿过干过湿。发棵期应适时控制水分，进行蹲苗，促进根系向纵深生长，这样莲座叶得以充分发育。在莴笋茎部肥大或莴苣结球期，须水肥充足，促进产品器官充分发育。

土壤及营养 莴苣的根对氧气的要求高，在有机质丰富、保水、保肥力强的壤土或砂壤土上根系发展很快，有利于水分、养分的吸收。结球莴苣喜欢微酸的土壤，以pH为6的土壤为最适宜。对土壤营养的要求较高，尤其是氮素更为重要，任何时期不可缺少，否则会抑制叶片分化，叶片减少。缺磷则株小、低产，叶色暗绿，长势差。缺钾虽不影响叶序的分化，但影响叶的生长发育和叶片的重量。在莴苣结球和莴笋肥茎期，在供给氮、磷的同时，也须维持氮、钾营养的平衡。

6.2.2 类型和品种

按产品器官可分为茎用莴苣和叶用莴苣两类。

1. 茎用莴苣

茎用莴苣即莴笋，为莴苣属莴苣种，能形成肉质茎的变种。根据莴笋叶片形状可分为尖叶和圆叶莴苣两个类型。各类型中依茎的色泽又有白色（外皮绿白）、青笋（外皮浅绿）和紫皮笋（紫绿色）之分。

尖叶莴笋 叶片披针形，先端尖，叶簇较小，节间较稀，叶面平滑或略有皱缩，绿色或紫色。肉质茎为棒状，下粗上细，较晚熟，苗期耐热，可作秋季或越冬栽培。主要品种有：四川正兴三号莴苣、四川种都牌冬青莴苣、冬莴苣、白露莴苣、杭州尖叶笋、上海尖叶、南京白皮香、湖南大尖叶、成都尖叶、重庆万年桩、贵州双尖莴笋等。

圆叶莴笋 叶片长倒卵形，顶部稍圆，叶面皱缩较多，叶簇较大，节间密，茎粗大（中、下较粗，两端渐细），成熟期早，耐寒性较强，不耐热，多作越冬春莴笋栽培。主要品种有：四川种都牌秋莴苣、杭州圆叶、上海小圆叶和大圆叶、南京紫皮香、湖北孝感莴笋、湖南锣锤莴笋，成都二白皮、挂丝红等。

2. 叶用莴苣

叶用莴苣包括结球莴苣、皱叶莴苣和散叶莴苣3类。

散叶莴苣或称长叶莴苣，叶全缘或锯齿状，外叶直立，一般不结球，或有松散的圆筒形或圆锥形的叶球。在欧美各国栽培较多。根据其叶片颜色的不同，可分为绿色种和紫色种。前者如农友翠花、广东玻璃生菜、登丰生菜等品种；后者如红火花、太阳红等品种。

皱叶莴苣叶片深裂，叶面皱缩，有松散叶球或不结球。

结球莴苣叶全缘，有锯齿或深裂，叶面平滑或皱缩，外叶开展，心叶形成叶球。叶球圆、扁圆或圆锥形等。主要品种如美国的大湖、绿湖、大波斯顿、凯撒等。

6.2.3　栽培季节与方式

莴苣喜冷凉气候条件，茎叶生长最适温度11～18℃，成株不耐寒，在长日照和高温条件下容易抽薹。在冬季较冷的地区以春季栽培为主；在冬季较暖和的地区，除春、秋栽培外，还可适当提前延后栽培。现依据收获期分为春、夏、秋、冬四季莴笋，近年来，通过利用保护地冬季防寒保温和夏季遮阳防雨降温栽培技术，莴笋可以做到排开播种，周年供应，不仅丰富了市场花色品种，又增加了经济收益。

叶用莴苣适应性强，可参考莴笋的栽培季节。结球莴苣对温度的适应范围较小，不耐低温和高温。长江以南各地秋冬播种，春季收获或秋播冬收。广州冬季温和、较少冻害，播种期可从8月到次年2月，9月到次年4月陆续收获，但以10～12月播种，而于12月至次年3月收获为主要栽培季节。西南山区可春播夏收或秋播冬收。近年来在长江流域的一些地方，经过试验，根据叶用莴苣的生育期随各个时期温度变化和品种而不同，在夏季（6月下旬至9月上旬）遮阳防雨，降温降湿，冬季（11月至翌年4月上旬）采取多层覆盖等保护性措施，运用小批量多期播种（全年约20个播期，每15～20d播种1次）可以做到周年生产和均衡供应。

6.2.4　栽培技术

1. 春莴笋栽培

秋季播种育苗，初冬或早春定植，春季收获。

播种及育苗　栽培莴笋多先育苗而后定植。要培育壮苗，首先应选用品质优良的种子。良种出芽一致，幼苗生活力强，成苗率高，能获高产，且可节约种子用量。可用风选或水选法选取较重的种子，淘汰较轻种子。其次，适当稀播，以免幼苗拥挤，导致胚轴伸长和组织柔嫩，特别是在9～10月播种的春莴笋，当时气温温和、土温适宜、出苗容易，播种量尤不易多。一般每公顷苗床的用种量11.25kg左右，约可定植大田39～40hm^2。此时气温不高，种子不必进行处理。苗床应以腐熟堆肥和粪肥为底肥，并适当配合磷、钾肥料。幼苗生长拥挤时应匀苗1～2次，使幼苗生长健壮。真叶4～5片叶适时定植，以免幼苗过大，胚轴过长，不易获得肥大的嫩茎。8月上旬播种的苗龄25d左右，9月播种的苗龄30～35d，10月份播种的苗龄约40d，以定植时幼苗不徒长为原则。在冬季寒冷的长江中、下游地区，以定植成活后越冬为好，且植株不宜过大，以免受冻害。

土壤的准备与定植　莴笋的根群不深，应选用肥沃和保水、保肥力强的土壤栽培。苗笋对土壤酸碱度和土壤的适应性较强，但栽培春莴笋或冬莴笋的季节，如雨水较多，霜霉病、菌核病、软腐病较易发生，应选用排水良好的土壤，对病害猖獗的土壤应进行轮作。栽植地块应深耕晒土，以改进土壤的理化性质，并减少病害。栽培莴笋也宜于在翻耕时施入大量的厩肥、堆肥，特别是春莴笋，常于次春套种其他春季蔬菜，尤须事先施足底肥。

根据各地地形和间套作物情况，作1.3～2.6m的畦。在多雨的季节栽培宜作高畦，以利于排水，在寒冷地区可行沟植，以防寒风。定植距离因品种和季节而异。早熟品种行株距24cm×20cm左右，中、晚熟品种33cm×27cm左右。在气温较高不适于莴笋生长季节可适当密植，在适宜苗笋生长的季节可稀一些。莴笋幼苗柔嫩，定植时应多带土，以免折伤根系，并选择土壤湿度适宜或阴天进行，定植后及时浇水，以利于成活。

施肥 一般莴笋追肥3～4次。定植成活后施肥1次，以利于根系和叶片的生长。进入莲座期，茎开始膨大，要及时追施重肥，以利于茎的膨大。此时脱肥，茎部变老而纤细，不易获得肥大的嫩茎，但莴笋不耐浓厚的肥料，最大浓度不超过一般粪肥的50%。追肥不宜过晚，过晚易致茎部开裂。越冬的春莴笋除在定植成活后追肥1次外，冬季不再追肥，避免在较冷的地区遭受冻害，开春暖和后应及时追肥，以促进叶片的生长和茎的膨大。在春季气温增高和干旱的情况下，应及时灌溉，并结合追肥，否则茎部迅速抽长，而不膨大，影响产量和品质。一般在植株封行前及施肥前中耕和除草。

小知识

在莴笋栽培中，茎部较易发生细瘦徒长，其原因：一是受长日照高温的影响，导致早期抽薹；二是干旱缺肥；三是土壤水分过多或偏施氮肥。解决的途径是根据不同的栽培季节选用不同的品种，施用完全肥料，施用充足基肥，春前不偏施氮肥，并及时中耕保墒，使植株生长健壮。春后莲座叶形成、茎膨大或天气干旱时，应及时灌溉追肥，土壤水分过多应及时排水。

病虫害防治 春秋季雨水较多时，莴笋常发生霜霉病、菌核病、灰霉病、叶斑病、病毒病等，主要虫害有蚜虫、蓟马、地老虎等。霜霉病、菌核病危害较大，严重影响产量。防治方法是通风和排水，降低空气和土壤湿度，避免连作，勿栽植过密及浇水过多，常浅锄，保持土表面干燥，摘除病叶，病虫害发生前用0.5%的波尔多液预防，及时挖掉病株，清除枯叶，集中烧毁。

采收 莴笋的采收标准是心叶与外叶平，俗称平口，或现蕾以前为采收适期。这时茎部已充分肥大，品质脆嫩。如收获太晚，花茎伸长，纤维增多，肉质变硬甚至中空，品质降低；过早采收则影响产量。

2. 秋莴笋栽培

夏季播种，秋末收获。秋莴笋栽培播种，正是炎热季节，温度高，种子发芽困难，不易全苗，幼苗还易徒长，同时在长日照高温条件下，花芽分化早，抽薹迅速。培育壮苗及防止未熟抽薹是关键。

1）选择对高温长日照反应较迟钝的中、晚熟品种，如上海选用尖叶白皮、四川选用二白皮，武汉近年多选用宜昌尖叶、北京尖叶、西宁莴苣等品种。

2）适期播种，培育壮苗。秋莴笋由播种到收需要3个月，适宜秋莴笋茎、叶生长的适温期是在旬平均气温下降到21℃左右以后的60d左右期间内，所以苗期以安排在

旬平均温度下降到21～22℃时的前1个月比较安全。播种太晚因生长期短而产量低。种子采用低温催芽，用凉水浸泡5～6h，置于15～18℃冷凉环境下见光催芽，用湿播法播种，浅覆土，遮荫降温，即可顺利出土。早晚浇水，及时匀苗，以免徒长。经20多天，4～5片真叶时定植，密度应比春莴笋稍大。

3）加强肥水管理。定植后肥水管理要及时，一般进行3次追肥：第1次在定植后10d（缓苗后）轻追肥，腐熟人粪尿每公顷7 500kg，第2次在定植后半个多月重追肥，施腐熟人粪尿每公顷15 000kg，第3次约在定植后40d，轻追肥，腐熟人粪尿每公顷7500kg。追肥应在封行以前结束，后期施肥不能过多，以免幼茎开裂影响质量。前期还应注意中耕，避免土壤板结，影响生长及产品质量。

3. 叶用莴苣（生菜）栽培

选有机质丰富、疏松保水的肥沃壤土或砂壤土栽培，适宜pH为6左右的土壤，采用当年新种子培育壮苗。冬春季栽培的生菜，不论是结球生菜或是不结球生菜，都须采用育苗移栽；夏、秋季栽培的生菜，一般结球类型采用育苗移栽，而不结球类型既可直播，也可育苗移栽。

定植前7～15d翻耕土壤，施足基肥。幼苗5片真叶充分展开时定植。采用高畦栽培，定植密度根据种类及品种特性确定，一般不结球品种，行株距20cm×15cm，结球品种行株距40cm×30cm。

定植后，前期结合浇水，分期追肥并行中耕，使土壤见干见湿，促进根系扩展及莲座叶生长，中、后期为使莲座叶保持不衰和球叶迅速抱合生长，形成紧实叶球，需不断均匀浇水。采收前停止供水，利于收后贮运。以生食为主的叶用莴苣，无土栽培应是今后发展的方向。无土栽培生菜生长速度快，生长期短，定植后25～40d始收，商品性好，高产、优质、无公害，值得大力推广应用。

6.2.5　栽培中常见问题及防治对策

窜　生长中期肉质茎细长，叶片节间拉长，叶片薄而小，外皮厚而肉少，食用价值不高，易抽薹开花，这种现象俗称为“窜”。引起“窜”的原因大致有以下四种：一是土壤贫瘠干旱，水分供应不足；二是肥料供应不足，营养生长不良，特别实在嫩茎伸张膨大时，肥料不足，使茎部迅速向上生长，而形成瘦长的茎；三是温度过高，呼吸强度大，消耗养分多，干物质向食用部分的分配率低；四是浇水过多。解决的办法是选用肥沃有机质丰富的土壤，选择合适的品种和适宜的季节，加强水肥管理，保持土壤湿润但不能积水，在嫩茎伸长膨大时必须保证充足的肥料。

裂口　在莴苣肉质茎膨大后期，肉质茎纵向裂开，深达茎的中部，裂开部分是黄褐色，易腐烂，降低食用价值。引起裂口的原因：一是与品种有关；二是与水肥供应不均、忽旱忽涝有关，特别是在肉质茎成熟时，外皮已木质化，此时大量浇水，肉质茎突然膨大，表皮不能随之膨大，表皮不能随之膨大而裂口。

未熟抽薹　莴苣在栽培过程中，肉质茎未膨大或未充分膨大，就分化出花芽而抽薹开花的现象，也叫先期抽薹。发生未熟抽薹的原因有：品种选择不当；播种期没掌握好；苗期管理不当，形成老僵苗或徒长苗；栽培密度过大；肥水管理没有跟上（高温干旱缺水、氮肥过多，钾肥不足）；病虫为害等。防治办法为选择适宜的品种时期播种，加强苗期管理培育壮苗，栽培密度适当，加强肥水管理和病虫害防治，在莲座期及茎开始膨大时，叶面膨大时，叶面喷晒15～20mg/L 的矮壮素或萘乙酸。

小结

本节主要介绍了绿叶菜类的基本知识，同时讲解了莴苣的栽培。要重点把握莴苣的栽培要点。

拓展知识

莴苣的食疗价值

近年来的研究发现，莴苣中的含有一种芳香烃羟化脂，能够分解食物中的致癌物质亚硝胺，防止癌细胞的形成，对于消化系统的肝癌、胃癌等，有一定的预防作用，也可缓解癌症患者放疗或化疗的反应。

6.3 芹菜生产

芹菜又称芹、旱芹、药芹菜，是伞形科芹属中形成肥嫩叶柄的二年生蔬菜。原产瑞典、阿尔及利亚、埃及，以及西亚的高加索等沼泽地带。在这些地区都有野生芹菜的分布。2000 年前古希腊人最早栽培。开始药用，后作辛香蔬菜，驯化成肥大叶柄类型。芹菜由高加索传入我国，已有 2000 多年的栽培历史，并逐渐培育成细长叶柄类型。芹菜适应范围广，目前全国各地都有栽培，尤其是近几年来，随着蔬菜生产不断发展，消费量不断增加，芹菜的栽培面积在全国各地也逐渐扩大，已成为我国城乡市民消费的主要绿叶蔬菜之一。芹菜富含丰富的维生素、矿物质和挥发性芳香油，具有特殊风味，可促进食欲，还有降血压等功能。

6.3.1 生物学特性

1. 植物学特征

根 芹菜为浅根性根系，主要分布在 10～20cm 土层，横向分布 30cm 左右，所以吸收面积小，耐旱、耐涝力较弱。但主根可深入土中，并贮藏养分变肥大，主根被切断后可发生许多侧根，所以适宜于育苗移栽。

茎 营养生长期茎短缩，随生长发育而开花抽薹，直立，高 1～1.3m。

叶 叶着生于短缩茎上，为 1～2 回羽状全裂，小复叶 2～3 对，小叶卵圆形 3 裂，边缘锯齿状。总叶柄长而肥大，为主要食用部分，长 30～100cm，在叶柄表皮下有发达的厚角组织。优良的品种纤维少，品质好。在维管束附近的薄壁细胞中分布油腺，

分泌特殊香气的挥发油。茎的横切面呈近圆、半圆或扁形。叶柄横切面直径：中国芹菜1～2cm，西芹3～4cm。叶柄内侧有腹沟，柄髓腔大小依品种而异。叶柄有深绿色、黄绿色和白色等。深绿色的难于软化，黄绿色的较易软化。在高温干旱和氮肥不足情况下，厚角组织和维管束发达，使品质下降。在不良的栽培条件下，常致薄壁细胞破裂，叶柄空心，不充实，影响品质。

花 伞形花序，花小，黄白色，花冠有5个离瓣，虫媒花，通常为异花授粉，也能自花授粉。秋播的芹菜春季抽薹开花。

果实和种子 果实为双悬果，圆球形，结种子1～2粒，成熟时沿中缝开裂。种子褐色，细小，千粒重0.4g。

2. 对环境条件的要求

温度 芹菜要求冷凉湿润的气候，生长适温为15～20℃，26℃以上生长不良，品质下降。但苗期耐高温，幼苗可耐－7℃的低温，长江中下游地区可安全越冬。种子于4℃开始发芽，发芽最适温为15～20℃，7～10d出芽，高温下发芽缓慢。

芹菜属于绿体春化作物，要求低温通过春化阶段，在长日照下通过光照阶段而抽薹开花。芹菜在2～5℃温度条件下，10～20d就可通过春化阶段。芹菜不能在萌动的种子中通过春化阶段，而必须在一定大小的幼苗才能接受低温，一般中国芹菜4～5片叶，西洋芹菜7～8叶以上才能感受低温，完成春化阶段。所以春播过早容易先期抽薹，而秋播的芹菜须经过冬季，第二年抽薹开花。

光照 在营养生长阶段，芹菜对光照要求不太严格，但通过春化阶段后，必须在长日照条件下才能抽薹开花。幼苗期宜光照充足，生长后期光照宜柔和，以提高产量和品质。种子发芽需弱光，在黑暗条件下发芽不良。西芹是对光照强度要求较为严格的作物，生长期间不能有强烈的光照。

水分 芹菜需要湿润的土壤和空气条件。特别是到营养生长盛期，地表布满了白色须根时更需要充足的湿度，否则生长停滞，叶柄中机械组织发达，品质、产量降低。

土壤及营养 芹菜适宜富含有机质、保水、保肥力强的壤土或黏壤土。对土壤酸碱度（pH）要求严格，以pH5.5～6.7为宜，芹菜要生长发育良好，必须施用完全肥料，初期缺氮、磷对产量的影响较大，后期需氮、钾肥。芹菜对硼的需要较强，土壤中缺硼，常导致芹菜初期叶缘现褐色斑点，后期叶柄维管束有褐色条纹而开裂。

6.3.2 类型和品种

根据芹菜叶柄的形态，分为中国芹菜和西洋芹两种类型。

1. 中国芹菜（本芹）

叶柄细长，高100cm左右。依叶柄的颜色分为青芹和白芹。青芹的植株较高大，叶片也较大，绿色，叶柄较粗，横径1.5cm左右，香气浓，产量高，软化后品质较好。叶柄有实心和空心两种。实心芹菜叶柄髓腔很小，腹沟窄而深，品质较好，春季不易抽薹，产量高，耐贮藏。代表品种有北京实心芹菜、天津白庙芹菜、山东恒台芹菜等。

空心芹菜叶柄髓腔较大，腹沟宽而浅，品质较差，春季易抽薹，但抗热性较强，宜夏季栽培。代表品种有福山芹菜、小花叶和早芹菜等。白芹的植株较矮小，叶较细小，淡绿色，叶柄较细，横径 1.2cm 左右，黄白色或白色。香味浓，品质好，易软化。代表品种有贵阳白芹、昆明白芹、广州白芹等。

2. 西洋芹菜（西芹）

株型大，株高 60～80cm，叶柄肥厚而宽扁，宽达 2.4～3.3cm，多为实心，味淡，脆嫩，不及中国芹菜耐热。单株重 1～2kg。依叶柄颜色分为青柄和黄柄两大类型。青柄品种的叶柄绿色，圆形，肉厚，纤维少，抽薹晚，抗逆性和抗病性强，成熟期晚，不易软化，如：佛罗里达 683、意大利冬芹、夏芹、美国芹菜等。黄柄品种的叶柄不经过软化自然呈金黄色，叶柄宽，肉薄嫩脆，纤维较多，空心早，对低温敏感，抽薹早。

6.3.3 栽培季节与方式

芹菜的露地栽培，应把它的旺盛生长时期安排在冷凉的季节里，因而以秋播为主，也可在春季栽培。由于苗期能耐较高温和较低温，秋季栽培可以提早播种，以适应 9 月淡季的需要，也可适当晚播于冬季及次春收获。在长江流域秋播可以从 7 月上旬到 10 月上旬，7 月上旬播种的主要在 9～10 月采收。一般采用早熟耐热的品种，播种时应采取遮荫降温措施。有些地区如成都提早于 6 月播种。在 8 月上旬播种，可在次年 1 月以后采收。于 9 月或 10 月上旬播种的，则于次年 3～4 月抽薹前收获完。春播以 3 月为播种适期，过早易抽薹，过迟则影响产量和品质。

近年在长江流域利用大、中棚栽培芹菜，有以下几种栽培方式：

大、中棚秋（延迟）芹菜栽培 5～6 月播种育苗，8 月中、下旬定植，10 月下旬至 11 月上旬，天气转冷不适于芹菜生长时，大、中棚盖膜保温，11 月上旬开始采收。

大、中棚冬芹菜栽培 一般在 7 月上旬至 8 月上旬播种育苗，9 月上旬至 10 月上旬定植，10 月下旬至 11 月上旬及时扣棚膜，12 月下旬至翌年 2 月上、中旬采收，正好保证春节供应市场。

大、中棚春（越冬）芹菜栽培 在 8 月中旬至 9 月中旬播种育苗，10 月中、下旬定植，11 月上旬气温逐渐降低时，要及时扣棚膜，翌年 3 月上、中旬开始收获，正好在春淡时上市供应。

大、中棚夏芹菜栽培 又叫伏芹菜栽培，春季断霜后至 5 月上、中旬播种，6 月上旬定植，6 月下旬开始覆盖遮阳网，以减弱棚内阳光。覆盖遮阳网最好做到盖顶不盖边，盖晴不盖阴，盖昼不盖夜，前期盖、后期揭。这一季芹菜正好在 8～9 月秋淡时收获。

小知识

大棚西芹的栽培大致上可分为秋冬季栽培和春季栽培。秋冬季栽培可在 5 月底、6 月初至 9 月分批播种，5、6 月份播种者，可在 11 月至翌年 2 月份采收；9 月份播种者可在翌年 3～4 月植株抽薹前采收。春季栽培可在 12 月中旬后播种，一般在翌年 6 月份进入高温季节前采收。

芹菜无土栽培多采用基质栽培，尤以岩棉栽培和基质槽式栽培较多。

6.3.4　栽培技术

1. 播种及育苗

芹菜可以直播，也可以育苗移栽。根据芹菜种子的特性，在高温干旱条件下，不仅出芽慢，而且幼苗生长也慢。夏末初秋播种育苗时，苗床宜选择阴凉的地方。播前深耕晒土，多施腐熟堆肥、厩肥，保持土壤疏松、肥沃和湿润。播前先将种子用55℃的温水浸种30min，然后将种子用湿纱布包裹，并在15～20℃条件下进行变温催芽，芹菜3～4d后，西芹约7～12d后，即有80%种子开始发芽时即可播种。

一般每公顷播种量22.5～37.5kg，可供3～4.5hm^{2}地栽植用。出苗后要加强肥水管理，防暴雨冲击，前期防烈日暴晒，后期要注意锻炼秧苗。9月以后播种或春播栽培者，不需要进行浸种催芽和搭棚遮荫，播种量每公顷7.5kg左右。

2. 土壤的准备与定植

芹菜适宜于富含有机质、保水、保肥力强的土壤。不能用低洼地栽培西芹。芹菜的合理密植和培土软化是夺取高产、优质的重要措施之一。经密植或软化以后，叶柄的厚角组织不发达，薄壁细胞增加，叶柄粗而柔嫩。直播者，本芹苗高3cm左右应间苗，苗高12cm左右、具4～5叶即可以定苗或栽植。南方夏末初秋播种的芹菜按6cm行株距定苗，较晚播种的可加大至12cm行株距定苗。采取这种密度的一般不需要软化。

如果芹菜进行软化栽培的，可根据各地具体条件作畦宽1.3～1.6m或2.6～3.3m，开沟栽植，栽植株距6cm左右。一般播种后50d左右，选大苗栽植。栽植不宜过浅或过深，以免影响发根和生长。

培土软化芹菜，一般在苗高约30cm，在天干、地干、苗干时进行，并注意不使植株受伤，不让土粒落入心叶之间，以免引起腐烂。培土一般在秋凉后进行，早栽的培土1～2次，晚栽的3～4次。每次培土高度以不埋没心叶为度。春播芹菜一般不进行培土软化。

西芹当幼苗具有8～9片真叶时即可定植，定植密度除应考虑品种特性外，主要应根据采收标准确定。如果采收大株西芹，则每畦种植2行，株距25～30cm；若采收中株西芹，则每畦可栽3行，株距20～25cm，定植时，秧苗不宜种得太深，以土壤不埋没秧苗的生长点为度。

3. 水分管理

西芹各季定植活棵后，根据天气情况，隔一定时间要浇水，直至培土后停止。以掌握土壤略湿润、不使发白即可。高温季节浇水以早、晚为佳。总之，水分管理以轻浇勤浇为原则，防止漫灌。

西芹需水量大，充足的水分是高产优质的重要保证。夏秋季栽培者定植后第1周，每天早晚各浇水1次，以促进幼苗恢复生长；1周后同样应保持土壤湿润，但宜采用沟灌或滴灌，尽量不用喷灌或浇灌，以减少叶斑病的发生。冬春季栽培者定植初期宜在中午前后浇水，避免在早晨或傍晚浇水。

4. 施肥

芹菜属浅根系，加以栽培密度大，除施足基肥外，在追肥上应勤施薄肥，不断供给速效性氮肥和配合以磷、钾肥。大田生长期间，要追肥 2～3 次，促使良好生长。当芹菜长出 2～3 片真叶以后，可追腐熟稀粪 1～2 次，最后 1 次追肥在培土前 5～7d。在芹菜旺盛生长的时候应重施追肥，足施氮肥，增施钾肥。

5. 病虫害防治

芹菜的病害有早疫病、斑枯病、菌核病、病毒病、软腐病和黑斑病等，主要害虫有蚜虫。应采取综合防治，以防为主，注意田园清洁，合理轮作，种子消毒。发病初期喷洒 50%多菌灵可湿性粉剂 500 倍液防治早疫病，25%多菌灵可湿性粉剂 300 倍液防治斑枯病、菌核病，用 1∶0.5∶160～200 倍波尔多液防治黑腐病，喷洒 500～600 倍代森锌液防治软腐病。防治蚜虫可喷洒 40%乐果 1 000 倍液或 50%速灭杀丁 5 000 倍液。

芹菜在栽培过程中，如果环境条件不适，生长发育出现异常，引起生理性病害。在缺钙的酸性土壤种植容易发生黑心病，酸性土壤在种植前施适量石灰，施肥应氮、磷、钾配合，不过多偏施氮肥，发病后叶面喷洒 2～3 次 0.5%的氯化钙或硝酸钙液。土壤缺硼则导致芹菜叶柄开裂，可用 0.05%～0.25%硼砂水溶液喷洒叶面加以防治。芹菜的黄化失绿，在高钙土壤上易发生，如果首先在新叶上表现，则缺锰，在老叶上表现，则是缺镁。防治措施是：在发病初期，有针对性的用 0.05%～0.1%的硫酸锰或 0.5%的硫酸镁溶液叶面喷施，每周 1 次。芹菜的实心品种出现叶柄中空，则降低商品价值。由于芹菜生长时间过长，使叶体老化，由外围叶向心叶逐渐发生空心；高温、干旱、缺乏肥水、生长停滞会使全部叶柄发生空心，秋延后及冬季栽培则因低温受寒害发生空心，或高温生长迅速也发生空心，其防治措施主要是加强肥水管理，沙性土壤增施有机肥，适时采收。

6. 采收

本芹由于播种期、栽培方式和品种不同，采收要求也不一样。一般除早秋播种间拔采收外，其他都 1 次采收完毕。夏末初秋或春季栽培每公顷产 15 000～22 000kg，冬季采收每公顷产 45 000～52 500kg。采收后可进行假植贮藏、冷藏或采用气调贮藏。

为了获得高产并保证质量，西芹必须及时采收。采收时将植株从地面割下，然后进行整修。内销者一般只要去除外部的 3～4 片老叶后即可出售。外销则要求相对较严格，一般要剥去 4～5 片外叶，切除叶梢，留下 40cm 左右长的叶柄及少量叶片。而近几年来，芹菜无土栽培多采用基质栽培，尤以岩棉栽培和基质槽式栽培较多。

6.3.5 栽培中常见问题及防治对策

播种后出苗不齐和缺苗 在正常发芽情况下缺苗和出苗不齐，主要是苗床水分管

理不当、床面忽干忽湿引起。解决办法是播种前对种子进行浸种催芽处理，苗床浇足底水，保持土壤湿润。

芹菜空心　这是一种生理老化现象。产生的主要原因是土壤贫瘠干旱、经费不足或后期施肥不足、芹菜受冻害、收获过迟等。因此，在种植过程中应注意选用种性纯、品质好的实杆品种；选择富含有机质、保水肥强、排灌田间好的非砂性土壤为宜；加强旺盛生长期的水费管理，保持土壤湿润，以速效氮肥为主，配施钾肥和硼肥钙肥；冬季注意保温；适时收获。

未熟抽薹　芹菜未达到收获标准甚至还在幼苗期就抽薹开花，失去其商品性的特性。主要原因是品种选择不当，春播太早或秋季太晚。解决办法是根据气候条件选择好品种和播种时期。

小结 ☞

本节主要介绍了芹菜的品种选择和栽培技术。

拓展知识　芹菜的食疗价值

①平肝降压；②镇静安神；③利尿消肿；④防癌抗癌；⑤养血补虚；⑥芹菜也是一种理想的绿色减肥食品。

6.4　菠菜生产

菠菜又称菠、波斯草、赤根菜，为藜科菠菜属一、二年生蔬菜，以绿叶为主要产品器官。原产亚洲西部的伊朗。7世纪初传入我国，11世纪传入西班牙，此后遍及欧洲各国，目前世界各国普遍栽培。菠菜耐寒性、适应性强，生长期短，全国普遍栽培，是主要的叶菜之一。在我国南方地区，除夏季高温季节外，其他季节均有栽培。利用大棚栽培菠菜主要是越冬栽培，供应冬季及早春市场，特别是为了迎合元旦、春节期间对火锅菜的要求。菠菜营养价值较高，富含蛋白质、维生素B、维生素C、维生素D和钙、磷、铁等矿物质。

6.4.1　生物学特性

1. 植物学特征

根　菠菜主根发达，较粗大，上部呈紫红色，味甜可食。侧根不发达，不适宜于移植。主要根群分布在25～30cm耕层内。抽薹前叶着生在短缩的盘状茎上。

叶　叶戟形或卵形，色浓绿，质软，叶柄较长，花茎上叶小。

花　叶腋着生单性花，少有两性花，雌雄异株，间有雌雄同株，花茎高60～

100cm。风媒花；

果 胞果，内含1粒种子，萼片硬化成为整个果实的外壳，有的萼片上伸出2～4个角状突起的“刺”，也有不生刺的。播种用的种子实际上是果实。

种子 圆形，外有革质的果皮，水分和空气不易透入，发芽较慢。

> **小知识**
>
> 菠菜植株的性型表现一般有4种：①绝对雄株。植株较矮小，基生叶较小。花茎上叶片不发达或呈鳞片状。复总状花序，只生雄花，抽薹早，花期短。②营养雄株。植株较高大，基生叶较多而大，雄花簇生于花茎叶腋，花茎顶部叶片较发达。抽薹较晚，花期较长。③雌性植株。植株高大，茎生叶较肥大，雌花簇生于花茎叶腋，抽薹较雄株晚。④雌雄同株。植株上有雄花和雌花。依雄花和雌花比例又有几种情况，即：雄花较多；雌花较多；雌雄花数几乎相等，或者早期发生雌花，后期发生少数雄花。在一般情况下，雌雄株比例相等，但依品种而有不同。如有刺种绝对雄株较多，无刺种是营养雄株比较多。

2. 对环境条件要求

温度 菠菜生长发育的适宜温度为15～20℃。种子发芽的最低温度为4℃，20℃以上发芽不利，15～20℃不仅发芽快，而且发芽率高，35℃以上发芽慢且发芽率低。菠菜的营养生长期植株能耐0℃以下的低温，耐寒品种能短时度过－30℃的寒冷；菠菜不耐高温，25℃以上生长不良；叶从生长的最适温度15～20℃。

光照 菠菜是典型的长日照作物，在12h以上的日照条件并伴随着较高的温度，易抽薹开花；但没有通过春化阶段的菠菜在较长的日照条件下同样能良好生长。一般来说，天气凉爽，日照较短，植株生长旺盛，产量高，品质好。

水分 菠菜的地上部分主要是叶片，且播种很密，生长量大。所以，菠菜生长需要较多的水分，水分不足严重影响产量和品质。其适宜的土壤湿度为70%～80%，空气相对湿度是80%～90%。

土壤及营养条件 菠菜适宜在疏松肥沃、保水保肥力强的砂质或黏质壤土。

6.4.2 类型和品种

菠菜根据叶型及种子上刺的有无，分为有刺和无刺两个类型。

1. 有刺类型

又称中国菠菜。其叶片薄而狭小，戟形或箭形，先端锐尖或钝尖，又称“尖叶菠菜”。叶面光滑，叶柄细长。耐寒力较强，耐热力较弱，对日照的感应较敏感，在长日照下抽薹快。适宜于秋季栽培或秋播越冬栽培，质地柔嫩，涩味少。春播易抽薹，产量低；夏播生长不良。主要品种如：浙江绍兴菠菜、杭州塌地菠菜、湖北沙洋菠菜、广州的铁线梗，也有叶片先端较圆的有刺菠菜如广州的迟乌叶、成都的圆叶菠菜。

2. 无刺类型

我国过去栽培较少，近年来逐渐增多。叶片肥大，多皱，卵圆，椭圆或不规则形，先端钝圆或稍尖，又称圆叶菠菜。叶柄短，“种子”无刺，果皮较薄。耐寒力一般，较有刺类型稍弱，但耐热力较强。对长日照的感应不如有刺类型敏感，春季抽薹较晚。适宜于春季或晚秋及越冬栽培，产量高，品质好。主要品种：春夏菠菜、绿剑菠菜、广东圆叶、法国菠菜、春不老菠菜、美国大圆叶、南京大叶菠菜、上海圆叶等。

6.4.3　栽培季节与方式

菠菜在较长的日照和较高的温度条件下有利于花芽的分化和抽薹；在日照较短和冷凉的秋季和秋冬季，特别有利于叶簇的生长，而不利于花芽的分化和抽薹。所以，菠菜栽培安排的主要茬次是：早春播种，春末收获，称春菠菜；夏播秋收，称秋菠菜；秋播到春收获，称越冬菠菜；春末播种，夏季收获，称夏菠菜。在南方大多数地区，菠菜的栽培以秋播为主。秋播中选用耐热的早熟品种行早秋播种，于当年收获；选用晚熟和不易抽薹的品种行晚秋播种，于次春收获。近年随着遮阳网、防雨棚的应用，可选用耐热和不易抽薹的品种栽培，进行春播或夏播。

小知识

在长江流域，早秋播的一般在8月下旬至9月上旬，播后30～40d可分批采收，也可提前于7月下旬或延迟于9月中、下旬播种；于10月下旬至11月上旬播种的，于次春收获。春播菠菜于2～4月播种，但以3月中旬为播种适期，播种后30～50d采收。夏播菠菜于5月下旬至8月中旬播种，应用遮阳网、防雨棚栽培，6月下旬至9月收获。

在广州地区，由于冬季比较暖和，适宜播种的时间比较长，早熟种铁线梗的播种期为8～12月，适播期为10～11月，大叶乌的播种期为9～12月，适播期为10月，而晚熟种迟乌叶的播种期为11月至次年2月，适播期为11～12月。

6.4.4　栽培技术

1. 土壤的准备

菠菜对土壤的要求不严格，一般在砂质壤土上栽培表现早熟，在黏质壤土栽培容易获得丰产。播种前整地深25～30cm，作畦宽1.3～2.6m，播前施基肥，也有在种子播后，立即施用腐熟浓厚的粪肥，这样可保持土壤湿润和促进种子发芽。

2. 种子处理和播种

菠菜种子是胞果，其果皮的外层是一层薄壁组织，可以通气和吸收水分，而内层是木栓化的厚壁组织，通气和透水困难。为此，有许多地方在早秋播或夏播前，常先进行种子处理，将种子浸凉水约12h，放在4℃低温的冷库里处理24h，然后在20～25℃条件下催芽，或将浸种后的种子放入冰箱冷藏室中，或吊在水井的水面上催芽。

经3～5d出芽后播种。各地菠菜采用直播法，以撒播为主，也有条播和穴播的。早秋播种菠菜，由于气候炎热、干旱，且时有暴雨，生长较差，常死苗，播种量较多。一般撒播播种量每公顷150～225kg。播前先浇底水，播后用草或遮阳网覆盖，保持土壤湿润，以利于出苗。为了防止高温暴雨，有些地区还搭棚遮荫。

在9月上旬前后播种，气温逐渐降低，不必进行浸种催芽，每公顷播种量为75kg左右。10月播种或春播，每公顷播种量为52.5～60kg。菠菜的播种量除随播种季节而异外，也因播种方法、采收方法不同而有差异。一次采收完毕的，春播的用种量可少些，在高温条件下栽培或进行多次采收的，可适当增加播种量。

3. 施肥

菠菜发芽期和初期生长缓慢，在早秋或春季的苗期应及时除去杂草。秋菠菜在前期气温高，追肥可结合灌溉进行，可用20%左右腐熟粪肥追肥；后期气温下降，浓度可达40%左右。越冬的菠菜应在春暖前施足肥料，以免早期抽薹，在冬季日照减弱时，应控制无机肥的用量，以免叶片积累过多的硝酸盐。分次采收的，应在采收后追肥。在采收前15d左右用5mg/kg的赤霉素喷射，可以提早成熟，增加产量。气温高时，菠菜对赤霉素反应敏感，使用浓度可低些，气温低时可高些。使用赤霉素必须结合追肥，增产效果才更显著。

4. 病虫害防治

菠菜的主要病虫害有立枯病、霜霉病、炭疽病、病毒病及蚜虫、菜螟、红蜘蛛等，都应及时采取综合防治措施。

5. 采收

秋播菠菜播种后30d左右，株高20～25cm可以采收。以后每隔20d左右采收2次，共采收2～3次，春播菠菜常1次采收完毕。早秋播菠菜每公顷产18 750kg左右，迟播的每公顷可达30 000kg左右。越冬的菠菜每公顷可达37 500kg左右。春播的菠菜每公顷约产18 750kg。

小结

本节主要介绍了菠菜的栽培技术。重点要把握菠菜的种子处理和田间管理。

拓展知识

菠菜的食疗价值

菠菜叶中含有铬和一种类胰岛素样物质，其作用与胰岛素非常相似，能使血糖保持稳定。菠菜中丰富的B族维生素含量能够防止口角炎，而β胡萝卜素能防治夜盲症等维生素缺乏症的发生。菠菜中还含有大量的抗氧化剂如维生素E

和硒元素，具有抗衰老、促进细胞增殖作用，既能激活大脑功能，又可增强青春活力，有助于防止大脑的老化，防止老年痴呆症。

复习思考题

一、解释术语

未熟抽薹　培土软化　窜杆

二、填空题

1. 莴苣根据叶片形状可分为________、________。茎用莴苣俗称________，叶用莴苣俗称________。

2. 芹菜高产优质栽培的关键技术为________，芹菜分为________和________两种，其中按叶柄的充实程度分为________和________两种

3. 缺________常导致芹菜叶柄开裂和空心现象，初期叶缘现褐色斑点。

4. 芹菜水分管理以________为原则，防止________。

5. 防止________是绿叶菜类的共同性问题。

6. 莴苣按食用部分可分为________和________。

7. 莴苣为________日照植物，发芽时种子需________条件。

8. 在莴笋栽培中，茎部较易发生细瘦徒长，其原因：一是________；二是________；三是________。

9. 莴笋的采收标准是________与________平，俗称________。

10. 缺________会莴笋导致株小、低产，叶色暗绿，长势差。

三、选择题

1. 芹菜栽培中需要量最大的元素是（　　）。
   A. 氮　　B. 磷　　C. 钾　　D. 硼

2. 能促进叶片分化和根系的生长发育，提高菠菜抗寒性的肥料是（　　）。
   A. N　　B. P　　C. K　　D. Ca

3. 下列（　　）组中有不属于绿叶菜类的蔬菜。
   A. 菠菜、莴笋、生菜　　B. 菠菜、落葵、茼蒿
   C. 芹菜、莴苣、苋菜　　D. 菠菜、芹菜、甘蓝

4. 下列不属于芹菜叶柄颜色的类型是（　　）。
   A. 绿芹　　B. 黄芹　　C. 白芹　　D. 紫芹

5. 能够促进叶菜类蔬菜生长植物生长调节剂是（　　）。
   A. 青鲜素　　B. 赤霉素　　C. 多效唑　　D. 矮壮素

四、简答题

1. 绿叶蔬菜的肥水管理有哪些特点？

2. 绿叶蔬菜在蔬菜周年均衡供应上有何作用？

3. 简述叶用莴苣大棚栽培的技术要点。

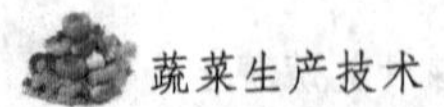

4. 分析莴笋在栽培中发生瘦弱细长的原因，并提出克服的措施。
5. 如何保证芹菜一播全苗？
6. 根据芹菜产量的构成因素，说明丰产栽培的主要技术环节？
7. 如何提高菠菜种子播种的发芽率？

实训6　绿叶类蔬菜生产

任务计划单

<table>
<tr><td colspan="2">工作任务</td><td colspan="2">莴苣/芹菜栽培</td></tr>
<tr><td>序号</td><td>计划实施步骤</td><td>计划实施时间</td><td>步骤实施物资准备</td></tr>
<tr><td></td><td></td><td></td><td></td></tr>
<tr><td></td><td></td><td></td><td></td></tr>
<tr><td></td><td></td><td></td><td></td></tr>
<tr><td></td><td></td><td></td><td></td></tr>
<tr><td></td><td></td><td></td><td></td></tr>
<tr><td></td><td></td><td></td><td></td></tr>
<tr><td></td><td></td><td></td><td></td></tr>
<tr><td></td><td></td><td></td><td></td></tr>
<tr><td></td><td></td><td></td><td></td></tr>
<tr><td></td><td></td><td></td><td></td></tr>
<tr><td></td><td></td><td></td><td></td></tr>
<tr><td></td><td></td><td></td><td></td></tr>
<tr><td></td><td></td><td></td><td></td></tr>
<tr><td></td><td></td><td></td><td></td></tr>
<tr><td></td><td></td><td></td><td></td></tr>
<tr><td></td><td></td><td></td><td></td></tr>
<tr><td></td><td></td><td></td><td></td></tr>
</table>

<table>
<tr><td>制定
计划
说明</td><td colspan="6"></td></tr>
<tr><td rowspan="3">计划评价</td><td>班级</td><td></td><td>组号</td><td></td><td>组长</td><td></td></tr>
<tr><td colspan="2">教师签字</td><td colspan="2"></td><td>日期</td><td></td></tr>
<tr><td colspan="6">评语：</td></tr>
</table>

任务 6.1　绿叶类蔬菜播种育苗

实施目的：通过对绿叶类蔬菜进行育苗，了解其育苗过程，掌握蔬菜苗床准备及播种技术要点。

材料和用具：大棚、绿叶类蔬菜种子、菜园土、有机肥。

各组按下列要求进行操作。

1. 蔬菜育苗床准备

育苗土配制　育苗土的具体配方根据不同蔬菜和育苗时期灵活掌握，目前播种床土常用的配方为田土6份，腐熟有机肥4份，菜园土和有机肥过筛后，掺入速效肥料，并充分拌和均匀，堆置过夜。

苗床准备　选用适宜的育苗设施，设施准备好后铺设育苗床，苗床畦宽1～1.5m；将育苗土均匀铺在育苗床内，播种床铺土厚约10cm，苗床装填好后整平床面。

2. 播种

播前准备　根据选择的绿叶类蔬菜种类，确定适宜的播种时期和播种量，并进行种子处理。

播种　低温季节宜选择暖天上午播种，播前浇透谁，水渗下后，在床面薄薄撒盖一层育苗土；茄果类种子较小，一般撒播。催芽的种子表面潮湿，不易散开，应用细沙或草本灰拌匀后再撒；播后覆土，并用薄膜平盖畦面。

3. 播后管理

每天观察出苗情况，并进行记载，同时加强苗期管理。

任务记录单

任务名称：		指导教师：	
组号：		组长：	
时间	记录内容		
教师签名		时间	

考核评价单

<table>
<tr><td>任务名称</td><td colspan="2">绿叶类蔬菜播种育苗</td><td colspan="2">小组组号</td><td colspan="3"></td></tr>
<tr><td>实施日期</td><td></td><td colspan="6">绿叶类蔬菜播种育苗过程记录共____页</td></tr>
<tr><td>评价项目</td><td colspan="2">评价内容</td><td>分值</td><td>教师评价</td><td>学生评价</td><td>得分</td><td>总分</td></tr>
<tr><td rowspan="20">过程评价</td><td rowspan="4">工作态度</td><td>到岗情况</td><td>2%</td><td>1%</td><td>1%</td><td></td><td rowspan="23"></td></tr>
<tr><td>认真负责</td><td>3%</td><td>2%</td><td>1%</td><td></td></tr>
<tr><td>与人沟通</td><td>2%</td><td>1%</td><td>1%</td><td></td></tr>
<tr><td>团队协作</td><td>3%</td><td>2%</td><td>1%</td><td></td></tr>
<tr><td rowspan="3">工作方法</td><td>学习能力</td><td>3%</td><td>1%</td><td>2%</td><td></td></tr>
<tr><td>计划能力</td><td>3%</td><td>2%</td><td>1%</td><td></td></tr>
<tr><td>解决问题能力</td><td>4%</td><td>3%</td><td>1%</td><td></td></tr>
<tr><td rowspan="9">实践操作</td><td>准备工作的完整性</td><td>2%</td><td>1.5%</td><td>0.5%</td><td></td></tr>
<tr><td>床土配制的合理性</td><td>3%</td><td>2.5%</td><td>0.5%</td><td></td></tr>
<tr><td>消毒药的选择合理性</td><td>2%</td><td>1.5%</td><td>0.5%</td><td></td></tr>
<tr><td>播种量计算的准确性</td><td>3%</td><td>2.5%</td><td>0.5%</td><td></td></tr>
<tr><td>苗床制作质量</td><td>5%</td><td>4%</td><td>1%</td><td></td></tr>
<tr><td>底水是否打透</td><td>7%</td><td>6%</td><td>1%</td><td></td></tr>
<tr><td>播种是否均匀、时间合理</td><td>8%</td><td>5%</td><td>3%</td><td></td></tr>
<tr><td>覆土厚度是否均匀合理</td><td>5%</td><td>4%</td><td>1%</td><td></td></tr>
<tr><td>播种熟练度</td><td>5%</td><td>4%</td><td>1%</td><td></td></tr>
<tr><td rowspan="3">成果评价</td><td rowspan="2">播种育苗结果</td><td>出苗质量</td><td>10%</td><td>8%</td><td>2%</td><td></td></tr>
<tr><td>分析播种方法的合理性</td><td>10%</td><td>8%</td><td>2%</td><td></td></tr>
<tr><td>实训报告</td><td>填写是否正确、规范</td><td>20%</td><td>16%</td><td>4%</td><td></td></tr>
</table>

任务 6.2 绿叶类蔬菜整地、地膜覆盖、定植

实施目的：通过对绿叶类蔬菜地整地、地膜覆盖和定植，掌握蔬菜地块准备及地膜覆盖、定植技术要点。

材料和用具：锄头、地膜、绿叶类蔬菜幼苗。

各组按下列要求进行操作。

1. 莴苣

整地做畦　莴笋需肥量大，要选择保肥力强疏松壤土，亩施厩肥或垃圾 3000～4000kg、人粪 1500～2000kg 为基肥，翻地后作成 1.6m（连沟）畦面。

定植　栽植密度依品种与季节而异。早熟种，行株距为 18～23cm 见方，亩栽 8500～12 000 株；晚熟种 25～30cm 见方，亩栽 7000～8000 株。

2. 芹菜

整地做畦　选择肥沃疏松的土壤，在上茬蔬菜拉秧后，立即清除残株杂草，修好水道。做成宽1m的畦。做畦前每亩施优质农家肥5000kg以上，磷酸二铵100kg，草木灰100kg，尿素10kg，然后深翻20～30cm。使肥土充分混合，耙平耙细后准备定植。

定植　秋冬茬芹菜生长期和采收期长。为夺取高产，必须提高单株重量。一般多采用单株定植，有的地区每穴植1～2株或2～3株不等。行株距因品种而异，一般行距为10～20cm，株距为10cm左右。西芹要偏大一点，行株距以16～20cm见方为宜，每亩以3.7万～4.2万株为宜。定植前一天要给苗床浇水。起苗时要连根挖起，抖去泥土，淘汰病弱苗。栽苗时大小苗要分级，把相同大小的苗子栽在一起、栽时用尖铲挖深穴。使幼苗的根系舒展地插入土中。栽苗深度以幼苗在育苗畦的入土深度为标准。栽完苗后立即浇1次大水。

3. 地膜覆盖

覆盖地膜的方法　喷除草剂后要立即覆膜，人工覆膜时最少应3人一组，将地膜的一端先在垄或畦的一起始端埋好踩实后，一人铺展地膜，两人分别在畦两侧培土将地膜边缘压上，地膜要拉紧、铺正，并与垄面紧密接触，将边缘压紧封严。覆盖面积，即透明部分的宽度，要占垄（畦）面的3/5，流出垄沟用于田间作业和灌水。

任务记录单

<table>
<tr><td colspan="2">任务名称：</td><td colspan="2">指导教师：</td></tr>
<tr><td colspan="2">组号：</td><td colspan="2">组长：</td></tr>
<tr><td>时间</td><td colspan="3">记录内容</td></tr>
<tr><td></td><td colspan="3"></td></tr>
<tr><td></td><td colspan="3"></td></tr>
<tr><td></td><td colspan="3"></td></tr>
<tr><td></td><td colspan="3"></td></tr>
<tr><td></td><td colspan="3"></td></tr>
<tr><td></td><td colspan="3"></td></tr>
<tr><td></td><td colspan="3"></td></tr>
<tr><td></td><td colspan="3"></td></tr>
<tr><td></td><td colspan="3"></td></tr>
<tr><td></td><td colspan="3"></td></tr>
<tr><td></td><td colspan="3"></td></tr>
<tr><td></td><td colspan="3"></td></tr>
<tr><td></td><td colspan="3"></td></tr>
<tr><td></td><td colspan="3"></td></tr>
<tr><td></td><td colspan="3"></td></tr>
<tr><td></td><td colspan="3"></td></tr>
<tr><td>教师签名</td><td></td><td>时间</td><td></td></tr>
</table>

考核评价单

任务名称	绿叶类蔬菜整地、地膜覆盖、定植		小组组号			
实施日期		绿叶类蔬菜整地、地膜覆盖、定植过程记录共＿＿＿页				
评价项目	评价内容		分值	教师评价	学生评价	得分	总分
过程评价	工作态度	到岗情况	2%	1%	1%		
		认真负责	3%	2%	1%		
		与人沟通	2%	1%	1%		
		团队协作	3%	2%	1%		
	工作方法	学习能力	3%	1%	2%		
		计划能力	3%	2%	1%		
		解决问题能力	4%	3%	1%		
	实践操作	准备工作完整性	2%	1.5%	0.5%		
		整地的精细程度	3%	2%	1%		
		地膜覆盖质量	5%	4%	1%		
		定植时期合理性	5%	4%	1%		
		底肥使用方法是否合理	3%	2%	1%		
		定植的深度	2%	1.5%	0.5%		
		定植的密度	5%	3%	2%		
		缓苗状况	5%	4%	1%		
		定植熟练程度	10%	6%	4%		
成果评价	定植结果	苗成活率及质量	10%	8%	2%		
		分析定植方法的合理性	10%	8%	2%		
	实训报告	填写是否正确、规范	20%	16%	4%		

任务 6.3 绿叶类蔬菜肥水管理

实施目的： 根据绿叶类蔬菜生长情况和生长时期，掌握绿叶类蔬菜常用的排灌技术措施和施肥方法。

材料和用具： 绿叶类蔬菜植株、化肥、农具。

各组按下列要求进行操作。

莴苣笋 以苗越冬，前期生长缓慢，需肥量少，冬前要控制肥水，避免徒长，增强耐寒力，安全过冬。开春后，茎叶迅速生长，进入莲座期后，结合追肥一次，亩施30%人粪尿1000kg。植株封行后茎部肥大加速，需肥量多，重施2～3次追肥，合计人粪尿2000～3000kg或尿素30～40kg，保证茎部膨大。施肥不能过迟，以免造成茎部开裂。

芹菜 在内层叶开始旺盛生长时，应追施速效氮肥，每亩施硫酸铵10kg左右。收获前30d禁止施用速效氮肥，如缺水注意浇水。

任务记录单

任务名称：		指导教师：	
组号：		组长：	
时间	记录内容		
教师签名		时间	

考核评价单

任务名称	绿叶类蔬菜肥水管理		小组组号				
实施日期		绿叶类蔬菜肥水管理过程记录共______页					
评价项目	评价内容		分值	教师评价	学生评价	得分	总分
过程评价	工作态度	到岗情况	2%	1%	1%		
		认真负责	3%	2%	1%		
		与人沟通	2%	1%	1%		
		团队协作	3%	2%	1%		
	工作方法	学习能力	3%	1%	2%		
		计划能力	3%	2%	1%		
		解决问题能力	4%	3%	1%		
	实践操作	准备工作的完整性	2%	1.5%	0.5%		
		施肥方案制定是否合理	6%	3%	3%		
		有机肥施用量计算	10%	8%	2%		
		化肥使用量计算	5%	4%	1%		
		施肥时期	15%	8%	7%		
		施肥方法及操作	2%	1.5%	0.5%		
成果评价	施肥结果	总体效果	10%	8%	2%		
		分析植株施肥的合理性	10%	8%	2%		
	实训报告	填写是否正确、规范	20%	16%	4%		

任务 6.4 绿叶类蔬菜病虫害防治

实施目的：了解绿叶类蔬菜主要病虫害发生的原因，掌握各种病虫害综合防治的方法。

材料和用具：绿叶类蔬菜植株，农用喷雾器、各类农药、口罩、乳胶手套、量杯等。

各组按下列要求进行操作。

1. 基本情况调查

1）了解掌握绿叶类蔬菜常见病害和常见虫害。

2）了解绿叶类蔬菜主要病害的侵染途径、发生发展的规律。

3）了解和掌握绿叶类蔬菜主要病害的种类、发生情况和发生的规律。

4）了解当地气候条件对绿叶类蔬菜生长发育规律及茶园病虫害发生发展的影响。

5）了解当地常见农药的种类和使用情况。

2. 制定原则和要求

1）贯彻“预防为主，综合防治”的方针，综合运用各种防治措施，控制有效生物危害，并将农药残留降低到规定标准的范围。

2）本着国内人民绿色消费意识的增强和国际贸易农残检测标准的异常严格以及技术绿色壁垒的保护角度出发，提出绿叶类蔬菜生产过程要改进传统方法，向精准方向推进。

3）从当地实际出发，目的明确，内容具体，有一定的可操作性。

任务记录单

<table>
<tr><td colspan="3">任务名称：</td><td colspan="2">指导教师：</td></tr>
<tr><td colspan="3">组号：</td><td colspan="2">组长：</td></tr>
<tr><td>时间</td><td colspan="4">记录内容</td></tr>
<tr><td></td><td colspan="4"></td></tr>
<tr><td></td><td colspan="4"></td></tr>
<tr><td></td><td colspan="4"></td></tr>
<tr><td></td><td colspan="4"></td></tr>
<tr><td></td><td colspan="4"></td></tr>
<tr><td></td><td colspan="4"></td></tr>
<tr><td></td><td colspan="4"></td></tr>
<tr><td></td><td colspan="4"></td></tr>
<tr><td></td><td colspan="4"></td></tr>
<tr><td>教师签名</td><td colspan="2"></td><td>时间</td><td></td></tr>
</table>

考核评价单

<table>
<tr><td>任务名称</td><td colspan="3">绿叶类蔬菜病虫害防治</td><td>小组组号</td><td colspan="3"></td></tr>
<tr><td>实施日期</td><td colspan="7">绿叶类蔬菜病虫害防治过程记录共______页</td></tr>
<tr><td>评价项目</td><td colspan="2">评价内容</td><td>分值</td><td>教师评价</td><td>学生评价</td><td>得分</td><td>总分</td></tr>
<tr><td rowspan="10">过程评价</td><td rowspan="4">工作态度</td><td>到岗情况</td><td>2%</td><td>1%</td><td>1%</td><td></td><td rowspan="13"></td></tr>
<tr><td>认真负责</td><td>3%</td><td>2%</td><td>1%</td><td></td></tr>
<tr><td>与人沟通</td><td>2%</td><td>1%</td><td>1%</td><td></td></tr>
<tr><td>团队协作</td><td>3%</td><td>2%</td><td>1%</td><td></td></tr>
<tr><td rowspan="3">工作方法</td><td>学习能力</td><td>3%</td><td>1%</td><td>2%</td><td></td></tr>
<tr><td>计划能力</td><td>3%</td><td>2%</td><td>1%</td><td></td></tr>
<tr><td>解决问题能力</td><td>4%</td><td>3%</td><td>1%</td><td></td></tr>
<tr><td rowspan="3">实践操作</td><td>病、虫害观察正确，态度认真</td><td>13%</td><td>8%</td><td>5%</td><td></td></tr>
<tr><td>药品选择与病虫害对症，配制药液浓度准确</td><td>15%</td><td>10%</td><td>5%</td><td></td></tr>
<tr><td>喷药时间正确，喷药均匀，注意个人安全防护</td><td>12%</td><td>6%</td><td>6%</td><td></td></tr>
<tr><td rowspan="3">成果评价</td><td rowspan="2">病虫害防治结果</td><td>总体效果</td><td>10%</td><td>8%</td><td>2%</td><td></td></tr>
<tr><td>有无药害</td><td>10%</td><td>8%</td><td>2%</td><td></td></tr>
<tr><td>实训报告</td><td>填写是否正确、规范</td><td>20%</td><td>16%</td><td>4%</td><td></td></tr>
</table>

任务 6.5　绿叶类蔬菜采收及采后处理

实施目的：了解绿叶类蔬菜主要采收及采后处理，掌握各种绿叶类蔬菜分级和包装的方法。

材料和用具：绿叶类蔬菜产品，集装箱、冷库、打蜡机、包装机等。

各组按下列要求进行操作。

1. 采收

绿叶类蔬菜大多数的采菜是人工采收。绿叶类蔬菜采收后装入大箱，然后运入工厂。挑选，剔除残品。采收时间均在清晨气温最低时候采收。这时采收的整形，分级蔬菜温度低，可减少预冷的时间和费用，并能保持更好的品质。

2. 莴笋产品分级标准

(1) 商品性状基本要求

具本品种的基本特征，无空心，具有商品价值。

(2) 分级标准

一级标准　粗细均匀，无裂痕，直径 6cm 以上。

二级标准 粗细均匀，允许有轻微的裂痕，直径 4cm 以上。

三级标准 允许粗细不均匀，允许有少量裂痕，其他要求达不到一级、二级标准。

(3) 包装规格

胶筐或依客户要求。

3. 结球生菜产品分级标准

(1) 商品性状基本要求

具本品种的基本特征，新鲜，无腐烂，茎基部削平，具有商品价值。

(2) 分级标准

一级标准 无虫眼，无病斑，结球紧实，不抽薹，外面带 2 片～3 片叶，刀口平，单球重 500g 以上。

二级标准 结球较紧实，叶片可有 3 处～4 处虫眼、病斑，不抽薹，外面带 2 片～3 片叶，刀口平，单球重 400g 以上。

三级标准 允许结球不够紧实，允许有病斑、虫害。

4. 大小规格

按单果重分级，大：750～1000g，中：600～750g，小：400～600g。

5. 包装规格

用纸箱装，要求每个球用卫生纸包裹。

任务记录单

任务名称：		指导教师：	
组号：		组长：	
时间	记录内容		
教师签名		时间	

考核评价单

<table>
<tr><td>任务名称</td><td colspan="3">绿叶类蔬菜采收和采后处理</td><td>小组组号</td><td colspan="4"></td></tr>
<tr><td>实施日期</td><td></td><td colspan="7">绿叶类蔬菜采收和采后处理过程记录共______页</td></tr>
<tr><td>评价项目</td><td colspan="2">评价内容</td><td>分值</td><td>教师评价</td><td>学生评价</td><td>得分</td><td>总分</td></tr>
<tr><td rowspan="10">过程评价</td><td rowspan="4">工作态度</td><td>到岗情况</td><td>2%</td><td>1%</td><td>1%</td><td></td><td></td></tr>
<tr><td>认真负责</td><td>3%</td><td>2%</td><td>1%</td><td></td><td></td></tr>
<tr><td>与人沟通</td><td>2%</td><td>1%</td><td>1%</td><td></td><td></td></tr>
<tr><td>团队协作</td><td>3%</td><td>2%</td><td>1%</td><td></td><td></td></tr>
<tr><td rowspan="3">工作方法</td><td>学习能力</td><td>3%</td><td>8%</td><td>2%</td><td></td><td></td></tr>
<tr><td>计划能力</td><td>3%</td><td>2%</td><td>1%</td><td></td><td></td></tr>
<tr><td>解决问题能力</td><td>4%</td><td>3%</td><td>1%</td><td></td><td></td></tr>
<tr><td rowspan="3">实践操作</td><td>采收标准断定</td><td>15%</td><td>10%</td><td>5%</td><td></td><td></td></tr>
<tr><td>采收操作熟练</td><td>15%</td><td>10%</td><td>5%</td><td></td><td></td></tr>
<tr><td>分级操作熟练</td><td>10%</td><td>6%</td><td>4%</td><td></td><td></td></tr>
<tr><td rowspan="3">成果评价</td><td rowspan="2">采收及采后处理结果</td><td>采收和采后处理量</td><td>10%</td><td>5%</td><td>5%</td><td></td><td></td></tr>
<tr><td>总体效果</td><td>10%</td><td>6%</td><td>4%</td><td></td><td></td></tr>
<tr><td>实训报告</td><td>填写是否正确、规范</td><td>20%</td><td>16%</td><td>4%</td><td></td><td></td></tr>
</table>

单元7 葱蒜类蔬菜生产

知识目标

掌握葱蒜类蔬菜的主要种类和共同特性，主要种类的生物学特性，葱蒜类蔬菜生产基本常识；会根据栽培设施及栽培季节，正确选择葱蒜类栽培品种；会制定葱蒜类生产计划，能够正确地进行生产。

技能要求

掌握葱蒜类蔬菜整地、施肥、做畦、播种、定植、肥水管理、病虫害防治采收和采后处理等技术环节。

葱蒜类蔬菜主要包括洋葱、大蒜、韭菜等等，是重要的香辛类蔬菜，同时，各种葱蒜类蔬菜具有杀菌，健体的作用。同时也是我国出口创汇蔬菜的重要组成部分。

7.1 概 述

7.1.1 葱蒜类的种类

葱蒜类蔬菜在我国栽培历史悠久，种类繁多，名特产丰富，南北各地普遍栽培的有韭菜、大葱、大蒜、洋葱、分葱、韭葱等。该类蔬菜同属百合科葱属，为二年生或多年生草本植物，因具有特殊的辛辣气味，也叫“香辛类蔬菜”，又因形成鳞茎，又可称“鳞茎类蔬菜”（图7-1）。产品器官为膨大的鳞茎、假茎、嫩叶或花薹。葱蒜类蔬菜富含碳水化合物、蛋白质、矿物质、多种维生素及胡萝卜素，营养价值较高。另外，组织中还含有白色油脂状挥发性物质硫化丙烯，能增进食欲，还可以杀菌消炎，有较高的药用价值（如从大蒜中提取大蒜素，从洋葱中提取洋葱素等）。

7.1.2 葱蒜类的生物学共性

葱蒜类蔬菜多起源于西亚大陆性气候，共同生育特性是：

1）形态特征。具有短缩的盘状茎、喜湿的弦线状根系，耐旱的叶型，具有贮藏功能的鳞茎或假茎。

2）环境需求。适应温度范围广，喜凉爽气候，耐寒性强；需中等强度光照；地上部分生长期要求土壤湿润，空气湿度宜低，鳞茎形成期要求土壤和空气较干燥；均为长日照植物，属绿体春化类型，较长日照和较高温度有利于鳞茎的形成。

3）繁殖方式。具有分蘖特性，繁殖方式多样。

7.1.3 葱蒜类的栽培学通性

葱蒜类蔬菜栽培的共同特性：

1）植株低矮，叶片直立，叶面积小，适于密植或间套作。

2）繁殖方式分有性和无性两种，种子寿命短，生产上应使用当年新种子。

3）必须注意及时除草。

4）根系吸收能力差，种植密度大，应加强水肥管理。

5）有共同的病虫害，应避免连作。

图7-1 不同葱蒜类蔬菜

6）根系可分泌杀菌素，是其他作物最理想的前作或间套作作物。

7.2 韭菜生产

韭菜原产我国，是以嫩叶、柔嫩花茎和花为产品的百合科葱属多年生宿根草本植物，耐寒抗热，适应性很强，全国各地均可栽培。韭菜营养丰富，含有维生素、矿物质、糖、蛋白质及纤维素，而且风味独特，能增进食欲，因而深受广大群众喜爱。还可以种子和叶等入药，具健胃、提神、止肝固涩、补肾助阳等药用功效。

7.2.1 生物学特性

1. 植物学特征

根 弦线状须根系，根着生于根状茎基部，主要根群分布在10～30cm的耕层内，除吸收机能外，还有一定的贮藏功能，可分为吸收根、半贮藏根和贮藏根。春季萌发吸收根和半贮藏根，其上可发生3～4级侧根；秋季发生短粗的贮藏根，不发生侧根。随着株龄的增加，植株不断分蘖，新根不断增生，老根则逐渐枯死，使新老根系不断更替，生根的位置、根系在根茎上也逐年上移，谓之“跳根”。生产上需不断培土或盖土肥，防止根茎裸露，使其正常生长。根的寿命长为1～2年。

茎 茎分为营养茎和花茎两种。茎由胚芽发育而成，1～2年生韭菜的营养茎为短缩的茎盘，根茎顶端生叶，基部产生不定根。随着株龄的增长，营养茎不断向上生长，由逐次发生的分蘖和茎盘连接成杈状分枝，称根状茎。根状茎是贮藏营养的重要器官。叶鞘抱合成“假茎”，假茎基部膨大呈葫芦形，是贮藏养分的器官。通过春化进入生殖生长期后，鳞茎的顶芽分化为花芽，在长日照下，抽生花茎，称为韭薹，顶端着生伞形花序，嫩茎可以食用。

叶 韭菜叶簇生，每株有5～9片叶，叶由叶片及叶鞘组成，叶片扁平带状，是主要的同化器官和产品器官。叶鞘闭合形成筒状“假茎”。叶面覆有蜡粉，耐旱。叶的分生带在叶鞘基部，收割后可继续生长。叶鞘基部膨大，形成葫芦状小鳞茎，具有贮藏养分的功能（图7-2）。

图7-2 韭菜的叶、花、种子

花 伞形花序，两性花，未开放前由总苞包裹，每序有花20～30朵，花冠白色或粉红色，两性花，异花传粉。幼嫩花薹和花均可以食用。韭菜属绿体春化类型，当年播种的韭菜

未经秋冬低温春化极少抽薹；二年生以上的韭株多于大暑至立秋抽薹，立秋至处暑开花。

果实和种子　韭菜的果实为蒴果，子房上位，3室，每室含种子2粒。当果实成熟时，种子便崩裂出来。种子黑色，盾形，表皮布满细密皱纹，背面凸起，腹面凹陷，千粒重约4g左右，寿命1～2年。

2. 对环境条件的要求

温度　韭菜喜冷凉气候，耐寒力极强，不耐高温。叶子生长的适宜温度为12～24℃，当气温超过25℃植株生长缓慢，纤维增多，品质下降。高于30℃时，叶子发黄，甚至枯萎。韭菜是耐寒的蔬菜，叶子能忍耐－5～－4℃的低温，甚至更低些。地下根茎在气温至－40℃时叶不致遭受冻害。翌春当温度上升至2～3℃，韭菜开始返青，萌发新叶。

光照　韭菜在营养生长时期对光照反应不敏感，光强适中，才有利于养分的合成和积累。

水分　韭菜根系吸收力弱，喜湿，要求土壤经常保持湿润，才能满足植株生长发育的需要。如果土壤缺水，叶肉组织往往粗硬，纤维增多，品质降低。韭菜叶片狭长，面积小，表面覆有蜡粉，角质层较厚，气孔深陷，水分蒸发较少，具有耐旱的特点，生长要求较低的空气湿度，适宜的空气湿度为60%～70%。对土壤湿度要求较高，为80%～95%。

土壤及营养　韭菜对土壤的适应性较强，在砂壤土、壤土、黏土上均可栽培，但以土层深厚、富含有机质、保水力强的土壤为宜。韭菜对盐碱土有一定的适应能力，成株能在含盐量0.25%的土壤中正常生长。

韭菜喜肥耐肥，栽培时要求基肥充足，春、秋两季要分期追肥，以氮肥为主，配施磷钾肥，有助于提高产量、改善品质。韭菜对肥料的要求随不同生长时期而定，幼苗期很小，吸收能力弱，需少量勤施；营养生长盛期，尤其春、秋收割和积累养分的季节，需要分期适量多施；一年生的幼苗需肥较少，3～4年生的韭菜需肥量较多，5年以上的韭菜，为了延长生长年限，减缓衰老，施肥仍不可忽视。

7.2.2　类型和品种

按食用部分分为根韭、叶韭、花韭和花叶兼用四种类型，现有品种多为花叶兼用型。生产上一般以叶片宽度分为宽叶和窄叶两种类型，以宽叶韭菜为主。

宽叶韭　又称大叶种、马兰韭、叶片宽厚，叶片浅绿或绿色，纤维较少，产量高，品质好，但香味较淡，直立性差，易倒伏。适于保护地栽培。优良品种有汉中东韭、河南791、天津大黄苗、北京大白根、寿光马韭、杭州冬韭、江南马鞭韭、成都马韭、广州大叶韭等。

窄叶韭　又称小叶种、线韭、叶片细长、叶色深绿，纤维较多，香味浓，分蘖多，叶鞘细、高，直立性强，不易倒伏，耐寒性、耐热性均较强。优良品种有北京铁丝苗、保定红根、太原黑韭、诸城大金钩等。

7.2.3 栽培季节与方式

韭菜耐寒、耐弱光，适应性很强，所以长江以南地区四季可露地栽培，长江以北地区冬季韭菜地上部枯萎，根茎在土壤保护下休眠。韭菜春、秋两季均可播种。冬季及早春可以在日光温室、塑料拱棚及阳畦等保护设施内进行青韭生产。

7.2.4 栽培技术

1. 繁殖方法

由于分株繁殖的植株生长势不及用种子繁殖的植株，故生产上大多用种子繁殖。分别在春季或秋季进行播种育苗，当年秋季或第二年春季定植。种子必须是前一年或当年收的新鲜种子。每亩苗床的播种量3～5kg，育成的秧苗可以供10倍左右面积的栽培所用。

2. 定植

定植期 当株高长到20～25cm或发现幼苗拥挤时，需及时定植，一般在出苗后50～60d即可定植。定植应不晚于7月下旬，否则时值南方地区7～8月份高温多雨季节，不利小苗成活。

整地施肥做畦 韭菜需肥大且生长时间长，定植前应重施基肥。前茬收后，每亩施充分腐熟优质农家肥4000～5000kg，深耕25～30cm，耙细，理成宽1.6～2cm、长20～25m的高畦。

合理密植 按50cm的行距开沟，丛距17～20cm，每丛4～5苗条栽。

定植方法 定植前首先对苗床浇透水，以利起苗。起苗时抖去宿土，对过长的根，应将先端剪去，仅留2～3cm。同时，为提高成活率，还应将叶片先端剪去一段，以减少叶面蒸发。韭苗要随起随栽，不要长时间堆放。定植深度以叶鞘埋入土中，即3～4cm为宜，过深生长不旺，过浅跳根过快，韭丛四周用土压实，随即浇清水使根与土壤紧密接触。

3. 田间管理

秋季定植后，叶的生长迅速，分蘖力也较强，此时应该加强肥水管理，满足生长及分蘖的要求。在严寒以前，施1次重肥，以促进生长，使更多的营养物质运转到地下的根状茎中积累起来，满足次年春天发芽和生长的需要，一般不收割青韭。到2～3年以后，每年进行多次收割，每收割1次，施1次重肥，以促进叶的生长与分蘖。而且在每次收割以后，要培育一段时间，恢复生长，然后再收割，才能保持旺盛的生长，防止早衰。具体收割相隔时间的长短，视生长状态及温度高低而决定。进入收割年龄以后，必须注意培养地下根茎的生长，积累较多的养分。而且经过多年的生长、分蘖、跳根以后植株互相拥挤，分蘖细小，产量下降，此时要及时清除老根、老叶，进行培土、施肥，促使恢复生长。

小知识

南方夏季高温，闷热，不适于韭菜叶的生长。这个时期，不要收割，以保护植株过夏。这样，等到秋凉以后，又可以恢复生长。长江以南地区，韭菜的地上部虽可露地越冬，但在长江两岸地区，并不是完全无冻害。对于耐寒力弱的品种，可适当加盖稻草。

培土是韭菜管理中的一项重要工作，而培土又与跳根有关。收割的次数越多，跳根的距离越大。故每次采收后，应及时培土 3～4cm，一般每年培土 2 次。每次收割应较上一次收割高出 2～3cm。

4. 病虫害防治

韭菜田间用化学除草剂，效果很好。据北京郊区经验，在韭菜地上用粉剂除草醚，于播种后施用，每公顷使用量为 15kg。为了避免沾到叶子上，可用除草醚微粒剂混入细土后再施用。

烂根韭菜的根状茎及叶鞘基部长期生长在土中，容易发生各种病害及虫害，主要的地下害虫是韭菜的地蛆和蓟马等。要防治这些虫害，可于定植前，或虫害发生前，用糖醋液诱杀成虫，也可用溴氰菊酯、菊马乳油喷洒或辛硫磷、喹硫磷乳油等来防治，但应避免使用剧毒高残留农药。引起烂根的原因，是由于韭菜枯萎病的危害。这种病菌在排水不良的土壤中，尤其是在夏季高温季节，暴雨以后，又遇猛烈的阳光容易发生。防治的方法主要是开沟排水，培育壮苗。

5. 采收

南方各地除了炎热的夏季以外，几乎周年都可采收青韭。长江一带，一般从春到夏，收割青韭 2～4 次。收割时都要留 3～5cm 的叶鞘的基部，割下的伤口呈绿色太浅，呈白色太深，呈黄色为宜，以免伤害叶鞘的分生组织及幼芽，影响下一次的产量。7～8 月间，气温高，生长慢，一般不收青韭，而只收韭菜薹。入秋以后，也可收青韭 1～2 次或不收，以养根为主。等到冬季，大都利用培土软化，采收韭黄。一般全年产量为 50t/hm^2 左右。

小知识

韭菜的品质除品种的特性以外，还与温度、光照、水分及土壤营养有关。温度高，光照强，气候干旱而氮肥缺乏，则木质化的程度大，而糖的含量低，所以一般以春秋季采收的品质较好，尤其是在雨后，叶生长快，组织柔嫩。而夏季高温季节，叶生长慢，纤维含量多，糖的含量少，产量也较低。冬季用软化栽培的韭黄，纤维含量少而糖的含量多，是蔬菜中的珍品。

6. 设施栽培要点

韭菜的设施栽培是指利用温室、塑料棚覆盖等设施进行韭菜栽培的一种生产方式。由于韭菜属于耐弱光的蔬菜，只要温度适宜，一般均能生长，因此特别适合于设施栽培。韭菜的设施栽培在北方有悠久的历史，采用的方式有风障早熟栽培、盖韭栽培、囤韭栽培等。而利用大、中棚等进行冬春期韭菜生产，也是我国近来最为常见的设施栽培方式。薄膜覆盖提高了棚内的温度，使本来无青韭供应的冬季及早春的生产成为可能。

韭菜设施栽培过程中必须注意以下几个问题：

覆盖开始时间 韭菜具有一定的休眠期，覆盖太早导致休眠太短，引起产量和采收后期品质下降。

温度管理 大棚内的温度易受光照的影响而引起剧烈的变化。韭菜叶片的生长适温为18～20℃，如果低于5℃，生长停止；如果高于25℃，则会发生叶尖卷起、烧叶和枯死等现象。

湿度管理 湿度高时韭菜容易发生腐烂现象，因此，须经常注意采用通风等措施来降低大棚内的湿度，提高成品率。

采收次数 为保证冬春期间能生产更多的青韭，一般要减少秋季的采收次数，以便能有更多的养分贮藏于根状茎，以供冬春季节的生长。

采收期 设施栽培的韭菜一般于早春播种，6 月左右定植，其覆盖从下霜前后开始。从某种意义上说是错季栽培，体内的能量积累相对较少，故一般播种后采收 2～3 年后便更新植株。

7.2.5 韭黄现代栽培技术

软化栽培是将某一生长阶段的蔬菜栽培于黑暗（或弱光）和温湿度适宜的环境中，生长出叶绿素含量少，植株黄白色，组织弱嫩、风味独特，商品价值高的一种栽培方法。现介绍一种黑色塑料膜覆盖栽培法。

韭黄栽培是使韭根处于适宜的温度、湿度及黑暗的条件下，依靠自身贮藏的养分生长，在形不成叶绿素的情况下，生产出肥嫩可口、风味极佳、颜色淡黄、纤维素极少、质地柔嫩的韭菜植株即韭黄。一般韭菜品种都可生产韭黄，但最好选用韭黄专用型新品种——墩黄韭。播种时间为 3 月下旬～6 月上旬，南方温暖地区也可在晚秋 9～10 月份播种。每亩用种量 1.5～2kg，当韭苗长到 4～6 片叶时即可移栽。春夏季节，用黑色塑料薄膜覆盖韭菜，就可满足无光、保温、保湿的软化栽培条件，生产软化的韭黄。现介绍其栽培技术。

1）根株的培养一般选用二年生的健壮根株，露地只收割 1～2 刀青韭，使根株多积累养分，有利于提高韭黄的产量。在覆盖前未收割青韭时要重施腐熟的人粪尿一次，并加入少量的尿素做底肥，培肥根株。

2）扣棚的方法及盖前管理塑料薄膜拱棚的覆盖面积一般以东西向畦长 15～20m，宽 1.5m 为宜，用 10 号细钢筋做支架，每根截 2.4m 长，在韭畦上弯成圆拱形，两端插入地下约 20cm，每隔 50cm 一根，拱顶离畦面 50cm，架上用黑色塑料薄膜盖严，并加以固定。畦的两端插入遮光板，以便放风遮光。另外，为调节温度还要准备草苫，草苫的长宽以 2.5m×1m 为宜，以上准备工作要在 10 月中旬完成。盖薄膜前要先清除韭畦内的枯叶杂草，用韭铲铲去未回秧的地上绿色部分，伤口愈合后，浇透水一次，2～3d 后再进行覆盖。覆盖后的管理黑色薄膜与其他薄膜不同，它吸光性强、增温快、温度高。因此，冬春两季覆盖，要注意降温、通风管理。覆盖初期畦的两端通风口处插入遮光板，以防阳光射入畦内。为防高温高湿，避免叶片腐烂，还应在棚的两侧近地面处，每隔 3m 埋一瓦筒，加强通风换气。

小知识

第一茬韭黄的生长处于冬季低温季节，棚内温度较低，可在棚顶加盖草苫，早上揭晚上盖，提高棚温，利于韭黄生长。第二茬以后气温逐渐升高，棚内温、湿度加大，应增加两侧瓦筒密度，在原有的瓦筒中间增埋一个，延长两端放风时间。白天中午阳光强烈时，可盖草苫降温，使棚内保持温度20℃左右，60%～70%的湿度，满足韭黄健壮生长的需要。黑色塑料棚覆盖栽培可缩短韭黄的生长期，收割次数多，如在收获期内及时追肥浇水，避免植株脱肥早衰，就可获得较高的产量。

7.2.6　栽培种常见问题及防治对策

1. 种子问题

种子中混杂葱种　主要原因：因韭菜种产量低、价格高，而葱种产量高、价格低，两者外观很相似，所以很多不法售种者把葱种参入韭菜当中，以牟取暴利。防治措施：到正规种子店购买；购买种子时应仔细观察分辨，韭菜种子外形盾状扁形，皱纹多而细密，无脐部凹洼；大葱种子外形盾状有棱角稍扁平，皱纹多而不规则，脐洼稍浅。韭菜种子略大，千粒重4.15g左右；大葱种子稍小，千粒重2.6g左右。

发芽率不高或不发芽　主要原因：种子陈旧；种子生产中天气不良；种子采收中管理不善。防治措施：只能使用新种子；制种中加强管理，及时防治不良天气；加强采收种子后的管理。

2. 植株退化

韭菜栽培几年后，植株分蘖能力下降，生长速度减缓。主要原因：品种不当；采收次数过多；肥水管理不足。防治措施：选择适宜优良品种；控制采收次数；加强肥水管理。

3. 叶尖变黄、干尖

叶尖变黄、干尖的主要原因是温湿度管理不当、土壤酸化、设施栽培中通风不良、药害（用药浓度过大）、肥害（施用硝态氮肥过多）、品种特性。防治措施：选择适宜品种；加强温湿度管理；改良土壤；控制用药浓度；控制硝态氮肥数量；施用微肥，补充微量元素；设施栽培中注意及时通风。

小结 ☞

本节重点介绍韭菜的繁殖方法和播种期、播种量的掌握以及田间管理和采收方法。

拓展知识

韭黄的药用功能

韭黄为辛温补阳之品，含有一定量　的锌元素，能温补肝肾，因此在药典上有“起阳草”之称。此外，韭黄含有挥发性精油及含硫化合物，具有促进食欲和降低血脂的作用，对高血压、冠心病、高血脂等有一定疗效。含硫化合物还具有一定杀菌消炎的作用。

韭黄含有较多的膳食纤维，能促进胃肠蠕动，可有效预防习惯性便秘和肠癌。这些膳食纤维还可以把消化道中的头发、沙砾、金属屑甚至是针包裹起来，随大便排出体外，有“洗肠草”之称。同时韭黄还有温中行气、散血解毒、保暖、健胃的功效。

7.3 大蒜生产

大蒜为百合科蒜属中以鳞芽构成鳞茎的栽培种，一、二年生草本植物。原产欧洲南部和中亚，传入我国已有2000多年，在我国分布很广，种植面积和产量居世界前列。大蒜以鳞茎（蒜头，包括瓣蒜和独蒜）、蒜薹（花茎）和幼苗（青蒜、蒜苗）为产品。南方以采收青蒜苗和蒜薹为主，北方以采收蒜头为主。大蒜富含蛋白质、碳水化合物、维生素及磷、铁、镁等矿物质，还含有大蒜素，所以具有特殊的辛辣味，不但可以调味，增加食欲，还能抑菌和杀菌。大蒜营养丰富，风味独特，用途广泛，耐贮藏，具有杀菌、抑菌、抗病毒等医疗、保健功能，对高胆固醇、糖尿病、心脏病及胃、肠、肝、肺、乳腺等癌症有减轻症状及治疗作用，药用价值极高，因而受到世人的喜爱。大蒜可佐餐或加工成各种腌制品、调料和大蒜粉等，还可提取大蒜油（主要成分为大蒜素），故被广泛应用于日常生活、医药、化工及食品工业等方面。

7.3.1 生物学特性

1. 植物学形态特征

根 弦线状须根系，着生于短缩茎基部，有初生根、次生根和不定根之分。由种瓣背腹面基部，先形成根原基，其突起伸长形成的根为实生根；在其腹面基部“茎盘”的外围陆续长出的根为次生根；而在烂母期前后长出的第二批新根则称为不定根。属浅根性作物，根群在种瓣的外侧多，内侧较少，主要根群集中于5～25cm的土层内，横展直径约30cm。根毛极少，吸收力弱，具有喜湿、耐肥、怕旱的特点。

茎 茎为地下茎，营养生长期茎短缩呈不规则盘状，称为茎盘。茎盘基部和边缘生根，其上部长叶和芽的原始体，顶芽则位于茎盘上端中部，被层层叶鞘包围。茎盘承托假茎、蒜薹和蒜头，并起输导作用。生殖生长期顶芽分化为花芽，以后抽生成花薹即蒜薹。同时内部叶鞘的基部开始形成侧芽，逐渐发育成鳞芽。

叶 叶由叶片及叶鞘组成。叶片扁平披针形、绿色，叶表有蜡粉，可减少叶面蒸发，耐旱。叶较直立，叶面积小。叶鞘圆筒状，环绕茎盘而生，多层叶鞘套合着生于短缩茎盘上，形成假茎。互生，对称排列，着生方向与蒜瓣的背腹连线垂直。叶数因品种不同而已，叶数越多，假茎越粗。鳞茎膨大时，叶片营养运贮于鳞芽中，鳞茎成熟时，外层叶鞘基部的营养物质转运到蒜瓣，叶片逐渐干枯，而后干缩成膜状包被着鳞茎，具有保护作用。

花茎和气生鳞茎 大蒜花茎即蒜薹，一般长60～70cm，圆柱形，实心，在花茎顶端着生总苞，包裹着花序，总苞内着生多个气生鳞茎和发育不完全的紫色小花，无种子，花与鳞茎一般混生，当小鳞茎的生长抑制了花的发育时，花器则中途凋萎，气生鳞茎可播种繁殖。

鳞茎 鳞茎即蒜头，包括鳞芽、叶鞘和短缩茎三部分，是鳞芽的集合体，也是大蒜的主要器官。鳞茎的形状因品种不同，而有圆、扁圆或圆锥形等。鳞芽多近似半月形，紫皮蒜种多较短，白皮蒜种较长，独头蒜形如圆球，其结构与一般鳞芽相同。

2. 对环境条件的要求

温度 大蒜喜冷凉气候，其生长适宜温度为12～25℃。大蒜通过休眠后，蒜瓣在3～5℃就可萌芽，12℃以上发芽迅速加快，22℃左右为发芽最适温度。幼苗生长的适宜温度为14～20℃，蒜薹伸长和鳞茎膨大期的适宜温度为15～20℃，生长后期的适温为25℃左右。当气温超过26℃植株生长缓慢，叶子发黄，地上部逐渐干枯，鳞茎停止发育进入休眠期。大蒜属绿体春化型，一般蒜萌动到幼苗期，如遇0～4℃的低温，经过30～40d即通过春化阶段。

光照 大蒜抽薹和鳞茎的形成都需要长日照的诱导，这个长光照的临界长度则因品种而异。不同生态型的大蒜品种鳞茎的形成发育对日照长度反应不同。大蒜低纬度类型，对低温要求低，短日照下（8～10h）也能随着温度的升高而形成鳞茎，早熟；高纬度类型，要求在一定时间的低温（5℃下3个月）和长日照（大于14h）才能形成鳞茎，中晚熟。因此，大蒜应注意不同纬度间相互引种时鳞茎的形成对光周期的要求。光照时数不足，则只长蒜叶而不能抽薹和形成鳞茎。

水分 大蒜叶片属耐旱生态型，但根系浅吸收水分能力弱，因而喜湿怕旱，对土壤水分要求较高。萌发期要求土壤湿度较高，以利于发根萌芽；幼苗前期土壤湿度不宜过大，防止种瓣湿烂；退母期要提高土壤湿度，防止土壤过干，促进植株生长，减少“黄尖”；蒜薹伸长期和鳞茎膨大期是大蒜生长旺盛期，是大蒜需水最多的阶段，要经常保持土壤湿润；在鳞茎接近采收时，应控制浇水，降低土壤湿度，以促进鳞茎成熟和提高耐藏性，以免湿度过大，使叶鞘基部腐烂散瓣，蒜皮变黑，从而降低品质。

土壤及营养 大蒜对土壤适应性广，但根系弱小，以土层深厚、疏松、排水良好、微酸性、富含腐殖质的壤土为宜，土壤瘠薄、有机质少、碱性大、早春返碱的地块不宜栽培大蒜。最适土壤酸度为pH为5.5～6.0，过酸根端变粗，停止延长生长，过碱则种瓣易烂，小头和独瓣蒜增多，降低产量。

7.3.2 类型和品种

一般按皮颜色分为紫皮蒜和白皮蒜两大类。品种名称一般按产地来命名。

紫皮蒜 蒜头外皮淡紫红色，故也叫红皮蒜。紫皮蒜冬性较弱，不耐冻，生育期短，蒜瓣少而大，辣味重，蒜薹肥大，产量高，多为早熟品种，适于春播，品质优良，宜作青蒜苗、蒜薹和蒜头栽培。栽培品种因地域而异。如重庆主要栽培的紫皮蒜品种有桐子蒜、四月蒜、软叶子等，还有云南的通海蒜、成都二水早。

白皮蒜 大蒜外皮及内皮均为白色或灰白色，多数白皮蒜冬性强，耐寒性强，蒜头较小，辛辣味较淡，适宜作蒜头或蒜薹栽培。栽培品种因地域而异。如重庆主要栽培的白皮蒜品种有贵州白蒜、无薹大蒜。

7.3.3 栽培季节与方式

大蒜的播种期因市场需求、品种特性和用途等不同而异，一般分为春播夏收和秋播春收两种。南方地区一般露地栽培，秋播为主，长江流域多秋播，秋播一般8月上旬～10月上旬播种，年前长蒜苗，幼苗可露地越冬，经越冬低温通过春化阶段，于3～5月份抽薹，4～6月份收蒜头；华北地区可秋播也可春播；东北各省只进行春播。

7.3.4 栽培技术

1. 播种

大蒜采用蒜瓣直播。播种前的整地施肥工作，避免连作，土壤以肥沃、排水良好的砂质壤土为适宜。

1）蒜瓣的选择及播种前的处理。作为播种用的蒜瓣，在播种前应进行选择与分级。严格的选择应从田间未采收前开始，特别要除去带有病毒的植株。采收以后，选择具有品种特征、蒜头圆正、大而无损伤的蒜头。

小知识

播种用的蒜瓣的大小与将来的产量成正相关。大的蒜瓣内含营养物质较多，带病毒的可能性也小，苗期生长快，植株生长较快，将来的蒜头的产量较高，蒜薹也较粗大。利用茎尖脱毒培养生产的无病毒苗，不但产量高，而且蒜头大，已在生产上发挥重要的作用。

生产上为了打破休眠，促进发芽，可在播种前剥去蒜皮，或在播种前把蒜瓣在水中浸泡1～2d，以利于水分的吸收及气体的交换。此外，把蒜瓣放在0～4℃的低温下（生产上可利用冷库或冰块）处理1个月，可大大提早发芽。这些方法，特别适用于青蒜栽培，这样可以提早播种，提早供应。

2）播种时期。我国南方各地都是在大蒜休眠后进行秋播。作为蒜头栽培的，播种较迟，多在9月中、下旬，到第二年6月上、中旬采收蒜头。作为青蒜栽培的，播种较早，可在7～8月播种，当年9～10月开始采收“青蒜”（即蒜叶）。不论作为蒜头或青蒜栽培的播种期，都没有洋葱的严格，从根本上有别于洋葱存在的先期抽薹问题。这是因为：①大蒜的蒜头及花芽分化所需的条件（一段时间的低温诱导）是一致而且是同时的，不可能只结蒜而不抽薹；②蒜薹也是食用器官；③如能及时采收蒜薹，将无损于蒜头的产量。

2. 栽培方式与种植密度

播种密度和播种量。播种方法是把蒜瓣插入土中，而微露尖端，不宜过深。收获蒜

头时的株行距为(15～20)cm×(10～13)cm，或更密些。每公顷播种量750～2000kg。株行距越大，鳞茎单球重也越大，越易发生畸形鳞茎。以采收青蒜为目的时，播种较密，行距12cm×(4～7)cm。

3. 化学除草

及时高效清除杂草是大蒜优质高产栽培的关键措施。一般采用化学除草，可选用50%敌草隆、敌精合剂（精喹禾宁＋敌草隆）等作播后苗前处理，或大蒜 2 叶 1 心至 3 叶 1 心期作茎叶喷雾。

4. 田间管理

当苗出土 3～6cm 时，要开始施追肥，以氮肥为主。在青蒜生长期间，从 8～9 月到 11～12 月，要追肥 2～3 次，促进地上部的生长。地上部的生长量大，产量也越高。以采收蒜头为目的时，除在幼苗期施追肥外，于越冬前再追 1 次肥。到第 2 年春暖后，是大蒜植株生长的旺盛期，要施 1 次重肥，以促进随后的蒜头膨大。蒜头开始膨大后，不宜施肥过多、过浓，以免引起鳞茎腐烂。追肥以人畜粪肥为主，促进蒜头的发育，要获得高产，必须在开始形成鳞茎时有较大的叶面积。

中耕除草工作在蒜苗出土后特别重要，当苗高 10～15cm 时，中耕可以深些；而当苗高 30cm 以上，中耕要浅些。一般中耕浇水都结合施肥，但到了第 2 年 4～5 月间，鳞茎已经开始膨大，那时雨水多，应注意排水，不然容易引起蒜瓣开放。如果施氮肥过多，新生的蒜瓣幼芽，有再度生叶的可能，从而影响蒜头的品质及贮藏性。

5. 病虫害防治

主要病害有叶枯病、紫斑病、白腐病、锈病等。叶枯病可用 10%世高、25%施保克、25%菌威等防治；紫斑病可用 3%多氧清、41.5%咪鲜胺、2%多抗霉素等防治；白腐病可用 50%多菌灵、20%甲基立枯磷、75%蒜叶青、50%扑海因等防治；锈病可用泰高、白理通、25%敌力脱等防治。

主要虫害有葱须鳞蛾、葱蓟马、南北斑潜蝇、蓟马等。葱须鳞蛾可用 48%乐斯本、50%地蛆灵、52.5%农地乐等防治；葱蓟马可用 10%的吡虫啉、20%杀灭菊酯、2.5%溴氰菊酯、40%乐果等防治。

6. 采收

大蒜的鳞茎、蒜叶及蒜薹都可以作为食用。由于采收利用的部位不同，采收的时期与方法及产量也不同。

青蒜是以幼嫩的叶子及假茎作为食用　长江一带于 7～8 月播种后，从当年 10 月至次年春季均可采收。但进入夏季后，叶的组织逐渐老化，纤维含量增加，不再作为青蒜食用。采收的方法，绝大多数都是一次连根拔起，但也可以在冬前植株 30cm 高左右，在假茎基部，离地面 3～5cm 收割 1 次。收割后，加强肥水管理，可以再生新叶，于第二年 2～3 月再采收 1 次。由于作为青蒜栽培时，栽植很密，青蒜的产量亦较高。

1次采收的，每公顷产量为30 000～40 000kg，分两次采收的总产量可达50 000～60 000kg。

蒜薹的采收 采收蒜薹与采收蒜头有密切的关系。一般有蒜薹的都有分瓣的蒜头，但有蒜头的不一定有蒜薹。蒜薹与蒜瓣的幼芽分化期几乎同时，蒜头要等到老熟以后才采收，而蒜薹分化后，伸长很快，须及时采收，不然会影响蒜头的产量。每公顷产量可达2500～3000kg。

蒜头的采收 在蒜薹采收后20～30d即可开始采收蒜头。如不采收蒜头也会膨大，但产量会下降15%以上。采收季节是雨水较多的季节，如过迟不收，蒜头容易腐烂，采收后也易散开，不耐贮藏。

采收以后，在田间晾晒几天，然后捆编成束，在阴凉的地方堆藏或挂藏。同洋葱一样，大蒜鳞茎也有一定的休眠期（且比洋葱的休眠期长）。

7.3.5 栽培种常见问题及防治对策

马尾蒜 这是指大蒜在蒜薹露出的同时，蒜薹周围随之长出一圈小蒜叶，5～7片小叶围着蒜薹长出，整株大蒜如同马尾的现象。主要原因：是播种期过早；播种深度不够；覆土太薄；氮肥过量施用；品种不适；发生病虫害等。防治对策：选择适宜播种期；选择适宜品种；加强水肥管理。特别是控制氮肥施用量；注意播种深度和覆土厚度；及时防治大蒜叶枯病、紫斑病。

独头蒜 鳞茎不分蒜瓣，只有一个圈球状的蒜瓣，主要原因是用次生鳞茎播种；蒜种过小；播种期不适；土壤肥力不足；播种过深、过密；肥水管理不当。防治对策：采用适宜蒜种；保证蒜种大小适宜；保证底肥充足；注重播种质量；加强水肥管理。

散瓣蒜 鳞茎所形成的蒜瓣在未收获前蒜瓣脱落。主要原因是播种过早；水肥管理不当；采收过迟。防治对策：选择适宜播种时期；选择适宜品种；加强肥水管理；及时采收。

复瓣蒜 鳞茎的侧芽形成蒜瓣后，再次发芽又形成次一级的蒜瓣。主要原因是越冬前低温及低温处理不当。防治对策：注意播种期；控制水肥。

小结

本节主要掌握大蒜的繁殖方法和田间管理上仍有不同，关键是选择好播期，重视田间管理，特别是肥水的管理。

拓展知识

大蒜素的功效

大蒜素的功效主要表现在三大方面：

1）防治高血压、高血脂、高血糖、冠心病、脑动脉硬化引起的头晕、头痛以及中风偏瘫后遗症等心脑血管疾病；

2）消炎、杀菌、灭病毒，提高免疫力，能调理肠胃、预防感冒和肺部感染；

3）抗突变，刺激免疫活性细胞产生干扰素，清除或阻止致癌物质，抑制细胞恶性增殖，预防肿瘤。

7.4 洋葱生产

洋葱，又名圆葱、团葱，葱头，为百合科葱属中以肉质鳞片和鳞芽构成鳞茎的二年生草本植物。染色体数 2n＝2x＝16。起源于中亚一带，近东和地中海沿岸为第二原产地，大约在20世纪初传入我国，现在各地均有栽培。洋葱以肥大的肉质鳞茎为产品，富含蛋白质、维生素等矿物质，含糖量高于大葱，辣味淡，风味好，可以鲜食，也可以加工成脱水菜，小型品种多用于腌渍。

7.4.1 生物学特性

1. 植物学形态特征

根 弦状浅根系，根毛极少，着生于短缩茎盘的基部，根系入土深度和横展范围仅30～40cm，主要根群集中在20cm以上表土层中，在土壤中形成浅根性的根群。根系耐旱性较弱，吸收能力不强。

茎（图7-3） 洋葱真正的茎是在鳞茎基部短缩形成扁圆形的圆锥型的茎盘，茎盘上部环生圆筒形的叶鞘和芽，下面着生须根。生殖生长时期，生长锥分化为花芽，抽生花薹。

叶 叶中空，横截面为半月形，由叶鞘和管状叶片两部分组成，直立生长，叶身呈管状，腹部凹陷。叶鞘抱合成假茎，基部增厚，逐渐膨大形成扁圆、圆球或长椭圆形鳞茎，鳞茎内部包含肥大的侧芽，外层为干缩的膜质鳞片，有紫红、黄、绿白等颜色。鳞茎的重量取决于增厚的叶鞘数及其厚度和鳞茎内的侧芽（鳞芽）数。鳞茎成熟前最外1～3层叶鞘基部所贮养分内移干缩成膜状鳞片，以保护内层鳞片减少蒸腾，使洋葱得以长期贮存。

花（图7-3） 洋葱一般次年春季鳞茎栽植后，植株抽薹、开花，夏季结种子。洋葱抽薹后，每个花薹顶端有伞形花序，有膜状总苞。其上着生小花，花多淡紫色，或

图7-3 洋葱的花、茎

近于白色，异花授粉。

果实和种子 果实为两裂蒴果，种子细小、外皮坚硬多皱纹，种皮黑色，呈盾形，千粒重 3～4g，寿命短。

2. 对环境条件的要求

温度 洋葱对温度适应性强，种子和鳞茎在 3～5℃的低温下缓慢发芽，12℃以上发芽加速。生长适温幼苗期为 12～20℃，叶片生长期为 18～20℃，但健壮的幼苗可耐 −6～−7℃的低温。

鳞茎的膨大需较高温度，鳞茎在 15℃以下不能膨大，15～21℃开始膨大，鳞茎膨大期的最适温度一般为 20～26℃，温度过高或低于 3℃鳞茎进入休眠。鳞茎成熟后对温度有较强的适应性，既能耐寒，又能耐热，故能在炎夏贮藏。

洋葱为绿体通过春化的蔬菜植物，植株必须达到一定大小并积累一定的营养，才能通过春化阶段，多数品种在幼苗茎粗大于 0.5cm 时，于 2～5℃条件下，经过 60～70d 可以春化，但品种间是有差异的，北方品种有的需 100～130d。花芽分化后，抽薹开花则需要较高的温度。

光照 洋葱属长日照蔬菜作物，在长日照条件下，叶片生长受到抑制，叶鞘基部和鳞芽开始积累营养物质而增厚形成鳞茎，延长日照时数可以加速鳞茎的形成和成熟。这个长日照的临界长度则因品种而异。其中长日照品种必须有 13.5～15h 的长日照条件才能形成鳞茎，短日照品种则仅需 11.5～13h 的稍长日照条件即可满足其要求。我国北方多长日照晚熟品种。因此在南北各地相互引种和选择适宜于当地栽培的洋葱品种时，必须考虑所引的品种是否适合当地的日照条件。洋葱抽薹开花也需长日照条件。

水分 洋葱根系浅，吸收水分能力较弱，因而栽培上不耐过分的干旱，要求有一定的肥力和保水力强的土壤。水分洋葱在萌芽期、幼苗生长盛期和鳞茎膨大期，需要充足的水分条件。尤其在叶片生长盛期和鳞茎膨大期，但在幼苗越冬前和鳞茎临近成熟的 1～2 周内应适当控制灌水，使鳞茎组织充实，加速成熟，提高产品的品质和耐贮运性。

洋葱的叶身和鳞茎具有抗旱特性，所以在生长期间要求较低的空气湿度，湿度过大容易发病。开花期过大的空气湿度或降雨，影响开花结实。鳞茎具有极强的抗旱能力，在干旱的环境中可长时间保持肉质鳞茎中的水分，维持幼芽的生命活动。

土壤及营养 洋葱适宜在土质疏松肥沃、保肥保水力强、pH 为 6.0～6.5 的中性壤土或砂壤土中栽培，砂土、酸性土及盐碱土均不适于栽培洋葱。

栽培洋葱要求土壤营养丰富，幼苗期需氮为主，鳞茎膨大期应增施磷钾肥，有利于提高产量和品质。

7.4.2 类型和品种

洋葱按鳞茎形成对日照需求长短分为长日照类型和短日照类型；按鳞茎形态分为普通洋葱、分蘖洋葱和顶球洋葱。生产上栽培的为普通洋葱，根据鳞茎外颜色，普通洋葱又分为以下几种：

1. 红皮洋葱

红皮洋葱又叫“紫皮洋葱”，多为晚、中熟品种，植株生长势强，叶直立，叶色深绿。鳞茎外皮紫红色或粉红色，鳞片肉质呈微红色，鳞茎圆球或扁圆球形。质地脆嫩多汁。辣味浓，但鳞片肉质不如黄皮洋葱致密柔嫩，品质稍差。鳞片自然休眠期较短，萌芽较早，含水量较大，贮藏性不如黄皮洋葱。多作冷凉地区的春季栽培。耐寒性、抗病性较强。主要栽培品种一般为地方品种。

2. 黄皮洋葱

黄皮洋葱多为中、早熟品种，鳞茎外皮铜黄色至淡黄色，肉质微黄色，鳞茎扁圆形或圆球形至高桩圆球形。植株生长势强，叶片开展，叶色浅绿。产量较红皮洋葱稍低，但鳞片肉质致密细腻嫩，味甜而辛辣，品质佳，可用作脱水蔬菜原料。一般属短日照类型，适于南方热区作冬季栽培。传统的主要栽培品种有从美国引进的太阳、手托、尼加拉，从日本引进的红叶 3 号、港葱 841、大宝、皇冠等。黄皮洋葱主要供出口。

3. 白皮洋葱

白皮洋葱多为早熟品种，鳞茎外皮白色，近假茎部分稍现微绿色，鳞片肉质也呈白色。鳞茎较小多为扁圆形，鳞片肉质柔嫩细致，品质极佳，常用作脱水蔬菜原料或罐头食品配料。产量低，抗病为弱，易引起未熟抽薹，生产上很少栽培。

7.4.3　栽培季节与方式

南方地区栽培洋葱一般以外销为主，集中在温暖地方栽培，一般秋播春收。不过，因市场需求，某些南方热区借助冬季气温较高的气候优势，发展夏播冬收的洋葱栽培。上市早，价高，取得了较高的经济效益。具体根据各地实践情况而定。

7.4.4　栽培技术

1. 整地作畦与施肥

洋葱根系分布在 30cm 表土内，根的吸肥吸水力弱。为了有利于须根的发生及养分的吸收，应适当深耕。以含有机质多而保水力强的砂质壤土为宜，洋葱不宜在酸性土壤中生长，可在基肥中混入一定量的过磷酸钙以调节酸度，同时磷对洋葱的发根和幼苗生长均有重要的作用。另外氮肥过多易引起徒长苗，造成定植后不易发根和缓苗。

2. 播种育苗

秋播并以幼苗越冬。如播种过早，在越冬时，幼苗生长过大，次年有先期抽薹的可能。而播种过迟，虽然次年不会先期抽薹，但到鳞茎膨大时，植株过小，影响产量。具体的播种期，因各地气候条件而不同。播种期是越向南方越迟，越向北越早。如在江淮地区不宜早于9月下旬，杭州、上海一般要在10月上旬播种。

由于洋葱的种子细小，床土要疏松、肥沃、保水力强，以便于子叶出土。一般为干播。苗床撒播要均匀而稀。在$100cm^2$播种子60粒左右，可供15倍面积的大田使用。播种后，覆一层培养土或草木灰，再盖一层稻草或麦秆。

3. 定植

洋葱的定植时期，一般在11月中下旬，最迟到12月上旬。这样，可以在严冬来临以前，已经缓苗及生长，不致受冻。

定植时，要对幼苗加以选择及分级。一般以苗龄50～55d，茎粗0.6～0.8cm，株高25cm，三叶一心的苗较好。苗的优劣及大小，关系到是否会导致先期抽薹，更关系到定植后的植株生长及鳞茎产量，最好加以分级。洋葱的叶直立，密植增产的效果明显。南北各地，一般为行距15～20cm，株距10～15cm。定植深度以2～3cm为度。因为栽得过深，鳞茎全部生长在土中，容易产生畸形。如果栽得过浅，鳞茎膨大后，露出土面过多，可能引起开裂，影响品质。

4. 田间管理

洋葱的田间管理工作，包括追肥、灌溉、中耕除草及病虫防治。除基肥以外，要多次施追肥。分期及时追肥时洋葱高产的关键之一。定植后2周左右的初次追肥，一般需施入全量的磷肥和适量的氮肥和钾肥，以促进根系的生长和地上部的生长。春暖（3月）以后，植株开始生长，要施1次较重的追肥。4月到5月上旬，是长江流域洋葱生长最旺盛的时期，也是需肥最多的时期，这时要重施1～2次氮肥和钾肥。此后，鳞茎逐渐成熟，要停止施肥及灌水，否则鳞茎中含水量高，不耐贮藏。另外，由于植株需硫量较多，应根据不同情况增施一些硫肥。

洋葱在各个生长发育阶段，对水分的要求不同。南方各地雨水较多，大都结合追肥（粪肥）适当浇水。在春雨及梅雨期间，还要注意排水。洋葱根系浅，中耕宜浅，一般不超过3cm，以免伤根。

5. 病虫害防治

主要病害以霜霉病、软腐病等为主，虫害以斑潜蝇为主，应及时防治。洋葱最严重的病害是霜霉病，且在生长的各个时期都会发生。可用波尔多液、瑞毒锰锌、代森锰锌、乙磷铝和百菌清等喷洒。地下害虫白蛆（种蝇的幼虫），危害根部。氨水和敌百虫等浇根有一定的效果。

6. 采收

长江一带大部分地区均在6月上、中旬开始采收。采收过早，鳞茎尚未完全成熟，含水量也较高，产量低，不耐贮藏；采收过迟，叶部全部枯死，采收后正是梅雨季节，容易腐烂，且洋葱萌芽早，一般在鳞茎已充分膨大，叶子有大半枯萎而又未完全枯萎时为采收适期，即洋葱基部2～3片叶开始枯黄、假茎变软并开始倒伏，即可进行采收。

小知识

采收的方法是，在晴天连根拔起，在田间晒3～4d，使外皮干燥，但不要曝晒过度。采收前一周应停止浇水，否则降低鳞茎耐贮性。为防止洋葱贮藏期间发芽，可用0.25%的青鲜素（MH）在洋葱采收前叶部尚未枯萎时喷洒叶面。采用青鲜素处理后的洋葱只可食用，不可留种。采收时尽量少损伤鳞茎，以减少洋葱贮藏期间因伤口感染而导致腐烂。作为鲜菜食用的，可在晒干后，从假茎部留6～10cm处割断。而作为通风挂藏的，则不割叶而捆编成束，然后挂于通风之处。

洋葱是耐贮藏的蔬菜，有一定的休眠期（品种间有长有短），在一般通风条件下，可以贮藏5～6个月。萌芽后会失去食用价值。

7.4.5 栽培中常见问题及防治对策

先期抽薹现象 在洋葱鳞茎还未达到食用成熟期前即抽薹的现象，称为先期抽薹。先期抽薹的原因是幼苗长到一定的营养积累后（小鳞茎直径0.8cm以上，5～6片叶以上），连续的低温使其在长日照高温条件下抽薹。主要是秋播过早；苗期水肥过多，生长过旺；后期水肥不足，花芽分化早。主要防治对策：选择不易抽薹品种；适期播种；幼苗分级定植；培育壮苗；加强水肥管理；苗期喷施0.2%的乙烯利溶液；及时摘除花薹。

引种不当 因引种不当，导致洋葱产量低、质量差。主要原因：洋葱鳞茎形成期对温度和日照有严格的要求。北方的中、晚熟品种。在高温1h以上的光照时间鳞茎方能膨大；南方的中、早熟品种，在高温13h内的日照条件下才能形成鳞茎。所以北方品种引入南方后，在短日照条件下，鳞茎不能膨大，只长叶片；而南方品种引入北方后，则鳞茎膨大太早，表现更早熟，因叶片不发达，以致葱头太小，产量不高。主要防治对策：从不同纬度引种；适期播种；加强管理。

小结 ☞

本节主要掌握洋葱在栽培过程中要重点把握合适的播种时期以及越冬前的肥水管理，在开春后要加强肥水的管理。这样一方面可以防止先期抽薹，另一方面可以提高产量。

拓展知识

洋葱的功效

洋葱，是一种很普通的廉价家常菜。国人常惧怕其特有的辛辣香气，而在国外它却被誉为“菜中皇后”，营养价值不低。

洋葱所含的微量元素硒是一种很强的抗氧化剂，能清除体内的自由基，增强细胞的活力和代谢能力，具有防癌抗衰老的功效。

洋葱中含有一定的钙质。近年来，瑞士科学家发现常吃洋葱能提高骨密度，有助于防治骨质疏松症。

洋葱中含有植物杀菌素如大蒜素等，因而有很强的杀菌能力。嚼生洋葱可以预防感冒。

洋葱是蔬菜中唯一含前列腺素A的。前列腺素A能扩张血管、降低血液黏度，因而会产生降血压、增加冠状动脉的血流量、预防血栓形成作用。经常食用对高血压、高血脂和心脑血管病人都有保健作用。

复习思考题

一、解释术语

软化栽培　独头蒜　复瓣蒜

二、填空题

1. 洋葱为＿＿＿＿科＿＿＿＿属中以肉质鳞片和鳞芽构成鳞茎的＿＿＿＿年生草本植物。

2. 洋葱的花薹呈＿＿＿＿，中部膨大，＿＿＿＿花序，＿＿＿＿花授粉。

3. 洋葱鳞片由＿＿＿＿和＿＿＿＿组成。

4. 洋葱鳞茎形成适温为＿＿＿＿℃，温度超过＿＿＿＿℃时，鳞茎停止生长，进入生理休眠。

5. 多数洋葱品种在2～5℃低温条件下，经＿＿＿＿天完成春化，但南方型品种在9～10℃低温下，约需＿＿＿＿天通过春化，而北方型品种在3～5℃低温下，要经过＿＿＿＿天的时间才能完成春化。

6. 洋葱适宜在土质疏松肥沃、保肥保水力强、pH＿＿＿＿的＿＿＿＿土或＿＿＿＿土中栽培。

7. 栽培洋葱要求土壤营养丰富，幼苗期需＿＿＿＿为主，鳞茎膨大期应增施＿＿＿＿肥，有利于提高产量和品质。

8. 洋葱从播种到种子成熟分为＿＿＿＿和＿＿＿＿两个阶段，包括＿＿＿＿、＿＿＿＿、＿＿＿＿、＿＿＿＿、＿＿＿＿和＿＿＿＿六个时期。

9. 洋葱定植一般以苗龄＿＿＿＿d，茎粗＿＿＿＿cm，株高＿＿＿＿cm，＿＿＿＿的苗较好。

10. 鳞茎膨大期是指从＿＿＿＿到＿＿＿＿，此期植株生长量大，产品器官逐渐形成。

三、选择题

1. 根据葱蒜类对水分的要求，属于（　　）。

A. 湿润性蔬菜　B. 半湿润性蔬菜　C. 半耐旱性蔬菜　D. 耐旱性蔬菜

2. 洋葱根据皮色可分为（　　）。

A. 3种　B. 4种　C. 5种　D. 6种

3. 韭黄在收割时的注意事项错误的是（　　）。

A. 收割时刀要锋利，下刀不宜过深

B. 割后要立即浇水，促进生长

C. 在韭黄生长过程中，可根据市场行情进行等刀或抢刀

D. 收割后的韭黄最好在阳光下晾晒一段时间

4. 春播一年生韭菜时，在（　　）时便可发生分蘖。

A. 韭菜植株长出 3～4 片叶子　　B. 韭菜植株长出 5～6 片叶子

C. 韭菜植株长出 7～8 片叶子　　D. 韭菜植株长出 9～10 片叶子

5. 下列蔬菜属于百合科的是（　　）。

A. 甘蓝　　B. 大白菜　　C. 芹菜　　D. 大葱

6. 有利于洋葱鳞茎的温光条件为（　　）。

A. 低温长日照　　B. 低温短日照　　C. 高温长日照　　D. 高温短日照

四、简答题

1. 葱蒜类蔬菜在生物学特性和栽培习性上有哪些共同特点？
2. 大蒜栽培时如何进行水肥管理？大蒜栽培上常见问题有哪些？如何防止？
3. 韭菜如何进行播种繁殖？如何进行韭菜的黄化栽培？
4. 洋葱先期抽薹的原因是什么？如何避免？

实训 7　葱蒜类蔬菜生产

工作任务		大蒜/洋葱/韭菜栽培	
序号	计划实施步骤	计划实施时间	步骤实施物资准备
制定计划说明			

计划评价	班级		组号		组长	
	教师签字		日期			
	评语：					

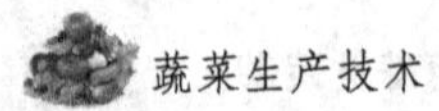

任务 7.1 葱蒜类蔬菜播种育苗

实施目的： 通过对葱蒜类蔬菜进行播种育苗，了解其育苗过程，掌握蔬菜苗床准备及播种技术要点。

材料和用具： 大棚、葱蒜类蔬菜种子、菜园土、有机肥。

各组按下列要求进行操作。

1. 苗床准备

选择疏松肥沃、排灌方便，3 年未种过葱蒜类的地块。前茬收后，每亩施入腐熟有机肥 5t、三元复合肥 50～60kg，耕翻耙细，整成宽 1.6～2m、长 8～10m 的高畦。

2. 培育壮苗

葱蒜类蔬菜适宜播期在秋季，先在整好的畦面上划浅沟，然后将种子均匀撒播入沟内，播后覆盖 1cm 厚的土，踩实后浇水，播后第四天浇第二水，第八天畦面露芽时浇第三水，保证三水齐苗。齐苗后每 7～10d 浇一次小水，拔一次草。合理间苗，苗距 3～4cm。有蝼蛄危害时，浇水时加适量毒丝本防治，同时注意防治灰霉病。苗生长 30d 后，可追施少量尿素，并喷施磷酸二氢钾。

任务记录单

任务名称：		指导教师：	
组号：		组长：	
时间	记录内容		
教师签名		时间	

考核评价单

任务名称	葱蒜类蔬菜播种育苗			小组组号			
实施日期		葱蒜类蔬菜播种育苗过程记录共____页					
评价项目		评价内容	分值	教师评价	学生评价	得分	总分
过程评价	工作态度	到岗情况	2%	1%	1%		
		认真负责	3%	2%	1%		
		与人沟通	2%	1%	1%		
		团队协作	3%	2%	1%		
	工作方法	学习能力	3%	1%	2%		
		计划能力	3%	2%	1%		
		解决问题能力	4%	3%	1%		
	实践操作	准备工作的完整性	5%	4%	1%		
		消毒药的选择合理性	6%	4%	2%		
		播种量计算的准确性	9%	5%	4%		
		底水是否打透	5%	3%	2%		
		播种是否均匀、时间合理	15%	10%	5%		
		覆土厚度是否均匀合理	5%	4%	1%		
成果评价	播种育苗结果	出苗质量	10%	8%	2%		
		分析播种方法的合理性	10%	8%	2%		
	实训报告	填写是否正确、规范	20%	16%	4%		

任务 7.2 葱蒜类蔬菜整地做畦、施肥、定植

实施目的： 通过对葱蒜类蔬菜地整地做畦、施肥和定植，掌握葱蒜类蔬菜地块准备及定植技术要点。

材料和用具： 锄头、肥料，葱蒜类蔬菜幼苗。

各组按下列要求进行操作。

1. 整地做畦

葱蒜类蔬菜根系吸水吸肥能力较弱，故以选择土壤肥沃、有机质丰富的砂壤土为好。黏土地不利发根和鳞茎膨大，砂土地保水保肥力差。洋葱忌连作；最好选择施肥较多的茄果类、瓜类、豆类蔬菜前茬。

大田亩施腐农家肥 2000～3000kg，过磷酸钙和复合肥 30kg，耕深 20cm，耙平，耙细，做畦。长江流域及南方做成深沟高畦，畦宽 1.5～2m，畦沟宽 40cm，沟深 20cm 左右，以利于排水。北方做成宽 1.6～1.7m 平畦。

2. 适时定植

洋葱的定植　适宜定植期在11月上旬，定植时应先分级，先定植标准大苗，后定植小苗。定植深度要适宜，过深鳞茎易形成纺锤形，且产量低；过浅又易倒伏，以埋住鳞茎约1cm为宜。定植地每亩施充分腐熟的有机肥4000kg、磷酸二铵50kg、硫酸钾30kg，施肥后将地整平耙细，并做成平畦，畦宽根据地膜的幅宽而定。按20cm×15cm的行株距定植，一般每亩定植2.3万株左右。覆盖地膜前浇水，然后在膜上打孔，孔深3cm、直径1.5cm。定植时将苗直接插到孔内，用手按实，封严孔口。不覆盖地膜或覆盖地膜前未浇水的，定植后及时浇水，4～5d再浇一次缓苗水。

韭菜的定植　定植时间为8月中下旬，过早则会由于高温、多雨易导致叶片枯干、缓苗慢，影响韭苗新根发生，过晚则易由于苗大易倒伏，到冬季时根株积累营养少，分蘖少，影响大棚韭菜扣棚后产量和品质。

定植前应先起苗抖净泥土，按棵大小分级剪齐理成把，准备移栽定植。定植的方法一般采用开沟丛栽法，即按行距开定植沟，行距一般30cm、穴距25cm，每丛25株左右。具体做法是按行距开深度为10～15cm的沟，每25cm摆一丛，依次摆好后封土4cm厚，然后浇水使根部与土壤密接，5～6d缓苗后再浇水一次，促使韭菜生长。

大蒜的直播　按宽140cm～160cm，长1000～1500cm作南北向畦，将坷垃打碎，畦面搂平。在畦内按行距20cm开3～4cm深沟，在沟内按株距8cm，密度为40 000株，每亩用蒜种200kg。

任务记录单

任务名称：		指导教师：	
组号：		组长：	
时间	记录内容		
教师签名		时间	

考核评价单

任务名称	葱蒜类蔬菜整地做畦、施肥、定植		小组组号				
实施日期		整地做畦、施肥、定植过程记录共______页					
评价项目		评价内容	分值	教师评价	学生评价	得分	总分
过程评价	工作态度	到岗情况	2%	1%	1%		
		认真负责	3%	2%	1%		
		与人沟通	2%	1%	1%		
		团队协作	3%	2%	1%		
	工作方法	学习能力	3%	1%	2%		
		计划能力	3%	2%	1%		
		解决问题能力	4%	3%	1%		
	实践操作	准备工作完整性	5%	3%	2%		
		整地的精细程度	8%	6%	2%		
		整畦的质量	7%	5%	2%		
		底肥使用方法是否合理	3%	2%	1%		
		定植时期合理性	10%	6%	4%		
		定植密度是否正确	7%	6%	1%		
成果评价	定植结果	苗成活率及质量	10%	8%	2%		
		分析定植方法的合理性	10%	8%	2%		
	实训报告	填写是否正确、规范	20%	16%	4%		

任务 7.3　葱蒜类蔬菜肥水管理

实施目的： 根据葱蒜类蔬菜生长情况和生长时期，掌握葱蒜类蔬菜常用的排灌技术措施和施肥方法。

材料和用具： 葱蒜类蔬菜植株、化肥、农具。

各组按下列要求进行操作。

1. 洋葱肥水管理

首次可在返青时（2 月底 3 月初），结合浇返青水进行追肥一次，每亩追施人粪 1000～1500kg 或尿素 10kg，加过磷酸钙 20kg，促使返青发棵。返青后 30d（约 4 月中旬）左右，进入叶部旺盛生长期，需肥量较多，且以氮（N）肥为主，需进行一次重追肥，每亩施人粪尿 2500kg 左右或尿素 15kg，配以 2～3kg 的磷酸二氢钾或 10kg 硫酸钾。返青后 50～60d（约 5 月上中旬），鳞茎开始膨大，为追肥的关键时期，每亩再追硫酸铵 10～25kg 或 20kg 左右的尿素，3～4kg 的磷酸二氢钾或硫酸钾 15kg 左右，以利鳞茎的发育和提高产品的品质与耐贮性。

2. 大蒜肥水管理

大蒜追肥分 2 次进行，1 次在退母前后，结合灌水每亩追施腐熟粪面 500kg 或硫酸钾复合肥 20kg。第 2 次在抽薹后结合灌水每亩追施尿素 10kg 或硫酸钾复合肥 15kg。

3. 韭菜肥水管理

在立秋以前，一般不进行追肥、浇水、更不能收割。8 月中旬以后，气温开始下降，韭菜进入旺盛生长期。此期要重追一次肥，可每亩追施充分腐熟的豆饼 200～250kg。

任务记录单

任务名称：		指导教师：	
组号：		组长：	
时间	记录内容		
教师签名		时间	

考核评价单

<table>
<tr><td>任务名称</td><td colspan="3">葱蒜类蔬菜肥水管理</td><td>小组组号</td><td colspan="3"></td></tr>
<tr><td>实施日期</td><td colspan="2"></td><td colspan="5">葱蒜类蔬菜肥水管理过程记录共____页</td></tr>
<tr><td>评价项目</td><td colspan="2">评价内容</td><td>分值</td><td>教师评价</td><td>学生评价</td><td>得分</td><td>总分</td></tr>
<tr><td rowspan="13">过程评价</td><td rowspan="4">工作态度</td><td>到岗情况</td><td>2%</td><td>1%</td><td>1%</td><td></td><td></td></tr>
<tr><td>认真负责</td><td>3%</td><td>2%</td><td>1%</td><td></td><td></td></tr>
<tr><td>与人沟通</td><td>2%</td><td>1%</td><td>1%</td><td></td><td></td></tr>
<tr><td>团队协作</td><td>3%</td><td>2%</td><td>1%</td><td></td><td></td></tr>
<tr><td rowspan="3">工作方法</td><td>学习能力</td><td>3%</td><td>1%</td><td>2%</td><td></td><td></td></tr>
<tr><td>计划能力</td><td>3%</td><td>2%</td><td>1%</td><td></td><td></td></tr>
<tr><td>解决问题能力</td><td>4%</td><td>3%</td><td>1%</td><td></td><td></td></tr>
<tr><td rowspan="6">实践操作</td><td>准备工作的完整性</td><td>2%</td><td>1.5%</td><td>0.5%</td><td></td><td></td></tr>
<tr><td>施肥方案制定是否合理</td><td>6%</td><td>3%</td><td>3%</td><td></td><td></td></tr>
<tr><td>有机肥施用量计算</td><td>10%</td><td>8%</td><td>2%</td><td></td><td></td></tr>
<tr><td>化肥使用量计算</td><td>5%</td><td>4%</td><td>1%</td><td></td><td></td></tr>
<tr><td>施肥时期</td><td>15%</td><td>8%</td><td>7%</td><td></td><td></td></tr>
<tr><td>施肥方法及操作</td><td>2%</td><td>1.5%</td><td>0.5%</td><td></td><td></td></tr>
<tr><td rowspan="3">成果评价</td><td rowspan="2">施肥结果</td><td>总体效果</td><td>10%</td><td>8%</td><td>2%</td><td></td><td></td></tr>
<tr><td>分析植株施肥的合理性</td><td>10%</td><td>8%</td><td>2%</td><td></td><td></td></tr>
<tr><td>实训报告</td><td>填写是否正确、规范</td><td>20%</td><td>16%</td><td>4%</td><td></td><td></td></tr>
</table>

任务 7.4　葱蒜类蔬菜病虫害防治

实施目的： 了解葱蒜类蔬菜主要病虫害发生的原因，掌握各种病虫害综合防治的方法。

材料和用具： 葱蒜类蔬菜植株，农用喷雾器、各类农药、口罩、乳胶手套、量杯等。

各组按下列要求进行操作。

1. 基本情况调查

1）了解掌握葱蒜类蔬菜常见病害和常见虫害。

2）了解葱蒜类蔬菜主要病害的侵染途径、发生发展的规律。

3）了解和掌握葱蒜类蔬菜主要病害的种类、发生情况和规律。

4）了解当地气候条件对葱蒜类蔬菜生长发育规律及茶园病虫害发生发展的影响。

5）了解当地常见农药的种类和使用情况。

2. 制定原则和要求

1）贯彻“预防为主，综合防治”的方针，综合运用各种防治措施，控制有效生物危害，并将农药残留降低到规定标准的范围。

2）本着国内人民绿色消费意识的增强和国际贸易农残检测标准的异常严格以及技术绿色壁垒的保护角度出发，提出葱蒜类蔬菜生产过程要改进传统方法，向精准方向推进。

3）从当地实际出发，目的明确，内容具体，有一定的可操作性。

任务记录单

<table>
<tr><td colspan="3">任务名称：</td><td>指导教师：</td></tr>
<tr><td colspan="3">组号：</td><td>组长：</td></tr>
<tr><td>时间</td><td colspan="3">记录内容</td></tr>
<tr><td></td><td colspan="3"></td></tr>
<tr><td></td><td colspan="3"></td></tr>
<tr><td></td><td colspan="3"></td></tr>
<tr><td></td><td colspan="3"></td></tr>
<tr><td></td><td colspan="3"></td></tr>
<tr><td></td><td colspan="3"></td></tr>
<tr><td></td><td colspan="3"></td></tr>
<tr><td></td><td colspan="3"></td></tr>
<tr><td></td><td colspan="3"></td></tr>
<tr><td></td><td colspan="3"></td></tr>
<tr><td></td><td colspan="3"></td></tr>
<tr><td></td><td colspan="3"></td></tr>
<tr><td></td><td colspan="3"></td></tr>
<tr><td></td><td colspan="3"></td></tr>
<tr><td></td><td colspan="3"></td></tr>
<tr><td></td><td colspan="3"></td></tr>
<tr><td></td><td colspan="3"></td></tr>
<tr><td></td><td colspan="3"></td></tr>
<tr><td></td><td colspan="3"></td></tr>
<tr><td></td><td colspan="3"></td></tr>
<tr><td></td><td colspan="3"></td></tr>
<tr><td></td><td colspan="3"></td></tr>
<tr><td></td><td colspan="3"></td></tr>
<tr><td></td><td colspan="3"></td></tr>
<tr><td>教师签名</td><td></td><td>时间</td><td></td></tr>
</table>

考核评价单

<table>
<tr><td>任务名称</td><td colspan="3">葱蒜类蔬菜病虫害防治</td><td>小组组号</td><td colspan="4"></td></tr>
<tr><td>实施日期</td><td colspan="2"></td><td colspan="6">葱蒜类蔬菜病虫害防治过程记录共______页</td></tr>
<tr><td>评价项目</td><td colspan="2">评价内容</td><td>分值</td><td>教师评价</td><td>学生评价</td><td>得分</td><td>总分</td></tr>
<tr><td rowspan="10">过程评价</td><td rowspan="4">工作态度</td><td>到岗情况</td><td>2%</td><td>1%</td><td>1%</td><td></td><td rowspan="13"></td></tr>
<tr><td>认真负责</td><td>3%</td><td>2%</td><td>1%</td><td></td></tr>
<tr><td>与人沟通</td><td>2%</td><td>1%</td><td>1%</td><td></td></tr>
<tr><td>团队协作</td><td>3%</td><td>2%</td><td>1%</td><td></td></tr>
<tr><td rowspan="3">工作方法</td><td>学习能力</td><td>3%</td><td>1%</td><td>2%</td><td></td></tr>
<tr><td>计划能力</td><td>3%</td><td>2%</td><td>1%</td><td></td></tr>
<tr><td>解决问题能力</td><td>4%</td><td>3%</td><td>1%</td><td></td></tr>
<tr><td rowspan="3">实践操作</td><td>病、虫害观察正确，态度认真</td><td>13%</td><td>8%</td><td>5%</td><td></td></tr>
<tr><td>药品选择与病虫害对症，配制药液浓度准确</td><td>15%</td><td>10%</td><td>5%</td><td></td></tr>
<tr><td>喷药时间正确，喷药均匀，注意个人安全防护</td><td>12%</td><td>6%</td><td>6%</td><td></td></tr>
<tr><td rowspan="3">成果评价</td><td rowspan="2">病虫害防治结果</td><td>总体效果</td><td>10%</td><td>8%</td><td>2%</td><td></td></tr>
<tr><td>有无药害</td><td>10%</td><td>8%</td><td>2%</td><td></td></tr>
<tr><td>实训报告</td><td>填写是否正确、规范</td><td>20%</td><td>16%</td><td>4%</td><td></td></tr>
</table>

任务 7.5 葱蒜类蔬菜采收及采后处理

实施目的：了解葱蒜类蔬菜主要采收及采后处理，掌握各种病虫害综合防治的方法。

材料和用具：葱蒜类蔬菜果实，集装箱、冷库、打蜡机、包装机等。

各组按下列要求进行操作。

1. 采收

葱蒜类蔬菜必须在适宜的成熟期采收，方能保证品质运入包装厂和贮藏性能，大多数的采菜是人工采收。葱蒜类蔬菜采收后装入大箱，然后运入工厂。挑选，剔除残品。采收时间均在清晨气温最低时候采收。这时采收的整形，分级蔬菜温度低，可减少预冷的时间和费用，并能保持更好的品质。

2. 按体形大小分级

冷却和暂时性贮藏菜的包装工作也逐渐由包装厂内进行转移到菜园装箱和运输内。

3. 包装加工或出口

包装不适合较严格的分级蔬菜的包装工作。包装厂收购的蔬菜一开始就注意存放在阴凉的地方，并立即清除残次品，进行分级，然后打蜡，装入商品包装物内，放入冷库冷却贮藏，待上市或出口。

任务记录单

任务名称：		指导教师：	
组号：		组长：	
时间	记录内容		
教师签名		时间	

考核评价单

任务名称	葱蒜类蔬菜采收和采后处理		小组组号				
实施日期		葱蒜类蔬菜采收和采后处理过程记录共______页					
评价项目	评价内容		分值	教师评价	学生评价	得分	总分
过程评价	工作态度	到岗情况	2%	1%	1%		
		认真负责	3%	2%	1%		
		与人沟通	2%	1%	1%		
		团队协作	3%	2%	1%		
	工作方法	学习能力	3%	1%	2%		
		计划能力	3%	2%	1%		
		解决问题能力	4%	3%	1%		
	实践操作	成熟度断定	13%	8%	5%		
		采收操作熟练	10%	5%	5%		
		分级操作熟练	7%	5%	2%		
		预冷操作熟练	10%	6%	4%		
成果评价	采收及采后处理结果	采收和采后处理量	10%	5%	5%		
		总体效果	10%	6%	4%		
	实训报告	填写是否正确、规范	20%	16%	4%		

单元8

薯蓣类蔬菜生产

知识目标

掌握薯蓣类蔬菜的主要种类和共同特性，主要种类的生物学特性，薯蓣类蔬菜生产基本常识；会根据栽培季节，正确选择薯蓣类栽培品种；会制定薯蓣类生产计划，能够正确地进行生产。

技能要求

薯蓣类蔬菜整地、施基肥、种薯处理、播种、肥水管理、病虫害防治。

薯芋类蔬菜包括我们常见的马铃薯、山药、甘薯等等，是人们生活中很重要的蔬菜之一，生姜是人们重要的调料，同时薯芋类蔬菜还是重要的出口创汇蔬菜。

8.1 概 述

8.1.1 薯蓣类的种类

薯芋类蔬菜包括马铃薯、山药、生姜、芋头、菊芋、草石蚕、豆薯等（图 8-1）。其产品器官是富含碳水化合物的地下块茎、根茎、球茎及块根等，耐贮藏运输，可以周年均衡供应。该类蔬菜分别属于不同的植物科属，但是它们在生物学特性和栽培技术上有许多共同之处。

薯芋类蔬菜以无性繁殖为主，需种量大，繁殖系数低。播种后，种块上先萌芽，然后从芽上形成不定根，所以发芽条件严格，而且需要的时间较长。产品器官需要在地下黑暗条件下形成，并且要求充足的光照和较大的昼夜温差。因此，栽培薯芋类蔬菜，要求土壤富含有机质、疏松透气，播种后，土壤应该能保持较长时间的湿润状态，而且温度要适宜，以利于发根出苗。幼苗期及发棵期，应结合灌水施肥，加强土壤耕作，注意逐步培土，为产品器官的形成创造良好的条件。

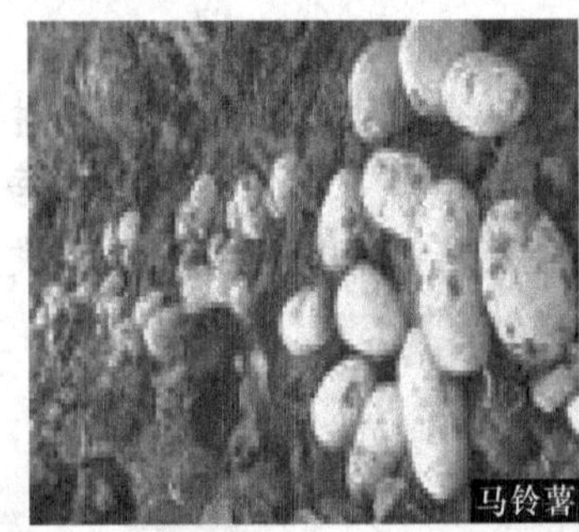
马铃薯

山药

生姜

图 8-1 不同薯蓣类蔬菜

8.1.2 薯蓣类蔬菜栽培的共同特征

1）均采用无性繁殖，用种量大，繁殖系数低。

2）发根条件要求严格，需要时间也较长。

3）要求土壤富含有机质、疏松、透气，并要求培土造成黑暗条件。

4）在产品器官形成盛期，要求强光和较大的昼夜温差。

8.2 马铃薯生产

马铃薯，别名土豆、山药蛋、洋芋、地蛋等，为茄科茄属一年生草本植物，原产南美高山地区。在我国的东北、西北及西南高山地区，马铃薯通常是粮菜兼用，而华北及江淮一带则作为蔬菜进行栽培。马铃薯还是生产淀粉、葡萄糖、酒精等的原料。马铃薯以地下块茎为产品，其中富含淀粉、糖、蛋白质及各种维生素，营养成分完全。

马铃薯适宜与其他蔬菜、粮食、果树等多种作物间作，能充分发挥地力，增产潜力较大，被称为不占地的庄稼。产品耐贮运，在蔬菜周年供应上有堵淡补缺的作用。

8.2.1　生物学特性

1. 植物学特征

根　马铃薯为须根系，芽长3～4cm时，其基部发生初生根（芽眼根），构成主要的吸收根系。初生根通常先水平生长约30cm，然后垂直向下生长达60～70cm。匍匐根是在地下茎叶节处的匍匐茎周围的根，大多分布在土壤的表层。

茎　马铃薯的茎分为地上和地下两部分。地上茎多为直立，断面菱形，绿色或着生紫色斑点。茎上附着有波状或直的茎翼，是鉴别品种的标志。地下茎包括主茎的地下部分、匍匐茎和块茎（图8-2）。主茎地下部分具有6～8个节，节上叶片退化成鳞片状，叶脉中抽生匍匐茎，其尖端的12～16个节间短缩膨大形成块茎，与匍匐茎相连处称为薯尾或脐部，另一端称薯顶。块茎上分布着很多呈螺旋状排列的芽眼。薯尾芽眼较稀，薯顶芽眼较密，发芽势较强。

叶　初生叶为心脏形单叶，而后发生的叶为奇数羽状复叶，复叶基部着生托叶，其形状是区分和识别品种的标志。

花、果、种子　伞形或聚伞形花序，花冠五角轮状（图8-2）。浆果，球形或椭圆形，种子细小，肾形。

图8-2　马铃薯的花和块茎

2. 对环境条件的要求

温度　马铃薯不耐寒、不耐高温，喜冷凉。发芽适温为12～18℃。茎的伸长、匍匐茎的发生和叶片的扩展均要求较高的温度，以21℃为宜。块茎膨大要求一定的昼夜温差，其适宜的昼温为17～19℃，夜温为12～14℃，土温为16～18℃。马铃薯茎的温度低于2℃和高于29℃时，块茎停止生长。夜温、土温过高均会抑制块茎的形成。

光照　马铃薯发芽要求黑暗条件，光线能抑制芽的伸长，使芽加粗，促进其组织硬化和色素产生。幼苗期和发棵期长光照有利于茎叶的生长和匍匐茎的发生。结薯期短光照条件下成薯速度较快。

水分　发芽期要求土壤水分充足，为保证适时出苗，以播种后种薯下面的土壤湿润、上面的土壤干爽最为适宜。幼苗期，以前期适度干旱、后期保持湿润，对幼苗生长有利。发棵期，前期要求土壤水分充足，相对湿度为70%～80%，可促进发棵；后期应适当控水，以防茎叶徒长，影响生长中心的转移。结薯期需水量大，要求充足均衡供水，土壤始终保持湿润状态，相对湿度为80%左右。

土壤及营养 马铃薯适宜在土层深厚、疏松透气、富含有机质、pH为5.6～6的微酸性砂壤土上栽培。块茎的生长要求土壤供氧充足。马铃薯是高产作物，需肥量大。每生产1000kg的新鲜马铃薯产品，需吸收氮5～6kg、磷1～3kg、钾12～13kg。生产中避免施用含氯离子的肥料。

8.2.2 类型和品种

马铃薯依块茎的成熟期分为早熟、中熟、晚熟三类品种，其中早熟品种从出苗到块茎成熟为50～70d，中熟品种为80～90d，晚熟品种为100d以上。早熟品种主要分布在华北平原及长江中、下游地区，早熟品种植株低矮，产量低，淀粉产量中等，不耐贮藏，芽眼较浅；中、晚熟品种则主要分布在东北、西北及西南山区，中、晚熟品种植株高大，产量高，淀粉含量较高，耐贮运，芽眼较深。二季作及间套栽培应选择早熟品种，产品可以提早上市；进行高产和贮藏栽培时，则要选择中、晚熟品种。

按照马铃薯块茎休眠的强度和休眠期的长短，还可将其分为无休眠期的品种和有休眠期的品种。收后1个月左右通过休眠；休眠期中等的品种，收后2个月左右通过休眠；休眠期长的品种，收后3个月以上通过休眠。

8.2.3 栽培季节与方式

马铃薯栽培时期的安排要依据2个温度指标：一是出苗后避开冻害，即最低温度在0℃以上；二是结薯期主要处在土温为16℃左右的时期。在我国，无霜期100d左右的东北及西北高原地区采用一季作栽培，即春播秋收；无霜期在200d左右的中原地区夏季高温多雨，一般采用春、秋二季作栽培。春薯应以土温稳定在5～7℃时为播种适期；秋薯播种期确定的原则是以当地杀死马铃薯枯霜日为准，向前推50～70d为临界出苗期，在根据种薯播种后出苗所需天数确定播种期。

8.2.4 栽培技术

1. 春薯栽培

整地施肥 尽量选择地势平坦、土层肥厚、微霜性的壤土，不能与茄子、番茄等茄科作物连作。马铃薯根系和块茎的生长对氧气的要求比其他作物更高。因此，选择富含有机质、疏松的土壤种植对增产有特别意义。

马铃薯总的施肥原则是：施足基肥，早施追肥，增施钾肥。基肥用量应占总需肥量的60%～70%，一般结合耕地，每亩田块施入厩肥1000～2000kg基肥，以牛羊粪及杂草秸秆沤制的腐熟堆肥最适宜，其中1/2～1/3随耕地翻入耕层，剩余部分可在开沟播种时集中沟施。

提早催芽，适时播种　选择无病烂、正常的块茎作种。切块时如发现带病者应坚决淘汰，并将切刀消毒（开水煮、火烤或 75%酒精消毒）。切块时应保证每块都有芽眼，并尽量多利用顶部的芽，就是尽量使更多的切块带有顶部或其附近的芽眼。切块尽量做到大小基本一致，一般每块重 25g 左右为宜，成立体三角形，多带薯肉。

小知识

在播种期之前 15～20d，如果种薯还未解除休眠，可进行催芽处理。处理方法很多，一般可提高温度、湿度或再配合药剂处理。药剂主要是赤霉素，切开薯块，然后用浓度为 0.5～1mg/L 的赤霉素液浸泡 10min；若用整薯播种，可用浓度为 10mg/L 的赤霉素液浸泡 10min。浸种后，将种薯紧密排列在干净湿润的地上，芽眼朝上，稀薄地覆盖干净湿润细土，厚度以不见薯即可。上方搭小拱棚覆盖，白天控制最高温度不高于 20℃，晚上盖草保温，待芽长 1.5cm 左右播种。地膜覆盖栽培有增温效应，一般较露地提高 3～4℃，播种期可提早 11～15d。长江中、下游地区以 1 月下旬为宜。采用双膜覆盖栽培，可提早到 12 月中、下旬播种。

合理密植　地膜栽培一般不培土，采用高畦双行栽培，平均行距 50cm，株距 23cm，每亩田块种 6000 穴。每亩田块用种量 150kg。双膜覆盖采作大小行密植栽培（大行 50cm，小行 35cm），二垄为一畦，株距 20～23cm，每亩田块栽 8000 穴。

田间管理　出苗期及时破膜放苗，并用细土封好膜口，如遇低温寒潮，做好保温防寒。双膜覆盖栽培温度控制在 20℃左右，避免 20℃以上高温，断霜后拆除小拱棚。

当大部分出苗时，应抓紧追施提苗肥，每亩田块施尿素 15～20kg，过 15d 左右追施发棵肥。注意增施磷、钾肥。地膜覆盖栽培的，所有肥料都在基肥中 1 次施下，一般不再追肥。

水分管理一般结合追肥进行，但愿在发棵期和结薯阶段的前、中期要保持土壤湿润，在结薯后期须降低土壤湿度。

中耕培土一般结合追肥进行 2～3 次，可防止“露头青”并能提高薯块质量。出苗时进行深中耕和浅培土，发棵期浅中耕并加厚培土，封行前应培土成垅。发棵期出现徒长现象，可用 1～6mg/L 的矮壮素进行叶面喷施。

此外，根据具体情况还可以进行疏苗和摘除花蕾等工作。

病虫害防治　主要害虫是蚜虫、浮尘子、小地老虎等，主要危害地下部分及苗根，化学防治以 50%辛硫磷乳油 1000 倍液、80%敌敌畏乳油 1000 倍液、80%敌百虫可溶性粉剂 1000 倍液喷晒或灌杀等。主要病害有病毒病、晚疫病、疮痂病、青枯病和环腐病等。以上病虫害以田间综合防治为主。马铃薯病毒病发生较重，主要症状有条纹、花叶和蕨叶，并有不同程度的矮化，严重影响马铃薯的产量和品质。该病有马铃薯 X 病毒和 Y 病毒等多种病毒浸染所致。主要是汁液传播，汁液传播的主要媒介是蚜虫。可通过选留无病种薯；茎尖脱毒培育无毒苗；用实生苗结的薯块作种薯；注意防蚜；发病期间使用 5%的植病灵水剂 300 倍液、20%的病毒 A 可湿性粉剂 400～500 倍液等方法进行防治。

小知识

马铃薯早疫病在苗期、成株期均可发生，主要危害叶片和块茎。叶片染病，病斑黑褐色近圆形，有同心轮纹，病斑上长出黑色霉层，严重时叶片干枯脱落。块茎染病，产生暗褐色稍凹陷圆形斑，皮下呈浅褐色海绵状干腐。可通过选用无病薯块留种；加强栽培管理，施足有机底肥、增施磷钾肥；发病期间使用64%杀毒矾可湿性500倍液、75%百菌清可湿性粉剂600倍液、1∶1∶200波尔多液等防治。

马铃薯晚疫病俗称瘟病，叶片、茎和块茎均有受害。开花前出现病状，受害叶呈不规则黄褐色斑点，潮湿时有一圈白色霉状物，叶背白霉更茂密明显，为本病特征。茎部或叶柄染病呈褐色条斑。块茎染病呈紫褐色大块病斑，稍凹陷，病部皮下薯肉亦呈褐色，四周扩大或烂掉。该病由致病疫病浸染所致。病薯为翌年主要浸染源。防治方法包括：选用抗病品种；无病地留种；适时早播；选择土质疏松排水良好地块；使用40%三乙膦酸铝可湿性粉剂200倍液、58%甲霜灵·锰锌可湿性粉剂或64%杀毒矾可湿性粉剂500倍液。

收获 早马铃薯可以根据市场行情随时采收供应，而作为贮藏运输则应块茎充分膨大，薯皮老化时采掘。通常植株表现枯黄（大部分茎叶由绿转变黄时），选择晴天土干时进行，但防止烈日暴晒，收获时避免薯块损伤。

2. 秋薯栽培

二季作地区秋马铃薯栽培是在前期高温多雨，后期低温霜冻的季节里进行的，生长期比春薯短，加之春薯秋种，种薯尚未通过休眠，这些不利因素极易造成烂块死苗，导致减产甚至绝产。所以，秋薯栽培要想获得成功，应严格掌握以下技术要点：春薯早收，种薯通气贮藏；严格选种，淘汰退化和死苗棵；做好催芽保苗工作；加强田间管理。

选择适宜的品种和种薯来源 选择生理休眠期短（80～90d）如泰山1号、郑薯2号等品种。种源分春薯秋种，阳畦繁殖种薯和脱毒微型薯，以阳畦繁殖种薯和脱毒微型薯为好。如泰国1号春薯秋种出苗率79.8%，每公顷产量11 115kg，而阳畦繁殖出苗率为90.83%，每公顷产13 680kg，而脱毒微型薯出苗率为97.26%。每公顷产量为21 060kg。种用春薯应提前15～20d采收，播种时基本上完成休眠期。

以小整薯催芽播种用 20～30g小整薯催芽播种，减少腐烂，提高出苗率。催芽采用沙床，井水浸种，降低床温，或用赤霉素10μl/L溶液处理10min，用清水洗净催芽。催芽后将薯块堆放室内湿砂上晾2～3d，使其变绿粗壮，增强幼芽抗逆能力。

适时播种 秋薯的适宜播种期在长江中、下游地区以8月底9月初为宜。若作为留种栽培，应推迟到9月上、中旬。在海拔较高的云贵地区，夏季气温低可推前至7～8月间。

密植、浅播 二季作地区，秋季栽培主要是为来年春播提供种薯。实行2～3年轮作换茬，重茬减产20%～30%，且易感染和加重病虫发生。每公顷施优质土杂肥45 000kg作基肥，播种时沟施三元复合肥45～75kg。

秋薯宜密植，一般行距50cm，株距20～25cm，公顷栽67 500～82 500穴。播种时

按行开 2～5cm 浅沟，沟幅 10cm，浇浅水降低土温，待水下渗后排放种薯，覆土成小垄背。南方在畦面开沟，在沟底排种，浅覆土，在种植沟铺草，保湿降温，有利用于出苗。

加强田间管理 秋季栽培在不受霜冻为害的范围内，适当晚收对增加产量和提高大薯百分率有利。南方一般在 11 月下旬至 12 月上旬采收。作为种薯的必须防止受冻，采收后在贮藏过程妥善保存。

8.2.5 栽培中常见问题及防治对策

1. 马铃薯种薯退化原因

马铃薯种薯连续种植造成植株矮小，叶片收缩，薯块变小，产量降低，这种现象称为马铃薯的种性退化。国内外的研究资料表明，马铃薯的种性退化是综合因素造成的，其中主要原因是植株和块茎感染多种病毒、薯块形成过程中受高温影响，马铃薯长期无性繁殖，使种性退化。

2. 解决种性退化的主要途径

夏播留种 一季作地区将种薯贮藏至夏季播种，使结薯期处在冷凉秋季，避免夏季高温的影响。夏播对于早熟品种保种效果尤为显著。夏播适期 6 月下旬至 7 月初。

阳畦繁育、秋季留种 是两季作地区的留种方式。利用阳畦或塑料大棚于冬春季节培养原种，秋季繁殖次年生产用种。阳畦播种 11 月至翌年 2 月，采用高密植（40 株/m^2）以繁殖小整薯，3 月至 5 月初收获，在 25℃通风室内贮藏，以提早萌芽或增多芽数，秋季于大田整薯播种繁殖生产用种。

三季串换轮作留种 云南曲靖和贵州六垄山地区农民，利用山区因地势造成的季节差别，分别在平地、高山和半高山区实行冬春（11 月中旬至 5 月下旬）、春夏（3 月至 7 月）、秋冬（8 月至 11 月上旬）三季栽培。种薯来自异地隔季，所以有三季串换轮作留种之称。

脱毒种薯繁殖 利用茎尖脱毒法培养脱毒组培苗，繁殖脱毒薯，作为原种，种薯质量更有保证和提高。

由科研单位提供的脱毒苗或微型薯原原种繁殖种薯，繁种的程序是：

春季繁殖微型薯。2 月下旬至 3 月上旬在日光温室或大棚种植脱毒苗，土壤要求 3～5 年内未种茄科作物，肥沃，精细整地。棚温控制在 6～20℃，20℃时及时通风降温，于 5 月上旬收获，每株结微型小薯 1.6～2.2 个。

秋季微型薯原原种繁殖。春季用无菌苗繁殖的微型薯或购得脱毒薯原原种，于 8 月上旬播种，播前 20d 湿河沙催芽，芽长 5～7cm 时扒出晾晒，转绿时播种，垄栽，垄距 50cm，株距 20cm，10 月底收原种每亩约 1500kg，翌年可供 10 亩用种薯。

脱毒马铃薯春季栽培。春季栽培除获得丰产优质的商品薯外，同时可选留当年秋繁用的一代优质薯种。栽培技术同一般生产田，但作繁殖用种薯必须提前 20～25d 采收，选留 15～20g 小薯，所选小薯放置阴凉处 4～5d。使薯皮发绿后装筐置通风室内越夏。

如此反复，从引种脱毒微型薯原原种开始，在大田经繁种，种植年限 3 年 6 茬。如以后连续使用，增产幅度将逐年降低。

小结

本节重点介绍马铃薯用营养器官为播种材料，发芽时间长，用种量也比较大；春季播种前应先对种子催芽、切块等处理，秋季播种时往往需要作打破休眠处理。适宜用高垄或高畦栽培，要加强田间管理。

拓展知识 为什么变青、发芽的土豆不能食用

土豆发芽会产生一种叫龙葵素（又称茄碱）的毒素。质量好的土豆每 100g 中只含龙葵素 10mg，而变青、发芽、腐烂的土豆中龙葵素可增加 50 倍或更多。吃极少量龙葵素对人体不一定有明显的害处，但是如果一次吃进 200mg 龙葵素（约吃半两已变青、发芽的土豆）经过 15min 至 3h 就可发病。最早出现的症状是口腔及咽喉部瘙痒，上腹部疼痛，并有恶心、呕吐、腹泻等症状，症状较轻者，经过 1～2h 会通过自身的解毒功能而自愈，如果吃进 300～400mg 或更多的龙葵素，则症状会很重，表现为体温升高和反复呕吐而致失水，以及瞳孔放大、怕光、耳鸣、抽搐、呼吸困难、血压下降，极少数人可因呼吸麻痹而死亡。所以对于症状较重的病人要尽早送医院治疗。

8.3 姜生产

姜，别名生姜、黄姜，为姜科姜属能形成地下肉质茎的多年生植物，在我国作一年生栽培。原产我国及东南亚一带，我国自古就有栽培，现在除了东北、西北地区外，其他省份均有栽培，其中山东、浙江、广东为主产区，尤其山东的莱芜片姜是我国的特产蔬菜之一。姜以地下肉质根茎为产品，根茎中因含有姜酚、姜油酮、姜烯酚和姜醇等物质而具有特殊的香辣味，可用做香辛调料，也可以加工成姜干、姜粉、姜汁、姜糖、姜酒，并且能糖渍、酱渍，有健胃、去寒、发汗之功效。

8.3.1 生物学特性

1. 植物学特征（图 8-3）

根 姜为浅根性植物，根系主要分布在表土 33cm 的范围内。姜的根可分纤维（须）根和肉质根两种，从幼芽基部发出的根为纤维根，是主要的吸收根系，姜母及子姜的茎节上发生的根为肉质根，兼具吸收和支持功能。

茎　姜有地上茎和地下茎两种。地上茎直立生长，芽破土时茎端生长点由叶鞘包围，称假茎。假茎上有茸毛，基部略带紫色，内包有嫩叶，高约 80～100cm。地下茎即根茎，是姜贮藏养分的器官，节间短而密。姜的整个根茎是姜母及其两侧腋芽不断分枝形成的子姜、孙姜、曾孙姜等的组成体，其上着生肉质根、纤维根、芽和地上茎，是产品器官。地下根茎皮为黄色、淡黄色。肉黄色、淡黄色。种姜发芽出苗后，苗基部膨大形成的初生根茎，俗称“姜母”，姜母肉质，在其上发生的新根茎即“子姜”，由子姜而生“孙姜”，依次发生新的根茎，直至形成完整的根茎。

叶　叶片披针形，平行脉，有蜡质，具有明显的筒状革质叶鞘，绿色，叶互生，排成二列。

花　姜在热带开花，花色一般为黄色。花似蘘荷，有不整齐花被。姜为穗状花序，但极少开花结果。

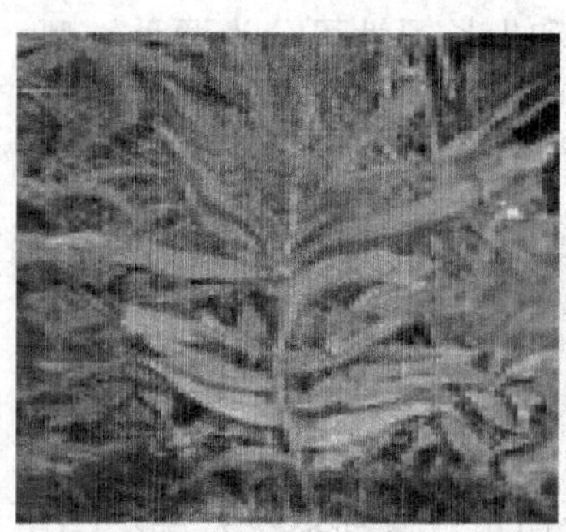 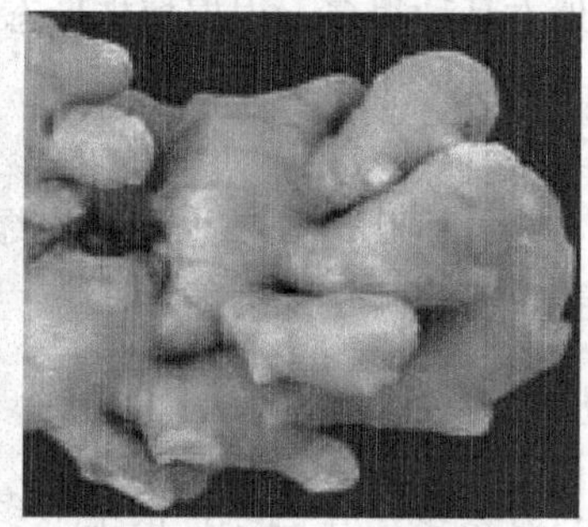

图 8-3　姜的花、叶、根茎

2. 对环境条件的要求

温度　姜对温度反应敏感，喜欢温暖而阴湿且不耐寒。

姜在日平均温度低于 10℃时不能发芽，15℃经 15d 可以解除休眠，16～20℃开始缓慢萌发，而以 22～25℃为适，约需 25d；30℃只需 10d，生长虽快但幼芽瘦弱。催芽以变温处理为好，前期 20～23℃，中期 25～28℃，后期 20～22℃。

姜在茎叶、分枝生长时以 25～28℃为适，但根茎生长时宜较低夜温，以白天 22～25℃，夜间 17～18℃为宜。气温在 35℃以上，茎叶生长受到抑制，植株逐渐死亡；20℃以下生长缓慢，15℃时停止生长，遇霜则茎叶枯死。

光照　姜为耐荫植物，但不同发育阶段对光照强度要求不同，发芽期需要黑暗；幼苗期要求中等强度的光照；在植株发棵和旺盛生长期则需要较强光照。姜在幼苗期时光补偿点为 800lx，光饱和点 25klx，当光强度超过 30klx 时，植株光合强度下降。所以幼苗期应给予散射光，一般要遮荫。旺盛生长时期要 80klx 的光照，故当植株旺盛生长时，就应及时撤除遮荫物，使植株能较好进行光合作用。

水分　姜为浅根性植物，根系不发达，不能利用土壤深层的水分，抗旱力弱，对土壤水分要求严格。要求土壤湿润，土壤湿度 70%～80%有利于生长。发芽期要求土壤水分充足，以利于发根出苗。幼苗期，植株生长慢，生长量小，需水量少，但土壤应保持湿润。进入旺盛生长期后，生长速度加快，需要大量水分。但土壤过分潮湿或雨水过多，则往往引起徒长，并易诱发病害。

土壤及营养 姜对土壤质地要求不严。砂壤、黏壤均可，以土层深厚疏松、肥沃富有机质、通气、排水良好的壤土为好。盐碱涝洼地不宜种姜。生姜对土壤酸碱度反应敏感，在中性或微酸性土壤中生长良好，pH 以 5～7 较为适宜。pH 过高或过低对茎叶生长均有不良的影响。

姜喜肥耐肥，生姜对养分的吸收以钾肥最多，氮肥次之，磷肥最少。对氮、钾敏感，缺氮时植株矮小，分枝少，叶片薄而色淡；缺钾时植株易早衰，对产量和品质影响较大。所以，增施氮、钾肥有利于提高姜的产量和品质。

8.3.2 类型与品种

我国姜的地方品种很多，根据植株形态和生长习性可分为两种类型。

1. 疏苗型

植株高大，茎秆粗壮，分枝少，叶深绿色，根茎节少而稀，姜块肥大，多单层排列，如莱芜大姜、广东疏轮大肉姜等；

2. 密苗型

长势中等，分枝多，叶色绿，根茎节多而密，姜球数多，呈双层或多层排列，如莱芜片姜、广东密轮细肉姜、浙江红爪姜和黄爪姜、安徽铜陵白姜、贵州遵义大白姜、云南玉溪黄姜等。

红爪姜 浙江省地方品种。植株生长势强，株高 60～80cm，姜块肥大，皮淡黄色，肉蜡黄色，芽带淡红色，纤维少，辛辣味浓，品质优。单株根状茎重 400～500g。

黄爪姜 浙江省地方品种。植株较矮，根茎节淡黄色，芽不带红色，节间短缩，肉质致密，辛辣味浓，品质优。单株根状茎重 250g 左右。

8.3.3 栽培季节与方式

生姜的适宜栽培季节要满足以下条件：5cm 地温稳定在 15℃以上，从出苗至采收，要保证适宜生长天数在 14d 以上，生长期间有效积温达到 1200℃以上。生产中应尽量把根茎形成期安排在昼夜温差大、气候条件适宜的时段。现在采用设施栽培也可能提前播种或延迟收获，但必须保证小环境的条件适于生姜生长。全年无霜、气候温暖的广东、广西、云南等地，不用任何覆盖措施，在 1～4 月份都可以播种生姜；长江流域各省露地栽培生姜，多于谷雨至立夏播种；华北一带多在立夏至小满播种，如果采用地膜覆盖播种，可提前 10d 左右；东北、西北高寒地区由于无霜期短，在自然条件下生姜生育时间短，积温不足，产量较低。因此，东北地区利用日光温室和塑料拱棚栽培生姜，均能获得高产。

8.3.4 栽培技术

1. 栽培季节

姜的生长期长，我国各地种姜多为春季播种、霜前收获。播期南北不同，一般广东、广西等地，于1月至4月可随时播种；江浙一带、安徽及两湖地区，多于4月下旬至5月上旬播种；华北地区，则于5月上、中旬播种。若播种过早，地温低，出苗迟，易造成烂块死苗；播种过晚，生长期缩短，易造成减产。

利用保护地栽培姜，可提前播种，延迟收获，提高产量。如地膜覆盖栽培可比常规栽培提前25d左右播种；拱棚覆盖栽培可提前50d左右播种；后期加拱棚覆盖可延迟15d收获。姜大棚栽培主要是进行春季提早栽培，11月下旬至12月上旬进行催芽，翌年1月中、下旬播种（定植），5月下旬至6月采收。

2. 姜大棚栽培技术

(1) 播种育苗

选姜 选择品种纯正、上一年成熟、块大肉厚、皮色黄亮、不干缩、无冻害、无病虫、无机械损伤、芽多、鲜嫩、苗壮的根茎做种姜。

晒姜 将选好的种姜在催芽前选择晴天晒种，当姜肉变干、发白、稍有皱纹时停止晒种。晒种有利于降低种姜的水分和提高温度，有利于整齐发芽。种姜晾晒1～2d后，再将其置于室内堆放2～3d，姜堆上覆盖草帘促进养分分解，称作“困姜”。一般经2～3次晒姜和困姜，便可以开始催芽了。

催芽 可使种姜提早、整齐出芽，是姜大棚早熟栽培获得成功的关键技术之一。姜催芽方法很多，大棚早熟栽培可采用大棚酿热温床催芽，具体操作如下：

催芽床准备：在大棚中间位置挖一宽1.2～1.5m，深30～35cm的凹床，长度依姜种多少而定。床底铺一层新鲜牛、猪栏肥作酿热物，并加少量水，踏实，厚度15cm左右，再在酿热物上覆盖4～5cm厚的细土。

催芽及管理：将经晒种处理的种姜排放在准备好的催芽床内，种姜堆放厚度为10～15cm，铺一层稻草，盖上塑料薄膜，上搭小拱棚保温。整个催芽过程不揭大小棚膜，夜间在小拱棚上加盖草帘保温。

催芽中止的标准。种姜在催芽过程中要经过萌动、破皮、节部逐渐产生轮纹等过程。姜的栽植一般以姜芽具第二、三轮纹期为适宜，此时应中止催芽进入定植阶段。催芽期需45d左右。

(2) 整地施基肥

姜根系弱，既怕旱又怕涝，忌连作。大棚早熟栽培姜应选择地势稍高，排灌方便，土层深厚，疏松、肥沃的砂壤土种植。有条件的最好冬前深翻土壤，晒白、风化。定植前30d搭棚扣膜，并深翻1次，以提高地温和降低土壤含水量，同时做好棚间排水沟。姜产量高、需肥大，必须施足基肥，可在大棚施厩肥1700kg作基肥，深翻，把厩肥翻入土中，耙平作畦，6m宽的大棚作3畦各1.5m宽的平畦。

(3) 定植

大棚姜主要收鲜姜上市，生育期相对较短，单株产量低，因此要合理密植。每畦种4行，株距宜25～30cm，行距30cm左右。每个标准大棚种2800株左右。种姜催芽结束即行定植。定植前在定植穴内浇水，并施适量的草木灰。定植时要求姜种个体重50～75g，带1～2个短壮芽。将姜种平放在定植穴内，姜芽稍向下倾斜，以利于种姜下端发生新根，定植后覆土4～5cm，然后整平畦面覆盖地膜，搭小拱棚。

(4) 田间管理

温度管理 姜出苗前，密闭大、小棚膜，以利于保温；夜间须在小拱棚上加盖草帘。2月中下旬出苗后，及时划破地膜，使姜芽（苗）伸出地膜，以免灼伤幼嫩茎叶。小拱棚采用日揭夜盖，大棚通风管理视天气情况而定，棚温不得超过35℃，特别是土壤湿度较高时，更应注意通风管理，以防徒长。3月下旬，温度升高，拆去小拱棚。5月上旬揭去大棚裙膜，保留顶膜覆盖。这种覆盖方式的作用有三点：一是可以利用农膜的遮荫作用；二是可以防止暴雨危害；三是农事操作不受天气影响。

水分管理 出苗后，土壤要适当干燥，以利于提高地温，促进出苗及根系的生长。在齐苗至采收的整个生长期间，保持土壤湿润，但也要防止过分潮湿和积水，以免引起植株徒长和病害的发生。

追肥 姜需肥量大，除施足基肥外，应及时追肥。追肥分2次进行。第1次在齐苗后，主茎充分展开时进行，每亩施进口复合肥10kg。第2次在植株进入分蘖期进行，施进口复合肥10kg，尿素5kg。

遮荫 姜喜阴，不耐强烈的阳光直射，以散射光对生长较为有利。4月下旬要在棚内搭遮荫棚遮荫。遮荫棚用竹秆。铁丝等搭成高1m左右的平棚，用遮阳网、草帘等做遮荫材料。多云、阴雨天气不遮荫，晴天上午9：00至下午4：00遮荫。可间作玉米、丝瓜、苦瓜。

除草、培土 姜开始分蘖时，揭去地膜，进行第一次除草培土，以后结合肥水管理进行多次。

病虫害防治 姜病害主要有腐败病（俗称姜瘟病）、叶枯病，姜瘟病属于细菌性病害，在田间通过雨水、流水和地下害虫传播。夏季高温多雨，气温20℃以上时容易发生，多阵雨天气，土壤黏重，多年连作，排灌条件差等易于流行，症状为根茎上初呈黄褐色水浸斑，渐渐扩大，组织软化腐烂，流出带有恶臭的污白色汁液，仅剩下空壳；根变黄褐色后腐烂，茎呈暗紫色。

防治方法：①选留无病姜种，浸种催芽定植时及时剔除带病种块，姜种切口蘸草木灰下种。②实行轮作，高畦深沟栽培，及时排水和拔除病株，病穴洒石灰能减轻病害。③药剂防治，用78%姜瘟宁可湿性粉剂浸种30min，闷种6h，或用40%福尔马林100倍液浸闷种6h进行姜种处理；齐苗期用78%姜瘟宁可湿性粉剂300倍液灌窝，或用1000单位农用硫酸链霉素可湿性粉剂或1000单位新植霉素3000倍液灌窝，或用90%三乙膦酸铝可溶性粉剂300倍液灌窝，每10～15d灌一次，连续2～3次。虫害主要有玉米螟、黄条跳甲，应及时防治。

（5）采收

生姜的收获分收种姜、收嫩姜、收鲜姜三种。种姜一般应与鲜姜一并在生长结束时收获，也可以提前于幼苗后期收获，但应注意不能损伤幼苗。收嫩姜在根茎旺盛生长期，乘姜块鲜嫩时提早收获，适于加工成多种食品。收鲜姜一般待初霜到来之前，在收获前3～4d浇1次水，收获时可将生姜整株拔出，抖落掉泥土，将地上茎保留2cm后用手折下或用刀削去，摘去根，趁湿入窖，无需晾晒。大棚姜宜早挖姜上市，当分蘖进行到第三、四次时陆续采收。一般在5月下旬至6月上旬始收。

8.3.5　栽培种常见问题及防治对策

常见问题是烂姜死苗。主要有两方面的原因：一是姜瘟病，二是过量施肥或施肥方法不当造成肥害。防治对策有：一是及时防治姜瘟病，二是正确合理施肥。一般在整地时每亩施腐熟猪牛粪3000kg、过磷酸钙30kg、钾肥15kg作基肥；苗高30cm左右时施1次肥，每亩施猪粪水750～1000kg；夏至前后姜苗发到3～4根苗时，每亩用腐熟枯饼50～100kg拌灰300～500kg点蔸，或施猪粪水1000～1500kg，施肥后盖一层细土或土渣肥。大暑前后每亩施猪粪1000～1500kg、尿素4～5kg。

小结

本节重点介绍生姜的种姜处理和田间管理。

拓展知识　初夏必吃姜的原因

① 抗氧化，抑制肿瘤。
② 开胃健脾，促进食欲。
③ 降暑、降温、提神。
④ 杀菌解毒。
⑤ 防晕车、止恶心呕吐。

8.4　山药生产

山药，别名薯蓣、佛掌薯、白苕、大薯，为薯蓣科山药属一年生或多年生缠绕性藤本植物。我国是山药的主要原产地，除了西藏、东北及西北的一些地区外，各省都有栽培。山药的食用器官为地下块茎，富含淀粉、蛋白质及副肾皮素、皂苷、黏液质等，营养丰富，还可干制入药，可谓菜药兼用，还可加工成山药脯、山药干、山药粉、山药糕等。山药耐贮运，是一种深受群众欢迎的滋补食品。

8.4.1　生物学特性

1. 植物学特征

根　山药根有主根和须根之分，块茎上的须根称根毛，主茎周围的根称吸收根，水平分布，长可过1m，主要分布在20～30cm的土层中。块茎上的根为须根。

茎 茎蔓长达3m以上，以右旋方式生长，常带紫色，须支架栽培。地下块茎有圆柱形、纺锤形、掌状和团块状等，周皮褐色，肉白色。

叶 叶三角状卵形至广卵形，互生或对生，叶腋处抽生侧枝或形成气生块茎即“零余子”，俗称“山药豆”。长柱形山药以“山药栽子”（或称“山药嘴子”）即块茎先端带隐芽的一段山药段子即块茎切段及零余子作繁殖材料。

花 雌雄异花异株，花序穗状，花小，白色或黄色。蒴果，极少结实。

2. 对环境条件的要求

温度 山药性喜温暖，不耐寒冷，地上部分遇霜冻枯死，发芽要求的适宜土温为15℃左右，茎叶的生长适温为25～28℃；块茎的生长适温为20～24℃，20℃以下生长缓慢，但能耐－15℃的地温。

光照 山药耐荫，但旺盛生长及块茎膨大仍需强光。

水分 山药发芽期要求土壤水分充足，以利于发芽和扎根。发棵期需水量不大，块茎旺盛生长期要求供水充足，以利于块茎膨大。

土壤及营养 栽培山药宜选择疏松透气、排水便利、肥沃的砂壤土，若在黏土中栽培山药，块茎易分杈，须根多，根痕大，品质受影响。

山药喜有机肥，但不宜直接施入土中，以免烧坏根茎。栽培时可采取畦面施铺粪的措施。发棵期可追施速效氮肥，促进茎叶生长。块茎旺盛生长期要求氮、磷、钾均衡供应，既有利于块茎膨大，又能保持茎叶不早衰。

8.4.2 类型和品种

我国栽培的山药有两个种：

普通山药 又名家山药，原产我国。按块茎形态又分为3个变种：扁块变种，形似脚掌，分布于南方，如江西、四川、贵州、湖南的脚板薯；圆筒变种，块茎短圆，粗约10cm，长15cm左右，主要分布在南方，如浙江黄岩薯药、台湾圆薯；长柱变种，块茎长60～100cm以上，直径3～10cm，主要分布在陕西、山东、河南、河北等省。如山东济宁米山药、河南武陟山药、河南怀山药等。

田薯 又名大薯、柱薯。茎具茎翅（或茎翼），块茎很大，重者可达40kg以上。按块茎形状也分为3个类型：扁块种，如广东葵薯、福建银杏薯；圆筒种，如台湾白圆薯、广州早白薯、广西苍梧大薯；长柱种，如台湾长白薯、广州黎洞薯、江西牛腿薯等。

8.4.3 栽培季节和茬口安排

山药以露地栽培为主。春种秋收，生长期长达180d以上。播种季节掌握在土温稳定在10℃种植，终霜后出土，适当早栽有利于提早发育，增加产量。华南地区3月份栽植，四川3月下旬～4月上旬栽植，长江流域4月上中旬栽植，华北大部分地区4月中下旬栽植，辽南5月上旬栽植，霜降生长结束。山药前期生长缓慢，间套作应用普遍。

8.4.4　栽培技术

1. 繁殖方法

零余子繁殖。一般于9～10月零余子成熟收获，与沙土混合堆藏于温暖处越冬，翌年进行春播。以条播为宜，行距6cm，株距3cm，将零余子直立种入土中，覆土。出苗后进行间苗，株距增大到13～16cm。用零余子繁殖，当年只能长成长13～16cm，重200～250g的小块茎，一般不能食用。贮藏越冬后，于春季用整薯种植，秋季即可长成正常的块茎（图8-4）。

顶芽繁殖　山药茎端有肉质粗硬、不堪食用的部分，称山药尾子，为山药的顶芽，具有顶端优势。生产上常用其作繁殖材料。用其繁殖的优点是可以直播，长出的子代山药粗壮，产量高；缺点是繁殖系数低。

茎段繁殖　也可用山药尾子以外的茎段切块繁殖。为出苗整齐，应先进行催芽，然后再种植田间。为防止切口霉烂，切段后应蘸石灰或草木灰，并在阴凉处放置2～3d，然后催芽，催芽温度维持在25℃左右，经15～20d即可发芽，随后种于大田中。

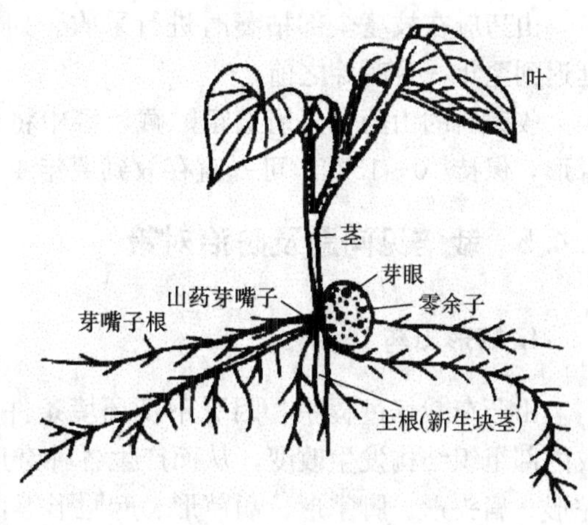

图8-4　零余子繁殖

2. 栽植管理

山药块茎入土很深，而且在生长过程中稍遇阻力即会变形，所以种植山药应选择疏松、肥沃、土层深厚的地块，而且要深翻60cm左右，捡出石砾、砖块，以免引起块茎分叉。山药块茎密生很短的须根，只有从块茎先端芽嘴附近生出的根才长而分枝多，养分和水分主要由这些根系吸收。这种嘴子很多分布在13～17cm的土层中，所以基肥多施于20cm的表土层内。

山药喜高温，一般当5cm土层温度达到10℃左右时开始栽种。种植时按40～50cm的距离开沟，宽13～17cm，深10～13cm，株距16～23cm，覆土7～10cm，稍踏实。温度升至20℃时，进入旺盛生长期，前期主要是茎、叶生长，小暑以后，生长中心逐渐由营养生长转向生殖生长，茎蔓上出现花蕾，叶腋产生零余子，块茎迅速膨大，直至茎叶生长完全停止，块茎基本形成。

山药根系较浅，不耐干旱，所以要经常灌溉，保持土壤湿润。整个生长季节中，应施追肥3次，即苗期、现蕾期和块茎迅速膨大期。山药蔓长20～30cm时应搭架，并引蔓上架。山药分枝较多。易于郁蔽，故应及时整枝疏蔓，以利通风透光。

山药生长发育过程中还要有支架、理蔓、整枝和除草等工作。支架多为人字架、三角架或四角架，高3m左右。山药茎长、蔓细，上架时应均匀分布盘旋而上。

山药的主要病害为炭疽病、褐斑病；虫害为线虫病、叶蜂和蝼蛄、蛴螬等地下害虫。防治炭疽病，于前期喷300倍代森锌于茎基部，2～3次。褐斑病于发病初期用65%代森锰锌或50%多菌灵悬胶800倍液喷布。山药线虫病，选用抗病品种和种薯，3年轮作，清洁田园，利用温汤或药剂浸种等综合防治。山药叶蜂是产区新发现的虫害，防治方法以精耕细作，杀灭虫蛹，田园清洁，合理肥水，搭高架改善小气候环境，人工捕杀等综合防治。

3. 采收与贮藏

山药应在枝蔓全部枯萎时进行采收。如不急于上市，也可留在田间越冬，可一直延迟到翌年3月萌芽之前。

收获后的山药也可用土窖贮藏，窖中将山药与沙土相间层积贮藏，最后覆土呈屋脊形，保持10～15℃，可一直存放到翌年4～5月份。

8.4.5 栽培见问题及防治对策

1. 畸形山药

山药在栽培过程中，因受不良环境条件、栽培措施、管理方法等方面的影响，造成内部组织结构发生改变，从而产生各种奇形怪状，如山药块茎上端分杈、下端分杈、蛇形、扁头形、脚掌形、葫芦形、麻脸形等，这些称为畸形山药。

防治措施：一是去除沟内异物。人工挖山药时应在冬前进行，土块经过冬春雨雪的侵蚀、冰冻、风化，充分粉碎，用时随风化解冻随填沟，填沟时仔细剔除土壤中的石块、砖块、沙砾等硬物，不要将大土块填入沟内。二是种植时按技术规程操作。种植山药不能再种植沟内施用种肥，为防治地下害虫施用毒土、毒饵时不能盲目加大剂量，方法是将豆饼炒香，用90%敌百虫晶体30倍拌湿或每亩3～4.5kg克线丹拌细土30kg，均匀撒于播种沟内，用撅头耧划一遍，使毒饵充分与土壤混合，能有效防治金针虫、线虫等地下害虫的发生。然后顺沟浇一遍小水，水渗后摆放栽子，覆土成垄。三是施用腐熟有机肥。要利用夏秋季节气温高、易发酵腐熟的有利时机提前进行沤制，避免施入土壤中出现烧根。提倡将有机肥在种植完山药后施入行间，把腐熟的有机肥施于2行山药之间的畦面上，然后耧划翻土15cm左右，使土、肥充分混合，然后将畦面的肥土覆于山药垄的两侧。

2. 山药烂种死苗

主要原因是：一是种块质量差。用受伤或未晾晒的栽子作种，容易导致出苗慢、弱苗，严重时会引起烂种死苗。二是多雨高温，寡照低温。三是播种过深。四是品种原因。不同山药品种烂种死苗程度差异显著，在主要栽培品种中，菜山药烂种死苗明显重于米山药。

防治措施：一是选择优质栽子，确保栽子质量。二是晒好山药种。晒种不仅能加

快伤口愈合，防止病菌侵入，而且能促进山药种块的生命活动，使不定芽萌发生长出健壮幼芽。三是早打沟、早晒田。山药开沟起垄应在播种前10d完成，这样可以提高地温，有利于发芽出苗和减少烂种死苗。四是适期播种。当10cm地温稳定在10℃以上且在下种前7～10d无连续阴雨天气时，为山药最佳播种期。五是控制播种深度。实践证明，山药最适合播种深度是8～10cm。播种过浅，如遇天气干旱、土壤墒情不足，则不利于发芽；播种过深，同时遇低温寡照或连续阴雨天气，容易烂种死苗。

3. 种性退化

主要原因是：一是山药栽子连年使用造成生活力衰退，品质下降，商品性差，抗逆性能降低。二是山药地块连作，造成线虫在土壤中大量积累，使山药地茎上端红斑病逐年加重，产量逐年下降。

防治措施：一方面对山药栽子进行更新，每3～4年用山药豆子重新繁育栽子或用山药段子对山药栽子更新一次，可有效防止山药种性退化；另一方面采用轮作换茬的栽培方式，可减少线虫在土壤中的积累，以降低种性退化的速度。

小结

本节重点介绍山药得繁殖方法、种薯处理、植株调整、水肥管理、中耕培土和病虫害防治。

拓展知识

山药的食疗价值

高营养食品，山药中含有大量淀粉及蛋白质、B族维生素、维生素C、维生素E、葡萄糖、粗蛋白氨基酸、胆汁碱(choline)、尿囊素（allantoin）等。其中重要的营养成分薯蓣皂，是合成女性荷尔蒙的先驱物质，有滋阴补阳、增强新陈代谢的功效；而新鲜块茎中含有的多糖蛋白成分的黏液质、消化酵素等，可预防心血管脂肪沉积，有助于胃肠的消化吸收。

8.5 芋头生产

芋，别名芋头、芋艿、毛芋等，为天南星科芋属多年生草本植物，其产品器官为地下球茎，一般作一年生蔬菜栽培。原产于亚洲南部中国、印度及马来半岛等，热带沼泽地区。芋的原始种生长在沼泽地带，经长期自然选择和人工培育形成水芋、水旱兼用芋、旱芋等栽培类型。野生芋的球茎和叶柄均不发达，涩味浓，有的有毒，不能食用。一般具有匍匐茎，尖端形成小球茎，只作为繁殖器官。经过自然和人工选择，逐渐形成叶柄肥厚的叶用芋和球茎发达的茎用芋及多种栽培类型。

芋在世界各地均有分布，但以中国、日本及太平洋诸岛栽培最多。我国在珠江流域，台湾省栽培最多，其次是长江流域，华北地区栽培较少。由于栽培技术改进，栽培区域向北方扩展。芋 8～9 月供应，耐贮，供应时间长，且菜粮兼用。

8.5.1 生物学特性

1. 植物学特征

根 白色肉质纤维根，着生在母芋、子芋基部节上，根毛少，吸收力弱，不耐干旱。

茎 茎短缩，节间短，形成地下球茎。球茎呈圆、椭圆、卵圆、长圆等形状。球茎上有显著的叶形环，节上有棕色鳞片毛，为叶鞘残迹。球茎节上具腋芽，可发育成新的球茎，有的品种则发生匍匐茎，顶端膨大成球茎。球茎的结构主要由基本组织的薄壁细胞组成，包括皮层及髓部，其中维管束分散，导管大，与叶片导管相通，直抵气孔、水孔附近，这是适应湿生环境的结果。种芋上萌发新植株的基部膨大形成母芋，母芋上可萌发子芋，子芋上有时也能萌发孙芋。

叶 叶互生，叶型大，长 25～90cm，宽 20～60cm，多为盾形，也有卵形或略成箭头形，先端渐尖。叶表面有密集乳突，积蓄空气，形成气垫，使水滴形成圆珠，不沾湿叶面。叶柄长 40～180cm，直立或披展，下部膨大成鞘，抱茎，中部有槽，呈绿、红、紫或黑紫色，常为品种命名的根据。叶片及叶柄有明显的气腔，木质部不发达，叶柄长而中空，叶大而不抗风雨。

花 花为佛焰花序，包于佛焰苞中，在温带很少开花。福建的紫蹄芋、红芽芋有个别植株会开花，果实为浆果。

2. 对环境条件的要求

温度 芋要求高温湿润的环境。在日平均温度 21～27℃，降水量 2500mm 左右地区生长良好。在 13～15℃时，球茎开始发芽，生长期要求 20℃以上温度，以 27～30℃为佳。不同类型的芋对温度要求不同。多子芋适应较低的温度，魁芋要求高温，并需较长的生长季节，以使球茎充分长大。所以中国大魁芋多产于珠江流域，而长江、黄河流域适宜栽培多子芋、多头芋。

光照 芋较耐荫，强烈的日照加以高温干旱常致叶片枯焦。较短日照有利于地下球茎形成。

水分 芋叶、根及叶柄组织均显示其水生植物的特征，除水芋栽于水田外，旱芋也应选湿地栽培。生长期间，特别是生长盛期，不可缺水，干旱使其生长不良，叶片不能充分成长，造成严重减产。

土壤和营养 芋喜肥耐肥，生长盛期不能缺水。氮、钾肥供应充足，有利于其产量和品质的提高。

3. 生长发育及球茎形成

芋以球茎做繁殖材料，称为种芋，在适宜的温度和湿度条件下，种球萌发至第 1

片真叶开展，约30d为发芽期。

种芋发芽后，形成新株。随着植株的生长，顶芽基部短缩茎，逐渐膨大而成球茎，称为母芋。种芋因营养物质消耗而干缩，甚至腐烂。短缩茎每伸长一节，地面就长出1片叶，进行光合作用，制造养分。初期出的叶片较小，至6～8月间生长盛期所长的叶片最大，对产量的影响也最大。一般应保持7～14叶的健壮，以增强同化效能。

母芋每节均有1个腋芽。以母芋中、下部节位的健壮腋芽形成球茎，称为子芋。子芋同母芋一样出土出叶，茎节上发根，如生长季节和环境条件适宜，按此习性形成孙芋、曾孙芋。

长江以南地区，一般7～9月为球茎形成盛期。此期子芋膨大且不断发生孙芋及曾孙芋，到10月以后生长减缓，养分向球茎运输，球茎淀粉含量增多。子芋、孙芋发生的数量和所占比重依芋的类型和品种而异，其品质也有不同。如魁芋中的槟榔芋，子孙芋较少，母芋比重高，品质最佳，其次为子芋，孙芋较黏滑。子芋中的白梗芋，子孙芋较多，比重高于母芋，品质最佳，而母芋品质欠佳。

8.5.2　类型和品种

芋分叶用芋和茎用芋两个变种。叶用芋以无涩味或淡涩味的叶柄为产品。如广东红柄水芋、浙江宁波水芋、四川武隆叶菜芋等。球茎用芋以肥大的球茎为产品。栽培上以球茎用芋为主。球茎用芋按母芋、子芋的发达程度及子芋着生习性，分为魁芋、多子芋和多头芋类型。

1. 魁芋类型

母芋大，重达1.5～2kg，品质优于子芋，粉质香味浓。喜高温，珠江流域及台湾省普遍栽培。其中包括：

匍匐茎魁芋　母芋肥大，品质好，母芋上长出匍匐茎，顶端膨大的子芋不能食用，只能供作繁殖用，如四川宜宾串根芋。

长魁芋　母芋长圆筒形，子芋长柄或短柄，可食用，如福建筒芋（长柄）、福建竹芋（短柄）。

粗魁芋　母芋椭圆形，无明显的柄，如台湾面芋、糯米芋，浙江奉化火芋等。

2. 多子芋类型

子芋多，无柄易分，产量和品质超过母芋，一般为黏性，其中有水芋，如宜昌白芋（属绿柄品种群）、宜昌红荷芋（属紫柄品种群）；旱芋，如上海白梗芋、广州白芽芋、福建青梗无芽芋（属绿柄品种群）、广东红芽芋、福建红梗无娘芋、台湾播芋；水旱芋，如长沙白荷芋（属绿梗品种群），长沙乌荷芋（属紫柄品种群）。

3. 多头芋类型

球茎丛生，母芋、子芋、孙芋无明显的区别，相互密接重叠，质地介于粉质与黏质之间，一般为旱芋，如东九面芋、江西新余狗头芋、浙江金华切芋（属绿柄品种群)、福建长脚九头芋、四川莲花芋（属紫柄品种群)。

8.5.3 栽培季节与方式

芋需高温，生长期长，故多为露地栽培。各地因纬度和海拔高度的差别，栽培季节差别较大。珠江流域的广西、广东在2～3月间播种，四川、闽南地区3月初播种，长江流域在4月初播种，山东沿海地区4月上旬播种。当10cm土温稳定在8～10°C时播种，掌握在不受冻的情况下，适当早播，早发根，有利于提高产量。早熟品种于7～8月采收，迟熟的在霜前采收，生长期长200d或以上。

8.5.4 栽培技术

1. 土地的选择和施基肥

要求有机质丰富、土层深厚、肥沃、保水的壤土或黏土。旱芋虽适合于旱地栽培，但仍应选择潮湿地方。芋忌连作，须实行3年以上轮作。

芋的生长期长，需肥量大，旱芋一般每公顷施腐熟土杂肥37 500～45 000kg，增施氮磷钾复合肥300～450kg，增强钾肥能增加球茎淀粉的含量和香气。

2. 种芋选择和育苗

种芋选择 从无病田块中健壮株上选母芋中部的子芋做种。种芋单重50g以上，顶芽和球茎充实，形状整齐。白头、露青和长柄芋的球茎不宜做种芋。白头芋多数为孙芋，顶端无鳞片毛，露青芋是指长出叶片的芋，长柄芋则是着生母芋基部的子芋。这些芋组织不充实，若用做种芋，秧苗不壮，影响产量。多头芋因母芋、子芋、孙芋连作，难以分开，只有分切若干做种芋。芋用种量大，每亩用种量一般为50～200kg。

母芋种用 母芋种用分为大母芋切块和培育小母芋种子球两种。

母芋切块。整个母芋做种芋增产作用显著，母芋切块须进一步克服烂种等问题。

小母芋的培育 槟榔芋繁殖系数低，部分小芋种用产量低，为了提高利用率，将子芋假植1年培养成小母芋。

催芽育苗 芋生长期长，催芽育苗可以延长生长季节，提高产量。通常在早春提前20～30d在冷床育苗，床温保持20～25°C和适宜的湿度，床土不宜过厚，限制根系深入，便于移植。当种芋芽长4～5cm，露地无霜冻时，及早栽植。

3. 栽植

芋较耐荫，应适当密植。密植的增产效果显著。为了便于培土，一般采用宽行窄株距栽培法。种植多子芋以行距80cm，株距20cm左右，每亩栽4000～5000株。芋宜深栽，便于球茎生长。覆土深度以自种芋至垄顶约10cm，微露顶芽为准，过浅会影响发根。

4. 田间管理

1）苗期管理。出苗前后应多次中耕、除草、疏松土层，增进地温，促进生根、发

苗，发现缺苗时要及时补苗。地膜覆盖栽培，当幼芽出苗时人工破膜，使幼芽露出土面，防止高温灼伤，并覆土压实膜口，提高地膜增温、保墒的效果。

2）肥水管理。芋需肥量高，除基肥外，应采取分次追肥，以促进生长和球茎发育。追肥的原则是苗期轻，结芋时重。芋喜湿，忌干旱。前期气温较低，生长量小，维持土壤湿润即可，防止积水，以免影响根系生长。中、后期生长旺盛及球茎形成发育时，需水分充足，应及时灌溉。高温季节时灌溉应在早晚进行。忌中午灌溉伤根。

3）培土。培土能防止顶芽抽生，促进子、孙芋膨大，并增加侧根生长，增强吸收及抗旱能力，并调节温、湿度。一般在 6 月份地上部迅速生长，母芋迅速膨大，子、孙芋形成时开始培土。多子芋的子芋易萌发出土，可结合中耕、除草，再将土掩埋培土，一般进行 2～3 次，每次培土四周均匀，芋形才能端正。

5. 病虫害防治

芋主要病害是芋腐败病、芋疫病，在高温气候条件下发生严重。防治方法是实行 3～4 年轮作；选用无病球茎做种；减少植株的机械损伤；发病初期喷波尔多液或多菌灵等液防治。虫害主要是斜纹夜蛾，幼虫危害叶片，可喷敌百虫液和溴氰菊酯防治。

6. 采收

叶变黄衰败是球茎成熟的象征，此时采收淀粉含量高，品质好，产量高。但为了市场供应，亦可提前或延后。长江流域早熟品种多在 8 月采收，晚熟种在 10 月采收。一般每亩田块产 1500～2500kg。收获去掉败叶，不要摘下子芋，晾晒 1～2d，入窖贮藏。

8.5.5　栽培种常见问题及防治对策

常见问题是头部露青，即露出地表面的球茎由于受到外部光照和风吹的原因，颜色青。在栽培上，只要有露出地表面的球茎，就要及时破垄培土，经 2～3 次培土后一般不会出现青头芋。

小结

本节主要掌握芋头的类型和品种、栽培技术，重点在于芋头的病虫害防治。

拓展知识　芋头的功效

祖国医学认为，芋头性甘、辛、平，入肠、胃。具有益胃、宽肠、通便散结、补中益肝肾、添精益髓等功效。对辅助治疗大便干结、甲状腺肿大、瘰疬、乳腺炎、虫咬蜂蜇、肠虫癖块、急性关节炎等病症有一定作用。但应注意，不能擦、敷到健康皮肤，否则会引起皮炎。一旦发生，可用生姜汁轻轻擦洗即可。

复习思考题

一、解释术语

种性退化　困姜　零余子

二、填空题

1. 薯芋类蔬菜以________繁殖为主，需种量________，繁殖系数________。

2. ________肥供应充足，有利于薯蓣类蔬菜产量和品质的提高。

3. 马铃薯需肥量大，最喜________，忌________。

4. 马铃薯依块茎的成熟期分为________、________、________三类品种。

5. 秋播马铃薯用当年的新种薯需用________浸种打破休眠。

6. 马铃薯茎上附着有波状或直的________，是鉴别品种的标志。

7. 姜喜肥耐肥，生姜对养分的吸收以________肥最多，________肥次之，________肥最少。

8. 种姜在催芽过程中要经过________、________、________等过程。

三、选择题

1. 芋头食用的部分是（　　）。

A. 肉质茎　　B. 鳞茎　　C. 块茎　　D. 球茎

2. 下列蔬菜中以块茎作为繁殖器官的是（　　）。

A. 甘薯　　B. 山药　　C. 生姜　　D. 豆薯

四、简答题

1. 根据马铃薯的生物学特性，并结合当地的自然及栽培条件，制定马铃薯高产栽培措施。

2. 如何防止马铃薯种性退化？

3. 种姜处理包括哪几个步骤？田间管理的技术关键是什么？

4. 山药的繁殖材料有哪些？

实训8　薯蓣类蔬菜生产

工作任务		马铃薯/生姜/芋头/山药栽培	
序号	计划实施步骤	计划实施时间	步骤实施物资准备

续表

<table>
<tr><th>序号</th><th colspan="2">计划实施步骤</th><th colspan="2">计划实施时间</th><th colspan="2">步骤实施物资准备</th></tr>
<tr><td></td><td colspan="2"></td><td colspan="2"></td><td colspan="2"></td></tr>
<tr><td></td><td colspan="2"></td><td colspan="2"></td><td colspan="2"></td></tr>
<tr><td></td><td colspan="2"></td><td colspan="2"></td><td colspan="2"></td></tr>
<tr><td></td><td colspan="2"></td><td colspan="2"></td><td colspan="2"></td></tr>
<tr><td></td><td colspan="2"></td><td colspan="2"></td><td colspan="2"></td></tr>
<tr><td></td><td colspan="2"></td><td colspan="2"></td><td colspan="2"></td></tr>
<tr><td></td><td colspan="2"></td><td colspan="2"></td><td colspan="2"></td></tr>
<tr><td></td><td colspan="2"></td><td colspan="2"></td><td colspan="2"></td></tr>
<tr><td>制定
计划
说明</td><td colspan="6"></td></tr>
<tr><td rowspan="3">计划评价</td><td>班级</td><td></td><td>组号</td><td></td><td>组长</td><td></td></tr>
<tr><td colspan="2">教师签字</td><td></td><td>日期</td><td colspan="2"></td></tr>
<tr><td colspan="6">评语：</td></tr>
</table>

任务 8.1　薯蓣类蔬菜整地、施肥、做畦

实施目的： 通过对薯蓣类蔬菜地整地、地膜覆盖和定植，掌握蔬菜地块准备及地膜覆盖、定植技术要点。

材料和用具： 锄头、地膜、各类肥料。

各组按下列要求进行操作。

1. 整地作畦

选地切忌重茬，选择土壤质地疏松、土层深厚、排灌方便、肥力中等以上的田块。晚稻收割后进行深翻 25～30cm，深翻时结合每亩用生石灰 50kg 进行消毒。种植前先耙碎整平，开深沟作高畦，地畦要求畦带宽 1.2m、沟宽 0.4m、沟深 0.15m 以上。开好环田沟和十字沟，畦沟配套，防止积水。

2. 科学施肥

薯蓣类植物结合整地施足基肥，占总施肥量 75%，施农家肥 1500～2000kg/亩或腐熟鸡粪 750kg，生物有机肥 50～100kg、混合施于种植行中间，硫酸钾复合肥施于两株之间。

3. 地膜覆盖

覆盖地膜的方法：喷除草剂后要立即覆膜，人工覆膜时最少应 3 人一组，将地膜的一端先在垄或畦的一起始端埋好踩实后，一人铺展地膜，两人分别在畦两侧培土将地膜边缘压上，地膜要拉紧、铺正，并与垄面紧密接触，将边缘压紧封严。覆盖面积，即透明部分的宽度，要占垄（畦）面的 3/5，留出垄沟用于田间作业和灌水。

任务记录单

任务名称：		指导教师：	
组号：		组长：	
时间	记录内容		
教师签名		时间	

考核评价单

任务名称	薯蓣类蔬菜整地、施肥、做畦			小组组号			
实施日期		薯蓣类蔬菜整地、施肥、做畦过程记录共______页					
评价项目	评价内容		分值	教师评价	学生评价	得分	总分
过程评价	工作态度	到岗情况	2%	1%	1%		
		认真负责	3%	2%	1%		
		与人沟通	2%	1%	1%		
		团队协作	3%	2%	1%		
	工作方法	学习能力	3%	1%	2%		
		计划能力	3%	2%	1%		
		解决问题能力	4%	3%	1%		
	实践操作	准备工作完整性	5%	3%	2%		
		整地的精细程度	12%	8%	4%		
		地膜覆盖质量	10%	6%	4%		
		定植时期合理性	10%	6%	4%		
		底肥使用方法是否合理	3%	2%	1%		
成果评价	定植结果	苗成活率及质量	10%	8%	2%		
		分析定植方法的合理性	10%	8%	2%		
	实训报告	填写是否正确、规范	20%	16%	4%		

任务 8.2 薯蓣类蔬菜播种

实施目的： 通过对薯蓣类蔬菜进行种薯挑选、种薯处理、定植，了解薯蓣类蔬菜的播种技术。

材料和用具： 大棚、薯蓣类蔬菜种薯、各类消毒剂。

各组按下列要求进行操作。

1. 种薯处理

马铃薯切块催芽每亩需种薯150kg左右。播前20～25d将种薯置于温暖有阳光的地方晒种2～3d，同时剔除病薯、烂薯，然后进行切块。切块时充分利用顶端优势，螺旋式向顶端斜切，最后按顶芽一分为二或一分为四，每块种薯有1～2个芽眼，重量25～30g。扑海因50mL+高巧20mL/100kg种薯。晾干刀口后放在温度为18～20℃的室内采用层积法催芽，待芽长到3cm左右时，放在散射光下晾晒，芽绿化变粗后即可播种。

种芋一般选用无病虫霉烂、顶芽充实、球茎整齐的子芋，晒种2～3d后催芽播种。

选择丰产性好、抗病的大姜，单块重50～70g为宜，于播前25～30d放入冬暖温室内或20℃的室内，晾晒至1～2d，用200倍高锰酸钾水溶液浸泡10～20min后晾干，在拱棚或温室内催芽，催芽温度22℃～25℃，一般25d左右，幼芽可长至1～1.5cm。

2. 播种

马铃薯播种密度视品种而定，大西洋品种播5.25万～6.00万株/hm²，株距24～26cm，单行种植，用种薯2250～2700kg/hm²，播种深度10cm左右。播种覆土后，用乙草胺1500～1950mL/hm²对水450～600kg/hm²喷雾消灭杂草幼芽。

生姜播种选晴暖天播种，生姜提前4～5d扣棚。亩种植密度5500～6000株，行距55～60cm，株距18～23cm，播深不超过地平面以下7cm，覆土厚度2～3cm，要求播前沟内浇水，水渗下后摆种，摆种要整齐、均匀一致，幼芽朝一个方向。

芋头种植株距40cm，种芋大小分级种植，播种前浇透底水，覆土后可喷施芽前除草剂。

任务记录单

任务名称：		指导教师：	
组号：		组长：	
时间	记录内容		
教师签名		时间	

考核评价单

任务名称	薯蓣类蔬菜直播			小组组号			
实施日期		薯蓣类蔬菜直播过程记录共______页					
评价项目	评价内容		分值	教师评价	学生评价	得分	总分
过程评价	工作态度	到岗情况	2%	1%	1%		
		认真负责	3%	2%	1%		
		与人沟通	2%	1%	1%		
		团队协作	3%	2%	1%		
	工作方法	学习能力	3%	1%	2%		
		计划能力	3%	2%	1%		
		解决问题能力	4%	3%	1%		
	实践操作	准备工作的完整性	2%	1.5%	0.5%		
		消毒药的选择合理性	4%	3%	1%		
		播种量计算的准确性	8%	6%	2%		
		底水是否打透	6%	4%	2%		
		播种是否均匀、时间合理	10%	8%	2%		
		覆土厚度是否均匀合理	10%	6%	4%		
成果评价	播种育苗结果	出苗质量	10%	8%	2%		
		分析播种方法的合理性	10%	8%	2%		
	实训报告	填写是否正确、规范	20%	16%	4%		

任务 8.3　薯蓣类蔬菜肥水管理

实施目的： 根据薯蓣类蔬菜生长情况和生长时期，掌握薯蓣类蔬菜常用的排灌技术措施和施肥方法。

材料和用具： 薯蓣类蔬菜植株、化肥、农具。

各组按下列要求进行操作。

1. 马铃薯肥水管理

出苗后每公顷用尿素和硫酸钾 105～120kg 对水追施壮苗肥。到薯苗长到 15～20cm 时，再每一万平方米用硫酸钾 150kg、尿素 105～120kg，对水追施发棵肥。后期施肥要根据植株颜色而定，当植株叶色深绿时，每一万平方米可补施钾肥 225kg，植株粗壮、枝条金黄色的则不需补肥。

2. 芋头肥水管理

在施足基肥的前提下，前期可适当施稀粪水，待芋头开始膨大时，追肥一次，每亩可用农家肥1000kg，花生壳50kg，硫酸钾15kg，生物有机肥50kg，硼锌镁肥2kg混合施下。

3. 生姜肥水管理

施肥上，在姜苗高30cm左右时，亩施尿素10kg；立秋前后结合培土亩施尿素和复合肥各10kg；9月上旬，当姜苗具6～8个分枝时，对土壤肥力较差和植株长势一般的姜田，亩施复合肥20kg加尿素5kg。栽前浇透水，幼苗期浇小水，立秋后旺盛生产期大水勤浇，经常保持土壤湿润。同时，雨季要注意及时排除垄沟内积水。

任务记录单

任务名称：		指导教师：	
组号：		组长：	
时间	记录内容		
教师签名		时间	

考核评价单

任务名称	薯蓣类蔬菜肥水管理			小组组号				
实施日期		薯蓣类蔬菜肥水管理过程记录共______页						
评价项目	评价内容		分值	教师评价	学生评价	得分	总分
过程评价	工作态度	到岗情况	2%	1%	1%		
		认真负责	3%	2%	1%		
		与人沟通	2%	1%	1%		
		团队协作	3%	2%	1%		
	工作方法	学习能力	3%	1%	2%		
		计划能力	3%	2%	1%		
		解决问题能力	4%	3%	1%		
	实践操作	准备工作的完整性	2%	1．5%	0．5%		
		施肥方案制定是否合理	6%	3%	3%		
		有机肥施用量计算	10%	8%	2%		
		化肥使用量计算	5%	4%	1%		
		施肥时期	10%	8%	2%		
		施肥方法及操作	7%	5%	2%		
成果评价	施肥结果	总体效果	10%	8%	2%		
		分析植株施肥的合理性	10%	8%	2%		
	实训报告	填写是否正确、规范	20%	16%	4%		

任务 8.4　薯蓣类蔬菜病虫害防治

实施目的： 了解薯蓣类蔬菜主要病虫害发生的原因，掌握各种病虫害综合防治的方法。

材料和用具： 薯蓣类蔬菜植株，农用喷雾器、各类农药、口罩、乳胶手套、量杯等。

各组按下列要求进行操作。

1. 基本情况调查

1）了解掌握薯蓣类蔬菜常见病害和常见虫害。

2）了解葱薯蓣蔬菜主要病害的侵染途径、发生发展的规律。

3）了解和掌握薯蓣类蔬菜主要病害的种类、发生情况和规律。

4）了解当地气候条件对薯蓣类蔬菜生长发育规律及病虫害发生发展的影响。

5）了解当地常见农药的种类和使用情况。

2. 制定原则和要求

1）贯彻“预防为主，综合防治”的方针，综合运用各种防治措施，控制有效生物危害，并将农药残留降低到规定标准的范围。

2）本着国内人民绿色消费意识的增强和国际贸易农残检测标准的异常严格以及技术绿色壁垒的保护角度出发，提出薯蓣类蔬菜生产过程要改进传统方法，向精准方向推进。

3）从当地实际出发，目的明确，内容具体，有一定的可操作性。

任务记录单

<table>
<tr><td colspan="3">任务名称：</td><td>指导教师：</td></tr>
<tr><td colspan="3">组号：</td><td>组长：</td></tr>
<tr><td>时间</td><td colspan="3">记录内容</td></tr>
<tr><td></td><td colspan="3"></td></tr>
<tr><td></td><td colspan="3"></td></tr>
<tr><td></td><td colspan="3"></td></tr>
<tr><td></td><td colspan="3"></td></tr>
<tr><td></td><td colspan="3"></td></tr>
<tr><td></td><td colspan="3"></td></tr>
<tr><td></td><td colspan="3"></td></tr>
<tr><td></td><td colspan="3"></td></tr>
<tr><td></td><td colspan="3"></td></tr>
<tr><td></td><td colspan="3"></td></tr>
<tr><td></td><td colspan="3"></td></tr>
<tr><td></td><td colspan="3"></td></tr>
<tr><td></td><td colspan="3"></td></tr>
<tr><td></td><td colspan="3"></td></tr>
<tr><td></td><td colspan="3"></td></tr>
<tr><td></td><td colspan="3"></td></tr>
<tr><td></td><td colspan="3"></td></tr>
<tr><td></td><td colspan="3"></td></tr>
<tr><td></td><td colspan="3"></td></tr>
<tr><td></td><td colspan="3"></td></tr>
<tr><td></td><td colspan="3"></td></tr>
<tr><td></td><td colspan="3"></td></tr>
<tr><td></td><td colspan="3"></td></tr>
<tr><td></td><td colspan="3"></td></tr>
<tr><td>教师签名</td><td></td><td>时间</td><td></td></tr>
</table>

考核评价单

任务名称	薯蓣类蔬菜病虫害防治		小组组号				
实施日期		薯蓣类蔬菜病虫害防治过程记录共______页					
评价项目		评价内容	分值	教师评价	学生评价	得分	总分
过程评价	工作态度	到岗情况	2%	1%	1%		
		认真负责	3%	2%	1%		
		与人沟通	2%	1%	1%		
		团队协作	3%	2%	1%		
	工作方法	学习能力	3%	1%	2%		
		计划能力	3%	2%	1%		
		解决问题能力	4%	3%	1%		
	实践操作	病、虫害观察正确，态度认真	13%	8%	5%		
		药品选择与病虫害对症，配制药液浓度准确	15%	10%	5%		
		喷药时间正确，喷药均匀，注意个人安全防护	12%	6%	6%		
成果评价	病虫害防治结果	总体效果	10%	8%	2%		
		有无药害	10%	8%	2%		
	实训报告	填写是否正确、规范	20%	16%	4%		

任务 8.5　薯蓣类蔬菜采收及采后处理

实施目的：了解薯蓣类蔬菜主要采收及采后处理，掌握各种病虫害综合防治的方法。

材料和用具：薯蓣类蔬菜果实，集装箱、冷库、打蜡机、包装机等。

各组按下列要求进行操作。

1. 采收

薯蓣类蔬菜必须在适宜的成熟期采收，方能保证品质运入包装厂和贮藏性能，大多数的采菜是人工采收。薯蓣类蔬菜采收后装入大箱，然后运入工厂。挑选，剔除残品。采收时注意勿伤产品器官，能延长贮藏期。

2. 按体形大小分级

薯蓣类蔬菜的包装工作也逐渐由包装厂内进行转移到菜园装箱和运输内。

3. 包装加工或出口

包装不适合较严格的分级蔬菜的包装工作。包装厂收购的蔬菜一开始就注意存放在阴凉的地方，并立即清除残次品，进行分级，装入商品包装物内，放人冷库冷却贮藏，待上市或出口。

任务记录单

任务名称：			指导教师：
组号：			组长：
时间	记录内容		
教师签名		时间	

考核评价单

任务名称	薯蓣类蔬菜采收和采后处理		小组组号				
实施日期		薯蓣类蔬菜采收和采后处理过程记录共______页					
评价项目	评价内容		分值	教师评价	学生评价	得分	总分
过程评价	工作态度	到岗情况	2%	1%	1%		
		认真负责	3%	2%	1%		
		与人沟通	2%	1%	1%		
		团队协作	3%	2%	1%		
	工作方法	学习能力	3%	1%	2%		
		计划能力	3%	2%	1%		
		解决问题能力	4%	3%	1%		
	实践操作	成熟度断定	8%	7%	1%		
		采收操作熟练	12%	10%	2%		
		采后处理熟练度	12%	6%	6%		
		预冷操作熟练	8%	6%	2%		
成果评价	采收及采后处理结果	采收和采后处理量	10%	5%	5%		
		总体效果	10%	6%	4%		
	实训报告	填写是否正确、规范	20%	16%	4%		

参 考 文 献

陈杏禹．2010. 蔬菜栽培［M］．北京：高等教育出版社．
董红霞．2010. 绿色蔬菜生产技术［M］．北京：中国农业大学出版社．
韩秋萍，王本辉．蔬菜病虫害诊断与防治技术口诀［M］．杭州：浙江科学技术出版社．
韩世栋．2006. 蔬菜生产技术［M］．北京：中国农业出版社．
韩振海，陈昆松．2006. 实验园艺学［M］．北京：高等教育出版社．
胡繁荣．2003. 蔬菜栽培学［M］．上海：上海交通大学出版社．
鞠剑峰．2006. 园艺专业技能实训与考核［M］．北京：中国农业出版社，
李振陆．2003. 植物生产综合实训教程［M］．北京：中国农业出版社．
李作轩．2004. 园艺学实践［M］．北京：中国农业出版社．
吕家龙．2001. 蔬菜栽培学各论（南方本）［M］．第三版．北京：中国农业出版社．
毛明华．2008. 蔬菜生产实用手册［M］．上海：上海科学普及出版社．
王凤华，陈双臣．2007. 蔬菜标准化生产技术［M］．上海：上海科学技术出版社．
于锡宏．2005. 蔬菜生产技术与实训［M］．北京：中国劳动社会保障出版社．
郁樊敏，陈德明．2010. 蔬菜栽培技术手册［M］．上海：上海科学技术出版社．
浙江省农业技术推广中心．2008. 蔬菜标准化生产技术［M］．杭州：浙江科学技术出版社．
浙江省农业技术推广中心．2008. 西瓜、甜瓜标准化生产技术［M］．杭州：浙江科学技术出版社．
中国农业百科全书（蔬菜卷）编辑委员会．1990. 中国农业百科全书（蔬菜卷）［M］．北京：中国农业出版社．
中国农业科学院蔬菜花卉研究所．2010. 中国蔬菜栽培学［M］．北京：中国农业出版社．
365 蔬菜网：http：//shucai. ag365. com/
长江蔬菜网：http：//www. cj. veg. com
华中蔬菜网：http：//www. hzshucai. com
上海蔬菜网：http：//www. shveg. com/
中国番茄网：http：//www. tomato. com. cn
中国寿光蔬菜网：http：//www. sgshucai. com/
中国蔬菜市场网：http：//www. china－vm. com/
中国蔬菜网：http：//www. vegnet. com. cn
《中国蔬菜》杂志网站：http：//www. cnveg. org